固体制剂连续制造系统：
从设计到实施

（美）F. J. 穆齐奥
Fernando J. Muzzio

（美）S. 奥卡
Sarang Oka

编著

何国强　主译
香港奥星集团　组织翻译

How to Design and Implement Powder-to-Tablet Continuous Manufacturing Systems

化学工业出版社

·北　京·

内容简介

连续制造是制药行业发展的新方向和趋势，它将大大缩短和降低药物开发、生产的所要花费的时间和成本，显著改善药品的质量，提升制造过程的可靠性。

本书旨在阐明如何设计和实施固体制剂的连续制造系统，全书17章在清晰的编写逻辑下，系统、全面地阐述了连续制造系统设计和操作的相关组件，内容涉及理论、实践和成功案例，深入浅出，具有较强实用性与指导性。

本书适用于制药行业从业技术人员及相关管理人员。

How to Design and Implement Powder-to-Tablet Continuous Manufacturing Systems
Fernando J. Muzzio, Sarang Oka
ISBN 9780128134795
Copyright © 2022 Elsevier Inc. All rights reserved.
Authorized Chinese translation published by Chemical Industry Press Co., Ltd.
《固体制剂连续制造系统：从设计到实施》（何国强 主译，香港奥星集团 组织翻译）
ISBN:978-7-122-42795-3

注 意

本书涉及领域的知识和实践标准在不断变化。新的研究和经验拓展我们的理解，因此须对研究方法、专业实践或医疗方法作出调整。从业者和研究人员必须始终依靠自身经验和知识来评估和使用本书中提到的所有信息、方法、化合物或本书中描述的实验。在使用这些信息或方法时，他们应注意自身和他人的安全，包括注意他们负有专业责任的当事人的安全。在法律允许的最大范围内，爱思唯尔、译文的原文作者、原文编辑及原文内容提供者均不对因产品责任、疏忽或其他人身或财产伤害及/或损失承担责任，亦不对由于使用或操作文中提到的方法、产品、说明或思想而导致的人身或财产伤害及/或损失承担责任。

北京市版权局著作权合同登记号：01-2023-0787

图书在版编目（CIP）数据

固体制剂连续制造系统：从设计到实施/（美）F. J. 穆齐奥（Fernando J. Muzzio），（美）S. 奥卡（Sarang Oka）编著；何国强主译；香港奥星集团组织翻译. —北京：化学工业出版社，2023.5

书名原文：How to Design and Implement Powder-to-Tablet Continuous Manufacturing Systems

ISBN 978-7-122-42795-3

Ⅰ.①固… Ⅱ.①F… ②S… ③何… ④香… Ⅲ.①固体-制剂-生产工艺-研究 Ⅳ.①TQ460.6

中国国家版本馆CIP数据核字（2023）第025072号

责任编辑：杨燕玲　　　　　　　　　　　　　　文字编辑：朱　允
责任校对：宋　玮　　　　　　　　　　　　　　装帧设计：史利平

出版发行：化学工业出版社（北京市东城区青年湖南街13号　邮政编码100011）
印　　装：盛大（天津）印刷有限公司
880mm×1230mm　1/16　印张21³/₄　字数443千字　2023年5月北京第1版第1次印刷

购书咨询：010-64518888　　　　　　　　　　　售后服务：010-64518899
网　　址：http://www.cip.com.cn
凡购买本书，如有缺损质量问题，本社销售中心负责调换。

定　　价：198.00元　　　　　　　　　　　　　　　　　版权所有　违者必究

翻译人员名单

主　　译　　何国强

翻译人员　　何国强　陈跃武　李艳平　孙海青　胡亚星　戎志刚
　　　　　　蔡兴诗　柯争先　韩　源　郭　宁　苏晓峰　王晓康
　　　　　　丁文科　张国平　赵卫忠　邹劼魁　付洪臣　曹志惠
　　　　　　倪胜杰　温丽燕　徐文斌　吴　艳　贾晓艳
　　　　　　Ronald Shawn Ciaglia

校对人员　　何建红　闫永辉　刘继峰　邓　哲　刘建刚　孙海青
　　　　　　胡亚星　蔡兴诗　贾晓艳　曹志惠

组织翻译　　香港奥星集团

谨以此书献给此行业中的学生、博士后、教师和从事此项工作的同仁。
向Daisy致敬。感恩一切。

Fernando J. Muzzio

Long Branch, NJ, 2022-2-5

向本书编写人员致敬。向Fernando致敬，向过去和现在的导师致敬。
向Aai、Baba和Shankali致敬。

Sarang Oka

Princeton, NJ, 2022-2-11

原著编写人员

Michael Bourland, Vertex Pharmaceuticals, Boston, MA, United States

Gregory Connelly, Vertex Pharmaceuticals, Boston, MA, United States

Alberto M. Cuitiño, Department of Mechanical and Aerospace Engineering, Rutgers, The State University of New Jersey, Piscataway, NJ, United States

Eleni Dokou, Vertex Pharmaceuticals, Boston, MA, United States

M. Sebastian Escotet-Espinoza, Engineering Research Center for Structured Organic Particulate Systems (C-SOPS), Department of Chemical and Biochemical Engineering, Rutgers, The State University of New Jersey, Piscataway, NJ, United States; Oral Formulation Sciences and Technology, Merck & Co., Inc., Rahway, NJ, United States

Mauricio Futran, Janssen Supply Chain, The Janssen Pharmaceutical Companies of Johnson and Johnson, Raritan, NJ, United States

Marcial Gonzalez, School of Mechanical Engineering, Purdue University, West Lafayette, IN, United States

Douglas B. Hausner, Thermo Fisher Scientific, Waltham, MA, United States

Marianthi Ierapetritou, Department of Chemical and Biomolecular Engineering, University of Delaware, Newark, DE, United States

Lalith Kotamarthy, Department of Chemical and Biochemical Engineering, Rutgers University, Piscataway, NJ, United States

Stephanie Krogmeier, Vertex Pharmaceuticals, Boston, MA, United States

Hwahsiung P. Lee, Department of Mechanical and Aerospace Engineering, Rutgers, The State University of New Jersey, Piscataway, NJ, United States

Tianyi Li, Drug Product Development, J-Star Research, Cranbury, NJ, United States; Department of Chemical and Biochemical Engineering, Rutgers University, Piscataway, NJ, United States; Engineering Research Center for Structured Organic Particulate Systems (C-SOPS), Department of Chemical and Biochemical Engineering, Rutgers, The State University of New Jersey, Piscataway, NJ, United States

Joseph Medendorp, Vertex Pharmaceuticals, Boston, MA, United States

Nirupaplava Metta, Applied Global Services, Applied Materials Inc., Santa Clara, CA, United States; Automation Products Group, Applied Materials, Logan, UT, United States; Department of Chemical and Biochemical Engineering, Rutgers University, Piscataway, NJ, United States

Sue Miles, Vertex Pharmaceuticals, Boston, MA, United States

Christine M.V. Moore, Organon & Co., Jersey, NJ, United States

Shashank Venkat Muddu, Department of Chemical and Biochemical Engineering, Rutgers, The State University of New Jersey, Piscataway, NJ, United States

Fernando J. Muzzio, Engineering Research Center for Structured Organic Particulate Systems (C-SOPS), Department of Chemical and Biochemical Engineering, Rutgers, The State University of New Jersey, Piscataway, NJ, United States

Oliver Nohynek, Driam USA Inc., Coating Technology, Spartanburg, SC, United States

Sarang Oka, Hovione, Drug Product Continuous Manufacturing, East Windsor, NJ, United States; Engineering Research Center for Structured Organic Particulate Systems (C-SOPS), Department of Chemical and Biochemical Engineering, Rutgers, The State University of New Jersey, Piscataway, NJ, United States

Savitha Panikar, Drug Product Continuous Manufacturing, Hovione, LLC., East Windsor, NJ, United States

Justin Pritchard, Vertex Pharmaceuticals, Boston, MA, United States

Rohit Ramachandran, Department of Chemical and Biochemical Engineering, Rutgers, The State University of New Jersey, Piscataway, NJ, United States

William Randolph, Janssen Supply Chain, The Janssen Pharmaceutical Companies of Johnson and Johnson, Raritan, NJ, United States

Sonia M. Razavi, Engineering Research Center for Structured Organic Particulate Systems (C-SOPS), Department of Chemical and Biochemical Engineering, Rutgers, The State University of New Jersey, Piscataway, NJ, United States

Eric Sánchez Rolón, Janssen Supply Chain, The Janssen Pharmaceutical Companies of Johnson and Johnson, Raritan, NJ, United States

Rodolfo J. Romañach, Department of Chemistry, University of Puerto Rico-Mayagüez campus, Mayagüez, PR, United States

Andrés D. Román-Ospino, Rutgers University, Piscataway, NJ, United States

James V. Scicolone, Department of Chemical and Biochemical Engineering, Rutgers University, Piscataway, NJ, United States

Ravendra Singh, Engineering Research Center for Structured Organic Particulate Systems (C-SOPS), Department of Chemical and Biochemical Engineering, Rutgers, The State University of New Jersey, Piscataway, NJ, United States

Stephen Sirabian, Equipment & Engineering Division, Glatt Air Techniques, Inc., Ramsey, NJ, United States

Kelly Swinney, Vertex Pharmaceuticals, Boston, MA, United States

Zilong Wang, Manufacturing Intelligence, Global Technology and Engineering, Pfizer Global Supply, Pfizer Inc., Peapack, NJ, United States

Yifan Wang, US Food and Drug Administration, Center for Drug Evaluation and Research, Office of Pharmaceutical Quality, Silver Spring, MD, United States

Bereket Yohannes, Department of Mechanical and Aerospace Engineering, Rutgers, The State University of New Jersey, Piscataway, NJ, United States; Drug Product Development, Bristol-Myers Squibb Company, New Brunswick, NJ, United Staes

前　言

　　连续制造在过程及相关行业中确实不是一种新的制造模式。近一个世纪以来，化学工程一直牢牢地植根于连续-稳态过程，而综合连续过程甚至可以追溯到更早，如Solvay过程。此外，连续制造模式是否可以或应该应用于制药生产，也曾被猜测和讨论了相当长一段时间——大约始于30年前。事实上，许多以前和现在的行业思想领袖可能是最先注意到制药行业可以从批量制造向连续制造模式的转变中受益匪浅的人之一（有些人也确实断言过）。然而，这种转变面临许多实际中和认知上的障碍，包括对现有批量设备的大量资本投入，不情愿接受制造创新的风险，以及认为存在大量的监管障碍需要克服的看法。虽然只有一部分公司在内部启动了探索性项目，但学术界基于较低的研发投入风险已开始对连续制药生产的技术挑战进行了更深入的研究，并在此过程中提高了该技术的应用知名度。幸运的是，有一些制药公司愿意共同赞助这些开创性的活动。此外，大约20年前，监管方面曾发出让人倍感鼓舞的信号——鼓励制造创新。

　　本书作者，Fernando Muzzio教授，曾以美国国家科学基金会结构化有机颗粒系统工程研究中心（C-SOPS）的形式组织了一种开创性的合作伙伴关系，C-SOPS在其巅峰时期吸引了大约40个支持的行业成员。我与普渡大学（Purdue University）的几位同事以及波多黎各大学（University of Puerto Rico）和新泽西理工学院（New Jersey Institute of Technology）的部分教师也加入了这项活动。当C-SOPS专注于固体口服制剂产品时，麻省理工学院（Massachusetts Institute of Technology，MIT）-诺华旗下的一项并行项目已开始探索原料药和制剂的连续制造。从那时起，在美国国内外出现了其他类似这样的联盟/中心活动，在行业和政府（包括FDA）不断资助下，连续过程研究无疑得到了蓬勃发展。此外，连续制造的采用者已经不再只是早期使用的几家主要制药公司，而且有望大幅增长。因此，我们有必要总结迄今为止所学到的知识，汇编有关如何设计和实现连续片剂制造系统的知识，希望有助于加速整个制药行业连续制造的发展。相较于原料药和生物制品，片剂的连续制造取得了长足的进步，因此以片剂生产为重点也是合适的。值得称赞的是，Muzzio教授和他组织的编著者（主要来自罗格斯大学的C-SOPS团队）承担了实际汇编这些知识的重大挑战。

为了符合"如何设计和实施固体制剂连续制造系统"这一雄心勃勃的目标，有必要涵盖下列广泛的主题：

·工艺过程中的材料及其性质；

·主要单元操作，包括其特性描述和建模；

·过程分析技术（PAT），用于监控单元操作的性能及其所生产材料的关键质量属性；

·用于组装和解决由合适的单个单元操作模型组成的综合工艺流程模型的方法和软件，以及对流程模型进行优化以支持过程开发决策的方法和软件；

·操作过程中维持产品质量所需的过程控制系统的设计和调整；

·连续操作的具体监管问题。

本书的作者共同在不同深度和程度上成功地阐述了这一系列的主题。本书还描述了固体口服制剂连续工艺的成功工业开发案例研究，即Janssen团队和Vertex团队在Prezista和Orkambi产品上的开创性工作。这些案例研究，特别是Janssen团队的，提供了非常详尽的阐述，对于向读者传达"如何做"是非常有价值的。

连续制造片剂生产线的设计本质上是一项集成的产品和过程设计活动。原料药的特性和药品的预期性能决定了配方、生产路线和操作条件。因此，本书用一章内容（第2章）来描述制药物料的特性及其测量，并编译成数据库，以推动物料的选择及制造路线和产品性能的决策。物理特性数据库和估算方法有助于预测工艺模型及在其过程和产品设计中的使用，这点已在气体和液体的生产制造中得到了充分证明。要使固体颗粒领域达到这一水平，还有许多工作要做。该章为物料数据库与性能预测模型未来的工作以及下一阶段产品配方与相关过程的预测设计奠定了基础。

本书第3～9章涵盖了用于配置生产固体口服制剂产品的3种主要途径的单元操作组合，即直压、干法制粒和湿法制粒的连续制造线。这些章节在范围和内容上相互间必然有很大的不同，因为这些单元操作在行业中先前的使用程度大相径庭。例如，专门引入失重式进料器和混合机，以实现连续操作——可靠、准确的给料和混合是确保产品含量均匀和操作可控所必需的。因此，专门讨论它们的章节需要更深入的研究。此外，这些单元操作在连续制造中与其在批处理模式中的功能有很大的不同。这些章节的作者很好地将性能与物料特性、设备设计特征（如螺杆设计和叶片配置）联系起来，并概述了表征这些设备特性的方法。当然，这两章也提供了"如何做"内容。

相比之下，其他一些单元操作虽然在批量制造中被广泛使用，但它们本质上是连续的（如辊压机和集成的粉碎机、双螺杆制粒机和压片机）。因此，这些章节对现有模型的基本处理特性和详细说明的描述较少，其重点转移到与连续制造线有关的新内容。在这些章节中，作者们努力在已知要素和新要素之间取得平衡。因此，辊压机章节简要地对压实模型进行了回顾，更详细地讨论了集成粉碎的群体模型开发，回顾了颗粒的特性描述。湿法制粒章节的重点是停留时间分布（RTD），其对跟踪连续操作中的物料流至关重要，并且该章在确定RTD方面提供了有用的案例研究。单元操作章节涵盖了高剪切湿法制粒、流化床干燥和包衣，它们也用于片剂批量制造，因此更为人所知，但它们在连续制造中具有独特的特性，需要详细阐述。本书对这些独特特性大体都做了很好的描述，并更注重强调"如何做"。

传感器对于确定任何过程（批量或连续）操作是否处于控制状态都至关重要，但在连续情况下更为重要，因为固体口服制剂产品生产中使用的操作停留时间相对较短，动态速率较快。那句名言——不能监测，便无从控制——确实捕捉到了制药连续制造的现实。本书涵盖了这个关键的主题，不仅描述了使用中的测量技术，还概述了传感器放置以及样本量与采样频率、传感器放置、校准、验证和维护之间的权衡等实际问题。为了与"如何做"主题保持一致，本书提供了几个非常翔实的案例研究，包括对溶出度监测软传感器的讨论。第10章是本书较有价值的章节之一。

考虑到在各个单元操作章节中已经讨论了单元操作模型，第11章关于过程建模的主要内容是解释和说明，对于过程研究，可以很好地使用从机械模型到数据驱动模型的一系列模型类型以及这两种类型的混合模型。出于过程开发的目的，关键是确保模型捕获了基本关系，然后使用参数拟合来尽量减少模型失配问题。该章确实讨论了如何将这些模型集成到一个完整的过程流程表中，并给出了使用这些集成模型来研究多单元动力学的例子。在此阐述的基础上，第13章讨论了这些模型在使用完善的优化方法执行过程优化研究中的运用。该章的主要贡献在于回顾了各种类型的数据驱动模型，总结了通过有效的实验设计为此类模型生成数据的过程，概述了参数估算/模型训练的方法，并强调了验证结果模型的重要性。知道有不同类型的模型可以使用当然是件好事；然而，构建具有足够保真度的稳健工艺模型以进行有意义的优化研究并不是一项容易迁移的技能。此外，成功执行过程优化研究同样需要对所使用的算法、可能导致收敛失败的原因和减缓策略（如缩放）有全面的了解。寄期望于作者们用几章的篇幅就巩固和传达这一知识体系实属奢望——这些章节只能且只是打开一扇门。

第12章论述了连续过程操作中一个至关重要的组成部分，即过程分布式控制系统的设计和验证。在该章中，回顾了基本的控制体系结构，描述了选择输入/输出变量配对的方法，总结了控制器调试/参数化的策略。这些内容已在过程控制圈中被普遍实践。作者们正确地强调了在真实场景实现之前使用模型库策略进行控制系统设计和闭环性能评估。他们还非常有效地整合了他们在罗格斯大学片剂试验工厂实施控制系统中的经验，将其变成一个有用的案例研究。该案例研究包括必要的信息流、数据管理和DCS

系统集成的简明描述。该章很好地捕捉到了控制系统设计和实现中需要解决的问题，因此可以很好地作为任何新的过程应用程序所需工作的预演。

第14章总结了与连续制造工厂相关的监管问题，并对连续情况下出现的差异进行了有效监测。该章从监管的角度阐明了基本概念的含义，如批处理、控制状态和稳态，描述了从监管角度出发的连续操作的重要特征，如停留时间分布和实时放行检测的作用。作者们强调了在连续操作中出现的一些非常重要的新选项，例如一批次中进行部分剔除的能力。可以肯定的是，这些主题中很多内容都在ICH连续制造指南草案中有所讨论，该指南在撰写本书时尚未正式发布，但已于2021年7月获得批准，将很快获得全面批准。尽管如此，该章总体上确实提供了一个非常简洁和有用的监管考虑的总结，当进行一个连续制造项目时，应该考虑到这些内容。

在过去几年中，有一些涵盖制药连续制造通用主题的书籍出版。大多数这些著作都没有声称已经以任何系统的方式覆盖了该领域——覆盖的广度和深度由各个章节的编写者决定。很明显，本书有所不同，因为本书旨在阐明"如何做"并且对于系统地说明制造系统设计和操作的所有相关组件有清晰的编写逻辑。虽然它不是一本教科书，但凭借上述编写逻辑，对于想学习"如何做"知识的学生和专业人士而言，本书仍然可作为非常有用的指南。我希望本书能被认为是制药领域发展中的一个重要里程碑。

G.V. Reklaitis
West Lafayette, IN
2021 年 10 月 27 日

术语对照

本书中引用了公开中文法规指南中的常见术语。

序号	英文	中文
1	batch manufacturing	批量制造
2	batch process	批工艺
3	characteristics	特征
4	characterized	表征
5	characterisation	特性
6	continuous process verification	连续工艺确证
7	disturbance	扰动
8	feeder	进料器
9	loss-in-weight feeder	失重式进料器
10	noise	噪声
11	OOS	超标事件
12	process analytical technology	过程分析技术
13	process model	工艺模型
14	pharmaceutical quality system	制药质量体系
15	RTD	停留时间分布
16	RTRT	实时放行检测
17	sampling	采样
18	variability	可变性
19	variability of data	数据波动性

目录

第1章 概述   001

▶ **1.1 引言** 002

▶ **1.2 固体制剂连续制造的优势** 004

     1.2.1 提高产品质量 004

     1.2.2 加快产品和工艺开发 004

     1.2.3 更快应对短缺和紧急情况 005

     1.2.4 降低药品价格的潜力 005

▶ **1.3 应用于制药工艺设计的工程工具箱** 005

     参考文献 007

第2章 物料特性表征   009

▶ **2.1 引言** 010

▶ **2.2 表征技术的概述** 011

     2.2.1 堆密度测试 011

     2.2.2 粒度分布测试 012

     2.2.3 粉体流动性测量 012

     2.2.4 粉末疏水性/润湿性测量 012

     2.2.5 静电测量（阻抗测试） 013

▶ **2.3 开发物料特性数据库** 013

▶ **2.4 多变量分析** 014

     2.4.1 主成分分析 014

     2.4.2 聚类分析 015

▶ **2.5 物料特性数据库的应用** ·· 017

    2.5.1 识别相似物料作为工艺开发的替代物 ················· 018

    2.5.2 应用物料特性数据库预测工艺性能 ···················· 020

▶ **2.6 结语** ··· 022

    参考文献 ··· 022

第3章 失重式进料   **027**

▶ **3.1 引言** ··· 028

▶ **3.2 失重式进料器的特点** ··· 029

    3.2.1 重力进料的表现 ··· 030

    3.2.2 失重式进料器理想的设计空间 ························ 037

    3.2.3 料斗补料导致的进料速率偏差 ························ 042

▶ **3.3 物料流动性对失重式进料的影响** ·· 046

▶ **3.4 失重式进料器建模** ·· 048

▶ **3.5 结语** ··· 048

    参考文献 ··· 048

第4章 连续粉末混合和润滑   **051**

▶ **4.1 粉末混合的基本原理** ··· 052

    4.1.1 混合类型 ·· 052

    4.1.2 量化混合 ·· 054

    4.1.3 采样 ·· 055

    4.1.4 混合机制 ·· 056

▶ **4.2 粉末混合方式** ·· 057

    4.2.1 批量粉末混合 ·· 057

    4.2.2 连续粉末混合 ·· 058

▶ **4.3 连续管式混合机混合** ··· 059

    4.3.1 连续粉末混合机中的停留时间分布 ·················· 060

    4.3.2 选择合适的混合机配置 ································· 063

▶ **4.4** 连续管式混合系统中的润滑 ·· 067

    4.4.1 润滑剂的作用 ··· 067

    4.4.2 检测润滑性 ··· 068

    4.4.3 连续混合中的润滑剂混合 ·· 068

    4.4.4 连续与分批系统中的润滑剂混合 ·· 069

▶ **4.5** 分散在连续粉体混合中的作用 ··· 070

▶ **4.6** 其他主题 ··· 072

    4.6.1 连续混合的建模 ··· 072

    4.6.2 连续混合机中混合分层成分 ··· 073

▶ **4.7** 结语 ·· 074

    参考文献 ··· 074

第5章 连续干法制粒   **077**

▶ **5.1** 引言 ·· 078

▶ **5.2** 辊压制粒 ··· 078

▶ **5.3** 粉碎 ·· 081

    5.3.1 粉碎机类型 ··· 081

▶ **5.4** 干法制粒特性和微机械模型 ·· 083

    5.4.1 化学成分和物理性质的近红外光谱信息 ································· 083

    5.4.2 压实计算模型 ··· 085

▶ **5.5** 粉碎后的颗粒特性 ··· 086

    5.5.1 筛分检测 ··· 086

    5.5.2 激光衍射 ··· 087

    5.5.3 激光衍射法（Insitec） ·· 087

    5.5.4 动态图像分析 ··· 087

    5.5.5 聚焦光束反射率测量 ··· 088

    5.5.6 堆密度 ··· 088

    5.5.7 振实密度 ··· 088

    5.5.8 压缩性指数和豪斯纳比率 ·· 088

    5.5.9 脆碎度 ··· 089

    5.5.10 孔隙率 ··· 089

▶ **5.6 粉碎模型** ———————————————————— 090

    5.6.1 群体平衡模型 ———————————————— 090

    5.6.2 机械模型 ———————————————————— 092

▶ **5.7 结语** ———————————————————————— 093

    参考文献 ———————————————————————— 093

第6章 连续湿法制粒的建模、控制、传感及实验概述   **099**

▶ **6.1 引言** ———————————————————————— 100

▶ **6.2 实验设计** —————————————————————— 101

    6.2.1 连续湿法制粒中停留时间分布 ——————— 102

▶ **6.3 工艺建模** —————————————————————— 105

▶ **6.4 案例研究** —————————————————————— 109

    6.4.1 双螺杆制粒机 ———————————————— 109

    6.4.2 高剪切制粒机 ———————————————— 111

▶ **6.5 结语** ———————————————————————— 114

    参考文献 ———————————————————————— 114

第7章 连续流化床工艺   **117**

▶ **7.1 引言** ———————————————————————— 118

▶ **7.2 流化床基本知识** ——————————————————— 118

▶ **7.3 干燥的背景和理论** —————————————————— 119

▶ **7.4 造粒后干燥的背景和理论** ——————————————— 121

▶ **7.5 商业化应用** ————————————————————— 122

▶ **7.6 采用批次制造的原因** ————————————————— 123

▶ **7.7 其他行业中的连续制造** ———————————————— 123

▶ **7.8 传统连续流化床设计** ————————————————— 124

▶ **7.9 制药工艺的调整** ——————————————————— 126

▶ **7.10 追溯性** ——————————————————————— 128

▶ **7.11** 其他连续制粒方法 ··· 130

▶ **7.12** 结语 ··· 131

第8章　连续压片　　133

▶ **8.1** 压片的基本原理 ·· 134

▶ **8.2** 压实的现象学模型 ·· 135

▶ **8.3** 压实操作的表征 ·· 136

▶ **8.4** 连续制造中片剂的表征 ·· 139

　　8.4.1　成分模型 ·· 140

　　8.4.2　硬度预测模型 ··· 140

▶ **8.5** 控制 ··· 142

　　8.5.1　内置的压片机控制策略 ·· 142

　　8.5.2　先进模型预测控制系统简述 ·· 143

　　8.5.3　压片机先进模型预测控制系统的设计 ·································· 143

　　8.5.4　压片机先进模型预测控制系统的实施 ·································· 144

　　8.5.5　集成压片机的连续制造生产线的监控系统 ························· 145

▶ **8.6** 设计连续式压片的实验计划 ·· 145

▶ **8.7** 结语 ··· 146

　　参考文献 ·· 146

第9章　连续口服固体制剂生产中的连续薄膜包衣　　149

▶ **9.1** 连续制造中连续包衣的基本原理 ··· 150

▶ **9.2** 连续薄膜包衣的目标 ··· 151

　　9.2.1　美观包衣 ·· 151

　　9.2.2　功能性包衣 ··· 152

　　9.2.3　薄膜包衣工艺基础 ·· 152

▶ **9.3** 对连续包衣机的期望 ··· 156

　　9.3.1　制造策略的变化 ··· 156

　　9.3.2　支持因素 ·· 156

9.3.3 连续制造包衣项目的合作 ·· 157

9.3.4 连续包衣工艺的特殊要求 ·· 157

▶ **9.4 连续工艺中使用的间歇式和连续式包衣机的类型** ······· 157

9.4.1 连续制造中的传统"批次"包衣机 ·························· 159

9.4.2 GEA ConsiGma 包衣机 ·· 160

9.4.3 经典的高通量连续包衣机 ·· 160

9.4.4 混合型：Driaconti-T 多室连续包衣机 ·················· 162

9.4.5 整体对比 ·· 163

9.4.6 生产和其他方面的考虑 ·· 163

▶ **9.5 控制和过程分析技术** ·· 164

9.5.1 过程模拟和建模 ·· 164

▶ **9.6 结语** ·· 164

参考文献 ·· 165

推荐读物 ·· 165

第10章 过程分析技术在连续制造中的应用 **167**

▶ **10.1 引言** ·· 168

▶ **10.2 CM 中 PAT 的方法开发和生命周期考量** ····················· 169

10.2.1 仪器、采样、参考值、多元分析、灵敏度 ········· 171

10.2.2 用于校准模型构建的传感器位置和放置 ············· 172

10.2.3 CM 中的 PAT 方法验证概述 ································· 173

10.2.4 维护概述 ·· 174

▶ **10.3 CM 商业控制策略中的 PAT** ·· 174

▶ **10.4 案例研究** ·· 175

10.4.1 连续混合 ·· 175

10.4.2 制粒 ·· 176

10.4.3 进料器和混合机中的停留时间分布确定 ············· 178

10.4.4 片剂：溶出替代品 ·· 181

10.4.5 化学成像：离线均匀度、API 分布 ····················· 182

▶ **10.5 结语** ·· 184

参考文献 ·· 184

第11章　开放路径集成系统的工艺模型开发　187

▶ **11.1** 引言 ··· 188

▶ **11.2** 失重式进料器 ··· 188

▶ **11.3** 连续混合设备 ··· 189

▶ **11.4** 辊压机 ··· 190

▶ **11.5** 连续湿法制粒机 ··· 192

▶ **11.6** 流化床干燥机 ··· 194

▶ **11.7** 锥形筛磨 ··· 195

▶ **11.8** 压片机 ··· 197

▶ **11.9** 集成 ··· 198

▶ **11.10** 结语 ··· 202

参考文献 ·· 202

第12章　集成过程控制　207

▶ **12.1** 引言 ··· 208

▶ **12.2** 控制架构设计 ··· 208

▶ **12.3** 开发闭环系统的集成模型 ·· 212

▶ **12.4** 控制架构的实施和验证 ·· 215

▶ **12.5** 闭环性能的表征和验证 ·· 219

▶ **12.6** 结语 ··· 220

致谢 ··· 220

参考文献 ·· 221

第13章　制药工艺开发中工艺优化应用　223

▶ **13.1** 引言 ··· 224

▶ **13.2** 制药工艺开发的优化目标 ·· 225

13.2.1　单目标优化 ·· 225

13.2.2　多目标优化 ·· 226

▶ **13.3 数据驱动模型在优化中的应用** ·· 227

　　13.3.1 采样计划 ··· 228

　　13.3.2 构建数据驱动模型 ··· 228

　　13.3.3 响应面分析 ··· 228

　　13.3.4 偏最小二乘法 ··· 229

　　13.3.5 人工神经网络 ··· 230

　　13.3.6 Kriging 法 ··· 230

　　13.3.7 模型验证 ··· 231

　　13.3.8 数据驱动模型支持优化的需求 ························· 232

▶ **13.4 制药工艺中的优化方法** ·· 233

　　13.4.1 基于导数的方法 ··· 233

　　13.4.2 逐次二次规划 ··· 234

　　13.4.3 无导数方法 ··· 234

　　13.4.4 直接搜索方法 ··· 235

　　13.4.5 遗传算法 ··· 235

　　13.4.6 基于代理的优化方法 ··· 236

▶ **13.5 连续直压工艺优化的案例研究** ································ 237

▶ **13.6 讨论和未来的展望** ·· 239

　　致谢 ··· 239

　　参考文献 ··· 239

第14章　固体口服制剂连续制造的监管考虑　249

▶ **14.1 引言** ··· 250

▶ **14.2 定义** ··· 251

　　14.2.1 连续制造与批量制造的比较 ····························· 251

　　14.2.2 批的法规定义 ··· 252

　　14.2.3 控制状态和稳态 ··· 252

　　14.2.4 放大 ··· 253

▶ **14.3 为SOD设计和实现连续制造工艺的法规考虑** ·········· 253

　　14.3.1 系统动力学和材料可追溯性 ····························· 253

　　14.3.2 过程监控策略 ··· 254

　　14.3.3 实时放行检测 ··· 256

　　14.3.4 稳定性数据 ··· 257

14.3.5 工艺验证 257

14.3.6 cGMP 的考虑 258

▶ **14.4 连续制造工艺变更** 259

14.4.1 将已批准的批生产工艺转换为连续工艺 259

14.4.2 已批准的连续制造工艺场地变更 260

▶ **14.5 与监管机构的讨论** 261

参考文献 261

第15章 连续制造案例研究 263

▶ **15.1 引言** 264

▶ **15.2 产品选择标准** 264

15.2.1 产品生命周期的立场 264

15.2.2 经济收益 264

15.2.3 现有产品设计 265

15.2.4 产品稳健性和工艺知识理解 265

▶ **15.3 工艺开发、PAT开发以及与研究院校合作的方法综述** 265

15.3.1 与研究院校合作开发连续制造工艺 266

15.3.2 PAT和近红外光谱可行性研究 272

15.3.3 Janssen 的最终工艺和 PAT 开发活动 275

▶ **15.4 基于研究院校合作伙伴的连续制造线的Janssen连续制造线设计** 276

▶ **15.5 美国FDA批准的第一批向连续制造工艺转型的项目** 277

15.5.1 团队结构和管理 278

15.5.2 团队协作 279

15.5.3 执行计划 279

15.5.4 执行最佳实践 280

▶ **15.6 项目开发团队计划和关键交付成果** 280

15.6.1 关键性分析 281

15.6.2 连续工艺开发 281

15.6.3 PAT 方法开发 282

▶ **15.7 控制策略和失效模式评估是过程开发活动的组成部分** 282

▶ **15.8 进料器性能和物料转移研究** 282

15.8.1 进料器性能波动源 282

15.8.2　重量进料最大料斗容量 ……………………………………………… 284

15.8.3　每种原料的重量进料和充填准确度 ……………………………… 285

15.8.4　重新填充状态下的重量进料器的计量准确度 …………………… 286

▶　**15.9　集成生产线的工程运行和首次评估** ……………………………………… 286

▶　**15.10　停留时间分布研究和工艺因素对停留时间分布模型影响的评价** ……… 287

15.10.1　生产线停留时间分布的方法 ……………………………………… 288

15.10.2　确定工艺变量如何影响停留时间分布的实验设计 …………… 288

15.10.3　设计空间研究：目标、方法和结果 ……………………………… 289

▶　**15.11　全自动确认批次的观察结果** ……………………………………………… 294

▶　**15.12　验证和连续工艺确证阶段** ……………………………………………… 297

▶　**15.13　地瑞那韦600mg连续制造补充新药申请获得批准：这只是一个开始** … 308

参考文献 ……………………………………………………………………… 308

第16章　Orkambi：Vertex工艺开发的连续制造方法　311

▶　**16.1　引言** ………………………………………………………………………… 312

▶　**16.2　连续制造设备和工艺开发** ……………………………………………… 312

▶　**16.3　连续制造和cGMP** ………………………………………………………… 314

▶　**16.4　Vertex控制策略的实施** ………………………………………………… 315

16.4.1　含量 ………………………………………………………………… 317

16.4.2　含量均匀度 ………………………………………………………… 318

16.4.3　溶出度 ………………………………………………………………… 318

▶　**16.5　生命周期管理和PAT模型维护** ………………………………………… 320

▶　**16.6　结语** ………………………………………………………………………… 321

第17章　展望——连续制造（和先进药物制造）的未来　323

参考文献 ……………………………………………………………………… 326

第 1 章

概述

Sarang Oka,
Fernando J. Muzzio

1.1 引言

在经过几十年近乎停滞的发展后，制药行业正在经历前所未有的创新。在过去的十年中，制药行业及其技术和原料供应商接受从传统低效的批量制造方法向连续制造（CM）的全球转变，这是一项新兴技术，可以大大减少新药开发、商业生产的时间和成本，同时能够显著改善最终产品的质量和制造过程的可靠性。

这是如何发生的？像许多好的想法一样，过去很多人都想到了连续的固体制剂药物制造。事实上，批量制造中使用的许多单元操作（磨粉机、压片机、辊压机、包装设备）本质上是连续的。所谓的"批工艺"并不是真正的批次，而实际上是混合了本质上连续和本质上批工艺的步骤，以异步顺序使用。因此在意料之中，它只是时间问题，直到有人决定移除本质上的批工艺步骤并用本质上连续的步骤替换它们，以使整个过程是连续的并且带来将在下一节中讨论且贯穿于本书的诸多优点。

对于参与编写本书的团队而言，努力实现从粉末原料到成品的连续制造线的完整实施始于1998年左右，在 F. J. Muzzio 访问位于意大利维罗纳的 GSK（当时的 Glaxo）工厂期间，教授为期一周的药物制造方法课程，集中于当时引起极大关注的主题——粉末混合和混合均匀性的采样。在与意大利 GSK 的优秀团队就该主题进行的多次讨论中，一个想法产生了——即如果大多数混合问题是由于使用分批混粉机的基本方法引起的，这在本质上难以采样并且会在卸料过程中促使混合物分离，为什么不能通过创建一个易于表征的连续进料/混合系统（因为可以方便地对混粉机卸料流进行采样）而避免呢？这样就不会促使分离，甚至可以进行闭环的工艺控制。

在这些讨论之后，罗格斯大学的 Muzzio 团队给行业界写了许多提案，寻求资助来创建这项技术。行业代表不约而同地拒绝了这些提案，表示他们认为监管机构永远不会批准连续工艺。争论或多或少归结为"监管框架需要一个批工艺"。改变这种观念花了5年时间，但在2003年，在新泽西州 New Brunswick 的 CAMP 联盟讨论期间，美国食品药品管理局（FDA）的 Janet Woodcock 博士表示，美国监管机构将欢迎实施连续制造方法所做的努力。FDA 在2004年修订的 PAT 指南中记录了这一概念的支持。从那时起，在 FDA 坚定支持的推动下，连续制造方法进展迅速，欧洲和日本监管机构也紧随其后。

2004年，罗格斯大学的团队成立了一个连续制造联盟，当时整合了 Merck、Pfizer、Apotex 和 GEA。这群同盟者主要专注于进料和混合，使用该技术的基本版本证明连续进料和混合确实是可行的，产生了该领域的第一次会议演示和论文[1-5]。此后不久，在2006

年，罗格斯大学的团队与普渡大学、新泽西理工学院和波多黎各大学合作，成功地吸引了美国国家科学基金会（NSF）的大量资金投入，以建立结构化有机颗粒系统工程研究中心（C-SOPS）。C-SOPS完全致力于将工程方法系统地应用于制药产品和工艺设计。自C-SOPS成立以来，超过60家公司以及FDA和USP加入C-SOPS，其将连续制造作为其主要研究工作。这种学术-工业-监管合作伙伴关系吸引了超过1亿美元的研究资金的投入，发表了500多篇同行评议论文，并使许多公司能够实施先进的制造方法。

在获得NSF的资助后，连续制造取得了快速进展。C-SOPS组建了一个由20多名行业代表组成的导师团队，他们与学生、博士后和临时教授密切合作，以整合一个工作系统。到2008年，该团队已经集成了重力双螺杆进料器、连续管式混合机和压片机，实施高光谱近红外传感，并使用西门子和艾默生控制系统关闭机械控制回路。

此后不久，JnJ的代表与罗格斯大学和UPR团队接洽，并要求他们挑战一个新的里程碑，以创建一个商业系统。如第15章所述，这项工作由Prezista连续制造开发。随后与JnJ和其他公司进行了更多合作，从连续直压（CDC）扩展到连续湿法制粒（CWG）、连续干法制粒（CRC），以及最近的连续API制造。

从那时起，连续制造已成为现实，并迅速成为一种主要的制造方式，在世界各地都有活跃的项目。重要的是，许多其他组织对当前的技术水平做出了非常重要的贡献。在JnJ与C-SOPS密切合作的同时，许多其他公司，其中包括Vertex、Pfizer、Eli Lilly、GSK、Merck和Novartis，都在进行自己的内部工作。正如我们目前所看到的，大约十年后，其中许多努力已经开始取得成果，批准的连续工艺的数量和能够实施连续方法完成生产的公司数量都在快速增长。

公平地说，C-SOPS并不是唯一促成制造方法发生重大变化的学术/工业联盟。其他几个联盟同时或不久之后成立。主要由Novartis资助的麻省理工学院的一项主要工作是开发端到端的连续制造，将有机合成的最后步骤一直到成品的过程整合在一起。2009年左右，由格拉茨技术大学牵头的奥地利制药工程研究中心（RCPE）产出了又一项重大成果。在众多成果中，RCPE团队将制药过程的离散元素法（DEM）模拟提升到了一个新的水平，并展示了完全集成的热熔挤出（HME）系统。此后不久，英国出现了另一项重大成果，即CMAC，其主要关注连续API合成和结晶。在过去的几年里，更多的联盟加入进来，这些联盟集中在都柏林、根特、谢菲尔德和库奥皮奥，最近在日本和中国。

大约在C-SOPS开始的同时，设备供应商开始提供工艺组件并最终提供完全集成的系统。第一个这样做的公司是GEA，它推出了ConsiGma系统进行商业实施，不久之后由Glatt领导的Excellence United联盟加入。GEA和Glatt很快加入了LB Bohle和Powrex，最近Bosch和Fette加入，预计很快还会有许多其他公司加入。

最后，美国政府的资助机构和监管机构在启动和推进这一领域进展方面发挥了非常重要的作用，既安抚了行业界，也为学术界提供资助以继续努力。我们的团队永远感谢NSF

的早期资助和FDA的持久支持。

1.2 固体制剂连续制造的优势

正如本书中所论述的，连续制造方法使建模、传感和闭环实时过程控制成为可能。这可以带来更好的工艺理解、更佳的产品质量，提高工艺可靠性，促进实时放行，提高产品质量，降低制造成本，提高产量，创造更小的工艺空间，以及其他许多显而易见的优势。

1.2.1 提高产品质量

连续制造工艺可以实现卓越的产品质量。我们与FDA和行业的合作，以及我们与USP等组织的合作，有助于确保这一结果。这主要有3个原因。首先，该过程的近乎稳定的特性使物料的所有部分能够在相同的条件下以恒定的控制状态进行处理。其次，由于在任何给定时间仅处理少量物料，因此可以严格监控工艺流的每个部分的质量属性以确保质量。任何有缺陷的产品单元都可以被跟踪和报废，同时只保留质量合格的产品单元。第三，由于系统几乎是稳定和连续的，实时监控、主动控制和高级优化可用于确保工艺始终保持在操作标准内。此外，连续制造可以实现详细而准确的计算机建模，从而确保更深入的科学理解。这种质量改进可以直接转化为健康收益，因为有缺陷的产品可能无法提供其治疗收益，或者在极端情况下会对患者造成伤害。

1.2.2 加快产品和工艺开发

片剂和胶囊等固体制剂产品涵盖了患者服用的绝大多数药物，连续制造已被证明可以大大减少新药开发的时间和成本。典型的固体制剂产品连续制造线在几分钟内即可达到控制运行状态。因此，只需使用少量原材料就可以在短短几天内完成对替代产品配方和多种工艺条件的广泛研究。此外，由于此类开发研究是使用随后将用于制造的相同设备进行的，因此不需要对该工艺进行放大研究，这进一步加快了工艺开发。如前所述，这种速度更快、浪费更少的开发产品和工艺的能力，对专利药产品（受有限期专利保护）和仿制药产品（第一家提交批准申请的公司通常会获得更大的利润份额）的盈利能力都影响重大。在我们看来，一个更重要的好处是能够让那些无法等待的患者更快获得拯救生命的新药，从而为实现快速产品和工艺开发的技术提供最强大的动力。

1.2.3 更快应对短缺和紧急情况

通过实现更快的产品和工艺开发，连续制造可以让制造商快速开发产品以应对紧急情况、解决短缺问题并将突破性疗法推向市场。当前的知识状态通常使熟练的从业者能够在短短几周内为给定产品创建配方和工艺。在紧急情况下，这样的工艺不必是最佳的，恰当即可，就可以进一步加速开发。如前所述，可以在整个制造规模上开发此类工艺，并且仅使用少量物料，这通常在产品生命周期的早期或检测到质量问题时至关重要，因为在这种情况下，合适的原材料可能是稀缺的。此外，连续工艺本质上的更高可靠性使其更安全，更容易获得监管机构的批准，从而进一步实现在紧急情况下的快速响应。

我们相信，这种加快产品开发速度的能力将成为后疫情（COVID-19）时代实施连续系统的主要驱动力，不仅适用于固体制剂产品，还适用于API、注射产品、疫苗和其他产品形式。这样的倡议将如何形成还有待观察，但其潜在的好处非常大，我们认为这只是时间问题。

1.2.4 降低药品价格的潜力

连续制造可以通过多种方式帮助降低处方药和非处方药（OTC）的成本。其中一些影响是直接的：与批量制造工艺相比，连续制造工艺占用空间更小、产量更高且所需直接劳动力更少，因此它们能够直接影响制药产品的成本。一些影响是间接的：因为连续制造工艺还可以制造出更优质量的产品，并且因为它们可以实现实时质量控制，如果需要，还可以实时放行，它们降低了保证产品质量的成本。虽然连续制造工艺需要对物理和人力基础设施进行前期投资，但它们可以迅速收回投资。此外，如前所述，连续制造产品及其所需的制造工艺可以比基于批次的同类产品开发得更快。因此，使用连续制造技术开发和制造的产品可以更快进入市场，从而延长公司的盈利期。如果可以在价格竞争激烈的制药行业的仿制药和非处方药领域采用连续制造技术，这些因素可能有助于降低消费者的经济负担。

1.3 应用于制药工艺设计的工程工具箱

虽然从工程的角度来看连续制造并不是全新的，但在制药行业实施连续制造系统带来了对各种方法的新兴趣，包括材料表征和工艺建模，并重新定义了它们在制药工艺设计中的用途。由于需要以相同的速率同时操作多个流程并相互交互，因此连续系统复杂性更高，这增大了对深入工艺理解的需求，并需要创建新的监管评估途径。传统上，除了API合成和纯化之外，工艺工程方法在制药工艺设计中可能很少使用。连续制造几乎在一夜之间改变了这一点，因为对工艺建模和过程控制的需求变得显而易见。响应这一需求是一项内在的多学科努力，需要建立合作伙伴关系来推动技术发展。如前所述，这些合作伙伴关系出现在美国和欧洲的多个地方，最近出现在日本和中国。

到2015年左右，问题产生在所有这些研究活动是否会产生一种主要的新型制造模式。截至2020年初，在美国有6个固体制剂连续制造工艺已获得批准，在其他国家也有类似数量的批准，并且制剂和原料药方面正在向美国FDA提交申请的有数十份，这种制造方法已达到完全的商业化阶段。预计采用过程将继续加快，直至完全成熟。

随着采用率的提高，似乎需要一份关于技术基本原理的简明资源，重点是提供有关实施的实用建议。本书旨在满足这一需求。我们的目标是展示工程工具箱，因为它适用于固体制剂产品的连续制造制药工艺设计。本书中的大部分材料来自作者及其合作者作为该技术的"第一批采用者"的第一手经验。本书采用系统的阶梯式方法来设计集成连续制造系统。为了成功实施或评估连续制造系统，读者需要在开始之前了解连续制造工艺的高度集成性。先进制造和连续工艺的一个重要方面是能够处理更多信息并将工艺数据与输入的可变性联系起来。这些概念在作者之前的出版物中进行了详细研究[6]。尽管本书中没有设单独的章节对这些概念进行整理，但在适用的情况下，在各个章节中重新回顾了这些概念。

第2章介绍了物料表征方面的进展，以及如何处理数据以加强对工艺的理解并以节省物料的方式提高工艺开发的速度。第3～9章分别介绍单个单元操作，这些操作可以组合在一起以生产用于CDC、CWG或连续干法制粒或CRC的集成系统。在许多情况下，"挤出"被用作CWG技术。迄今为止，该方法的应用主要限于挤出制粒。重要的是，类似的设备可用于连续熔融制粒或膏状挤出工艺，虽然我们确实预计此类系统将在适当的时候成为实施系统范围的一部分，但本书并未对其进行详细探讨。

第10～13章介绍了应用于先进固体制剂药物制造的工程工具箱的关键要素，包括工艺监控、建模和优化、自动化和闭环工艺控制。虽然这些工具箱组件的全面实施仍在进行中，但在我们看来，它们成为标准操作只是时间问题，因为它们已证明能够使制造方法更可靠和更高效。

除了涵盖工艺开发的技术方面，本书还涉及将CM药物产品推向市场的相关非技术因素。第14章致力于对监管预期的理解。该章还讨论了诸如与监管机构推进合作、提交批工艺和连续制造工艺之间的差异、国际协调以及学术界的作用等方面。第15章和第16章是行业案例研究。它们是制药组织撰写的经验，描述了建立连续制造生产线、开发其第一个产品并获得美国FDA批准所需的经验。第15章由Janssen制药的一个小组撰写，描述了将其产品Prezista由现有批处理工艺转换为连续制造工艺的过程。第16章由Vertex制药的科学家撰写，讲述了将他们的第一个CM药物产品Orkambi推向市场的工作。最后，第17章介绍了编者对现有技术差距、技术成熟度及其影响、学术界和CMO的未来作用、监管机构的作用、未来技能组合和人力资源需求等方面的展望。本书旨在作为一部相对较新的CM技术的匹配性指南。我们的想法是让本书作为入门书，引导使用者完成设计和构建CM生产线以及开发片剂产品的步骤。除了设计章节之外，希望该领域的专家还能够找到关于监管预期、行业经验和技术前景的有用章节。

参考文献

[1] Portillo P, Ierapetritou M, Muzzio FJ. Development of Control Strategies for Blending Operations in Pharmaceutical Processes. In: Paper 414m, AIChE annual meeting, Austin, TX; November 2004.

[2] Portillo PM, Muzzio FJ, Ierapetritou MG. Modeling Granular Mixing Processes Utilizing a Hybrid DEM-Compartment Modeling Approach. In: AICHE annual meeting; November, 2005.

[3] Portillo PM, Ierapetritou M, Muzzio FJ. Characterization and Modeling of Continuous Convective Powder Mixing Processes. In: AICHE annual meeting; November, 2006.

[4] Portillo PM, Muzzio FJ, Ierapetritou MG. Characterizing powder mixing processes utilizing compartment models. Intl J of Pharmaceutics 2006;320:14−22.

[5] Portillo PM, Muzzio FJ, Ierapetritou MG. Modeling and designing powder mixing processes utilizing compartment modeling. Comp Aid Chem Eng 2006;21(C):1039.

[6] Oka S, Escotet-Espinoza SM, Singh R, Scicolone J, Hausner D, Ierapetritou M, Muzzio FJ. In: JKP K, et al., editors. Design of an integrated continuous manufacturing system. John Wiley & Sons Ltd; 2017.

第 2 章

物料特性表征

Sonia M. Razavi, Sarang Oka,
M. Sebastian Escotet–Espinoza, Yifan Wang,
Tianyi Li,Mauricio Futran, Fernando J. Muzzio

2.1 引言

对原材料和中间物料的深入了解对于成功设计以及运行可靠的连续工艺至关重要，尤其是实现并维持稳定的运行[1-3]。观念上来说，原材料特性和历史物料对设备运转性能、中间物料和最终产品特性的影响是不言而喻的，并已在其他领域如陶瓷[4-7]、冶金[8-11]、催化剂[12-14]和食品[15-20]得以印证。

由此可见，全面的原材料和中间物料特性的表征对于开发稳健的工艺至关重要。由于散装物料特性具有复杂性，许多检测技术，每一种只能量化其行为的一个特定方面，且通常在不同的条件下检测。此外，目前不存在基于第一性原理的粉末流动理论。虽然粉末行为及其在工艺中的影响是一种多变量现象，但大约在2003年FDA的PAT和QbD倡议之后，直到最近才开始考虑在药物工艺开发中应用多变量方法[3,21-24]。

鉴于问题的复杂性和多变量性质，建立颗粒成分的原始和中间特性的综合特性数据库并检查它们对工艺和产品的影响，对于了解物料特性如何影响工艺性能至关重要。符合现行药品生产质量管理规范中所规定的现代质量体系的物料特性数据库有诸多应用。此类数据库可以作为描述物料特性对工艺性能影响的信息库，有利于测试方法的标准化以及规范商业可用成分的属性值范围，支持基于属性识别等效（即可互换）物料，能够根据其特性识别用于工艺开发的替代物料，还有助于开发物料特性与设备运转性能相关联的数学模型。图2.1是物料特性数据库应用示意图。

拥有标准化的测试方法可以帮助工艺开发者建立新物料的特征化框架，以此框架作为开发工作的起点。在制造阶段收集的物料特性知识可用于检测趋势、评估目前和将来的工艺[26]。此外，收集到的测量数据可用于确定需要测量的物料特性的简明数量，以及确定能够提供物料相关信息的特定测量值。

开发物料特性数据库的基础是测量粉末特性的可靠、可重复和标准的方法。现有几种商业化的粉末特性化工具，例如粉末流变仪❶、粒度分析仪和离析测试仪。此外，还有一些粉末特性的测量最近也得到了关注，例如粉末内聚力、膨胀、渗透性、可压缩性、剪切敏感性、疏水性/润湿性和静电。但后者的方法尚未完全标准化，阻碍了创建可重复的特性指标。此外，使用不同的剪切盒测量方法获得的结果不便于在仪器之间转换[27,28]，并且不同的粒度测试仪可以得到不同的结果[29]。值得一提的是，各种测量技术得到的不同结果往往是高度一

---

❶ 严格地说，流变仪是一种产生具有均匀剪切场的流变流体的装置，而术语"流变仪"已被推广用于粉末流动测试，并在这里以这种方式使用。

致的。可以实现将相关信息折叠至较小的自由度，由此可通过不同的方法进行等效采样。通常，在开发数据库的早期，并不清楚哪种测试方法更准确或更有意义。因此，在开发综合数据库时应考虑所有可用的物料特性的测量方法。在初始数据库建立后，利用收集到的信息，可以评估哪些物料特性与既定工艺、测量的相对精度以及测量之间的共线性程度最相关。可以使用多种多变量分析技术来进行分析，本章将讨论其中的一些分析技术。

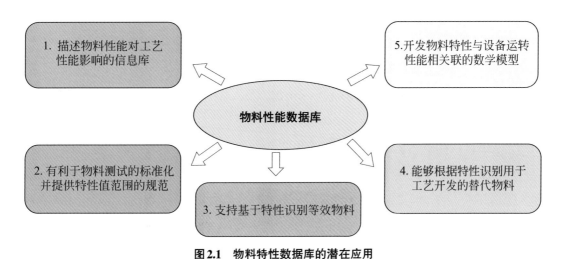

图2.1　物料特性数据库的潜在应用

本章简要介绍结构化有机颗粒系统工程研究中心（C-SOPS）目前使用的表征技术。随后描述了如何使用和分析物料特征化数据库。本章继续提供物料数据库的不同应用：在停留时间分布（RTD）研究中选择合适的替代物或示踪剂，创建包含物料特性的设备运转性能模型，利用现有知识预测新型粉末的性能，并根据物料特性为不同的实验设计（DoE）选择所需的粉末/混合物。

2.2　表征技术的概述

在本节中，将讨论建立物料数据库所常用的标准化表征技术。下面描述的几种测量技术是广为人知的，因此不再赘述。这些方法更全面的描述，读者可以参考文中指定的参考文献。这些技术不限于本章提及的内容。其他技术，如比表面积测定、动态蒸汽吸附、静态图像分析、干燥失重和动态崩落角，仅举几例，可在其他报道中找到[30]。

2.2.1　堆密度测试

此特性的测试是按照《美国药典》通则<616>[31]所规定的标准程序来进行的。在一个250mL的量筒中轻轻注入粉末，150mL左右为宜，并记录粉末的质量。使用质量和体积测量值计算初始填充密度（即粉末测量的质量除以体积，$\rho_B = M/V$）。

2.2.2　粒度分布测试

有几种方法可用于测量颗粒物料的粒度分布。激光衍射、筛分分析和真实或放大颗粒的图像处理是最常用的方法。方法的选择是由被测颗粒的大小、形状决定的，有时依据内聚性。不同的粒度测量技术可以参照参考文献［29］。

2.2.3　粉体流动性测量

通常用于描述粉末流动行为的特性可以使用剪切盒来测量。诸如主应力、无约束屈服应力、流动函数、内聚力、内摩擦角和壁面摩擦角等特性可以使用剪切测试仪进行测量。此外，一些剪切测试仪提供的配件，可以测量渗透性、可压缩性、粉体流动稳定性和可变流动能量等特性。Moghtadernejad 等[26]详述了使用剪切测试仪和粉末流变仪测量流体特性的方法。如前所述，现有几种商业上使用的剪切盒。Koynov 等[27]对最广泛应用的剪切盒性能进行了测试。Wang 等[28]证实，对于许多粉末，剪切盒在各种固结应力下生成的数据可以归结至单个主曲线上。

2.2.4　粉末疏水性/润湿性测量

疏水性/润湿性是衡量物料亲水（或疏水）的方法。最终剂型的主要质量特征之一是其在水性介质中的溶出度。因此，构成剂型的混合物的疏水性至关重要。因为混合物的特性通常是原材料特性和工艺条件的函数，并且因为混合物在加工过程中会变得更加疏水，所以应该鉴定原材料的润湿性和工艺对混合物疏水性的影响。

粉末的润湿性可以用改良的 Washburn 技术进行测量。Washburn 在 1921 年首次描述了由毛细作用而导致水渗入粉床的情况[32]。渗透至粉床中的水的体积随着时间的平方根线性增加。疏水的粉末会抵消毛细作用，导致吸水速率变慢。吸水与时间的关系也可以表示为粉床中水的质量平方与时间的线性关系。

$$t = \frac{\eta}{C\rho^2\gamma\cos\theta}m^2 \tag{2.1}$$

式中，t 是时间；η 是液体黏度；C 是由粉末填充密度和颗粒大小共同作用的几何因子；ρ 是液体密度；γ 是液体表面张力；θ 是液体和颗粒之间的接触角；m 是粉床柱中液体的质量。线的斜率与物料的疏水性相关。另外，在比较不同物料的疏水性时，也可以用同样的方法计算出与水的接触角。粉末物料的几何因子是粉末本身的属性，首先可以通过用与物料的接触角为零的液体（例如正己烷或硅油）进行测量来计算。然后通过使用水作为湿润介质重复测量，并使用从之前的测量中获得的C值，就可以计算出与水的接触角。Washburn的详细描述见文献[33,34,34a]。

粉末的疏水性也可以用滴入试验来测量。在这种方法中，水滴体积与时间的关系被绘制成图，并作为水滴渗透曲线进行分析。硅油（聚二甲基硅氧烷）或任何其他完全湿润的溶剂可以作为参照液体。一般使用手动注射器挤出液滴沉积在粉床上。使用CCD相机记录液滴渗透的图像序列。假设液滴的形状是轴对称的，通过图像分析，即可计算出渗透的体积。使用水或关注的液体重复同样的程序。接触角可以用尺寸分析法计算。余弦值越小说明疏水性越低。对滴入法的详细描述见参考文献[35]。

2.2.5 静电测量（阻抗测试）

一些药物混合物是绝缘体，意味着其在与其他物料摩擦或接触时很容易俘获电荷。颗粒带电是一个复杂的现象。虽然已经调查过这种现象的一些基本原因，但如同粉末流动，还没有完整的粉末静电理论[36-38]。多种技术被用来表征静电行为的多个方面[39,40]。对用于研究粉末静电的各种测量方法的全面回顾可以在文献[41]中找到。

2.3 开发物料特性数据库

全面的物料表征工作会产生大量的数据。数据不仅产生于粉末性能测试仪测试物料的台架试验，还产生于工艺开发和正常运行期间的工艺分析传感器。具有如此大量的数据，就可以在这些数据库中应用统计和数据驱动的工具。这些工具的应用能够将物料数据库由单纯的信息收集转变为强大的预测方法。还可降低测量的维度，告知从业者哪些测试能获取测量中的大部分方差。它还能预测物料特性和工艺性能，从而预测最终产品的质量。这些有助于将来的工艺开发。工业界和学术界都在不断努力，致力于开发全面的物料特性数据库。主要的目标是应用统计和数据驱动的方法确定物料特性，以提供最优方式鉴定某种设备的运行性能。例如，通过统计显著的相关性，可以推导出停留时间分布和混合机中的物料存量是物料特性和工艺参数的函数。除了促进工艺开发外，数据库还可用于选择一种可替代的、容易获得的、廉价的物料，其特性与昂贵的、稀缺的物料（工艺开发中无法大批量获得）"足够相似"。集中精力开发此数据库已成为在其连续制造流水线中拥有多种产品的组织的首要事项。数据库对定制研发生产公司（CDMO）也同样，甚至更有价值，因为考虑到其业务性质，在工艺开发和运行过程中他们可能会检查、处理和加工大量的不同种类的物料。以下几节将更深入地讨论物料数据库的不同应用。

2.4 多变量分析

在开发过程中，物料特性数据库可辅助研究人员减少所需表征物料的数量。另外，物料库应足够广泛，才能涵盖所有关注的行为。多变量分析是评估物料特性库的实用工具，通过组合部分共线变量并用更少的所谓潜在变量来描述它们，从而在维度和可变性方面持续增长。主要目的是将有用的信息从干扰中分离出来，并检测数据中的模式，尤其是没有明显的自然分组时。用于提取信息的几种多变量方法中，本章将详细讨论主成分分析（PCA）和聚类分析。还将讨论使用偏最小二乘法回归法（PLSR）来预测工艺性能的例子。

2.4.1 主成分分析

最早和最常见的潜变量投影方法是PCA。PCA使用向量空间变换来降低大数据集的维度，并由其数据变量的少量独立线性组合来代替[42,43]。具体来说，模型用来表示数据集（X）在降维［主成分（PC）空间］中，识别主要变异轴[44]。根据式（2.2），可将数据集 X 分解为一组分数（T）和负荷（P），而剩余的变量建模为随机误差（ε）。

$$X=TP^{T}+\varepsilon \tag{2.2}$$

通过仅保留少量的特征向量，原始的测量数据集被有效地映射至更小的相互正交的新变量集，每个新变量是原始变量的线性组合。通过将数据投射至正交坐标上以降低数据维度，是有效生成开发工艺模型，最小化变量数量（即被测物料特性的数量）的有效方法[45]。PCA主要缺点是：①新变量的物理意义不明确；②需要大量的实验数据；③在某些情况下，该方法缺乏稳健性（即PC可能计算错误，产生不同的结果）。这些缺点通常由连续的PCA分析解决，进而使研究人员能够检查模型的局限性。

最初与维数匹配的PC，作为原始测量的相关矩阵的特征向量获得。然而，鉴于目标是将数据集的维度最小化，考虑到特征向量所包含的信息量越来越少，故并不需要保留所有的特征向量。重要的是如何选择特征向量的最优数量，以使每个特征向量都能获取所观察变异性的统计显著部分。提出了几种方法，包括累积方差标准和统计显著性方法。累积方差标准选择一个阈值，以确定分析后会保留的PC数量。这种方法是使用最广泛的方法之一，因为可以根据研究人员所需的PC目标数量进行调整。更严格的统计方法通过Bartlett检验确定哪些PC具有统计显著性，检查每个特征值/特征向量对的分数方差，并使用卡方分布和矩阵中的自由度计算相应的 P 值[46]。

为了便于理解将PCA方法应用于物料数据库，下面将讨论一个示例。使用PCA对七种物料进行鉴定以建立模型，每种物料包含30个流动指数。除了为开发数据库而进行的一系列剪切盒测试外，还进行了其他测试，例如可压缩性测试、渗透性测试和动态流动测试。该实例用到了粗γ-氧化铝、细γ-氧化铝、细沸石、沸石（Y型CBV 100）、Satintone（煅烧高岭土SP-33）和乳糖一水合物。尽管不包含常用的药用物料，但开发模型的原则可以跨材料转化。

图2.2显示了具有3个PC的3D评分图，其中包含了用于建立数据库的总共210个测量值的信息。PCA在物料数据库中的应用在2.5.1节中讨论。

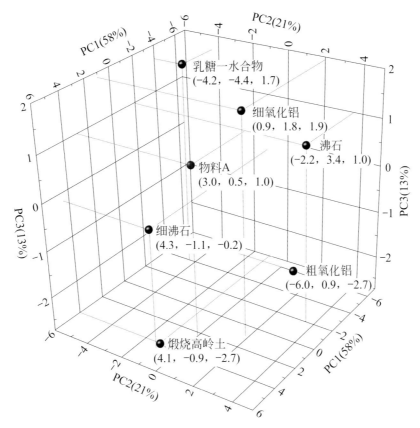

图2.2　使用立方分值图来说明不同物料在投射空间中的分布情况
每种物料的坐标显示为每个主成分的分值[28]

Van Snick等[30]也进行了类似的工作，为了建立一个广泛的物料特性数据库，使用了100多个原材料特性描述符，对总共55种不同的原材料进行了表征和描述。应用PCA来揭示物料之间的相似性和差异性，以确定首要特性。

2.4.2　聚类分析

另一种可应用于物料特性库的一般多变量法是聚类分析。聚类分析是一种无监督的机器学习方法，不需要已建立的学习集[47,48]就可将任意数据集分类为具有相似属性的组（即簇）。

该方法包括基于使用不同的距离算法（如欧几里得算法、曼哈顿算法）测量的距离或相异性函数，形成表示数据元近似集合的数据元组，其中相同的数据对具有零距离或零相异性。此方法在研究数据库集时是非常有帮助的，因为它提供了在不同数据点之间建立关系和分区的方法。因此，在考虑特性库中的物料时，尤其是打算根据物料特性进行物料分类时，这种方法变得很有意义。在现有的算法中，分层分类聚类和非分层K-均值聚类是最常用的方法。其普及的原因包括易于实现、收敛速度和对稀疏数据的适应性。从数学角度，分类聚类确定了点与点之间的距离，并且在给定一个预定的组数后，根据组与组之间的最大距离来分配每个组的要素。K-均值聚类将所有数据点划分为预定数量的集合，以最小化类内方差，且由于数据的总方差是恒定的，同时也将类间方差最大化。

引入示例来进一步阐明该方法。这个例子的细节、表征的物料、进行的测量和聚类方法见参考文献[25]。使用共计20种常用的医药物料建立物料特性库进行分析。5种活性药物成分（API）和15种辅料组成了物料数据集。20种物料中，每一种物料都收集了32个测量值，从而形成了640个测量值的数据集。聚类方法使用欧氏距离的平方进行距离评估，以利用所有可用的物料特性（即32个测量值）。对物料进行聚类的距离分组算法是基于它们在欧几里得空间的接近程度。其目的是使用标准的聚类方法，而非降维方法来分析物料特性数据库。图2.3展示了应用Ward方法进行层次聚类的结果。图2.3（a）显示了聚类产生的树状图，图2.3（b）显示了类间距离，图2.3（c）表示通过增加聚类的数量增加的距离。

图2.3（a）显示了根据特性哪些物料共享一个最近邻近。结果说明，基于物料特性，对乙酰氨基酚和原料药3的共同点最多，也就表明可以使用对乙酰氨基酚（一种常见的可

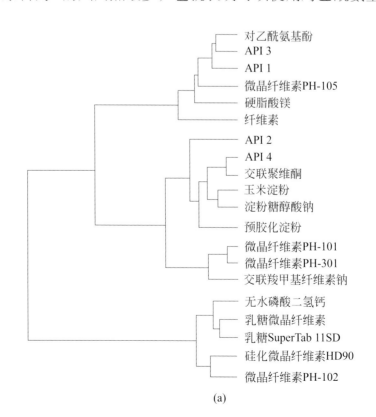

(a)

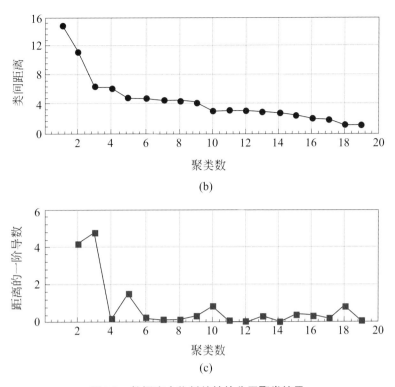

图2.3　数据库中物料特性的分层聚类结果
（a）树状图；（b）类间距离和聚类数量的函数关系；（c）类间距离的一阶导数

用药物原料药）作为原料药3的替代物料。此外，基于聚类分析，对乙酰氨基酚和原料药3
与原料药1最相似。图2.3（b）中显示了类间距离。两组使类间距离从15.3下降到11.2。然
而，两个聚类引出了大量物料，并不能代表物料特性所反映的巨大差异。三个聚类使类间
距离进一步降低至6.4，这表明所选的聚类显示出较少的组内差异和较多的组间差异。聚
类的数量增至四个时并未显著减少类内距离（距离为6.3），这表明四个聚类和三个聚类之
间的差异相对较小。此外，图2.3（c）显示，通过增加聚类，在第三个聚类之前，增加的
信息是显著的，当增加至四个以上聚类时，它就接近于零。因此，为了在最小数量的聚类
中表达测试数据集中最多的差异，并保持一个组中物料的数量大于组的数量，此处选择三
个聚类进行分析。与在2.5.1节讨论的PCA方法类似，聚类分析也可以用来预测各种设备
运转中物料的工艺性能，在此不做详细讨论。Escotet等展示了相同聚类中的材料如何表现
出相似的工艺性能[25]。

2.5 物料特性数据库的应用

　　全面的物料特性数据库的有效应用会成为连续制造工艺开发小组的强大工具。物料数据
库可以预测物料特性和工艺性能，从而预测最终产品的质量。统计学方法可应用于此类数据

库，以确定最能表现某一设备运转性能的物料特性。如前所述，除了有助于工艺开发外，此类数据库还可用于选择替代物料，当将多变量方法应用于物料数据库时，也有助于选择适当的示踪剂，以确保对停留时间分布试验的准确鉴定。这里只讨论两个例子：基于PCA的方法确定替代物料和PLSR方法预测工艺性能。

2.5.1 识别相似物料作为工艺开发的替代物

通过PCA评分图（或上述其他多变量分析技术）获取的物料特性信息可用于识别替代物料。在此介绍的例子阐述了如何使用替代物料预测"相似"物料的性能。具体来说，在这个例子中，试图回答以下3个问题：①如何将给定的新物料与先前表征的物料进行比较？② 对于具有给定特性的物料，能否预测其进料器性能？③对于具有给定特性的物料，能否预先选择最优的工具以达到指定的进料性能？

两种物料之间的相似性表示在重新映射的物料特性空间中的测量距离[49]。PC是相互正交的，每个PC都与解释数据集中的变异性比例相关[50]。一般来说，基于统计学意义仅保留少数PC。因此，材料A和材料B之间的相似性分数可以根据加权欧氏距离［$d_{w(a,b)}$］来计算。

$$d_{w(a,b)}=\sqrt{\sum_{i=1}^{n}w_i(a_i-b_i)^2} \tag{2.3}$$

式中，n是模型中选择的主成分总数；a_i是物料A在第i个主成分中的得分；b_i是物料B在第i个主成分中的得分；w_i是第i个主成分的权重，即第i个主成分所解释的相对变异性。

$$0<w_i<1$$

相似性得分是基于对象之间的距离概念，量化了数据集中的观测值之间的相似性或相异性[49]。相对较小的d_w值表明物料之间的相似性。因此这种方法表明，如需识别物料"X"的替代物，使用在PC空间中与这种物料最接近的物料，设备运转也会出现最相似的性能。首先识别物料间的相似性，然后使用最相似物料的设备运转性能来预测性能的方法称作PCA-SS（PCA关联的是相似性得分）。

此例目的是识别一种与物料A相似的物料，表征物料A并绘制在PC空间上，如图2.2所示。计算物料A与数据库中所有其他物料的欧氏距离，结果见图2.4。

可以观察到，细沸石最接近PC空间中的物料A。另外，使用PCA-SS识别物料A和细沸石之间的相似性也相当于螺旋上料机中物料性能的相似性。使用相对标准偏差（RSD）和平均相对偏差（RDM）来评估和比较每个标准品（最初绘制在PC空间上的六种物料）的进料器的进料性能。还对物料A进行了重量进料试验，以获得物料A的RSD

和RDM。

根据图2.5中观察到的结果，细沸石能够准确地预测物料A在进料器中的性能。

PCA-SS方法的优点是，考虑到所有可用的流动特性测量，能够快速识别类似的物料。

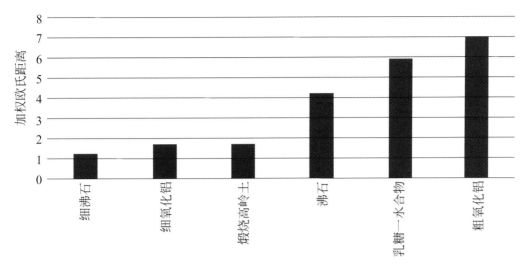

图2.4 计算了物料A和其他现有物料间的加权欧氏距离
根据降维物体之间的距离概念，确定细沸石与物料A最相似[51]

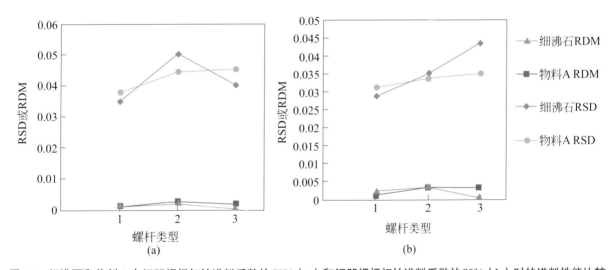

图2.5 细沸石和物料A在细凹螺杆初始进料系数的50%（a）和细凹螺杆初始进料系数的80%（b）时的进料性能比较
螺杆类型1对应的是细凹螺杆，螺杆类型2对应的是细螺旋螺杆，螺杆类型3对应的是粗凹螺杆[51]。
RDM为平均相对偏差；RSD为相对标准偏差

在开发PCA模型时，应包括预测的物料，使得模型能够充分考察整个数据结构和模式。通过使用相似性评分，替代将预测物料数据投射到现有的PCA模型中的方法，可显著减少预测误差。当可用的物料有限时，这种方法对识别替代物料特别有用，可用来快速确定设计空间，避免工艺开发过程中的失效模式。此外，选定的替代物料有助于加速工艺放大和技术转移。然而，PCA-SS方法也有局限性。该方法基于假设，即具有类似流动特性的物料在相同的设备物理配置中会有相似的表现。如果标准品未涵盖宽泛的流动特性，则难以找到类似物料可能会增加预测误差。

2.5.2 应用物料特性数据库预测工艺性能

考虑到物料特性和工艺性能之间潜在的定量相关性，还可开发PLSR模型。此处的例子引用相同的物料特性数据库，应用PLSR方法预测进料器性能。将四因子非分层PLS模型拟合到物料特性数据中，包括前文提到的6种标准品和30种流动参数。响应变量是各个螺杆的RSD和RDM，其进料速率相当于初始进料系数的80%。在所有的模型中，四因子所解释的累积方差百分比都在95%以上。图2.6表明，预测值和实际值（RSD或RDM）之间有良好的一致性。

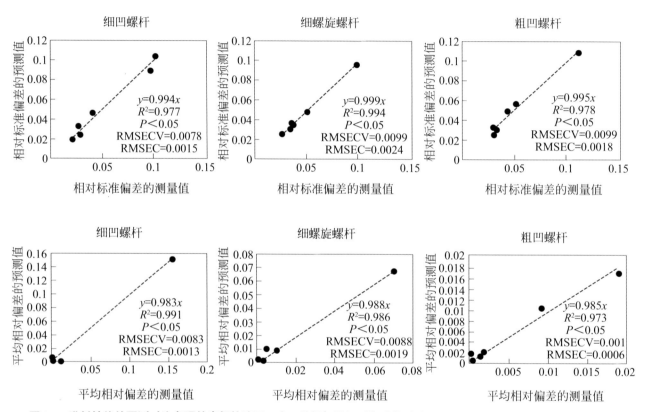

图2.6　进料性能的预测对比参照的奇偶校验图，由三种螺杆的相对标准偏差（RSD）和平均相对偏差（RDM）表示

还显示了校准均方根误差（RMSEC）和交叉验证均方根误差（RMSECV）。图2.7中显示RSD模型的回归系数。回归系数表示每个物料流动特性对预测模型的影响，系数的绝对值越大，表示影响越大。系数的正值表示与RSD的正相关，系数的负值表示反相关。物料流动特性的系数相对较小，表示对预测的影响较小。图2.7还表明，选择不同的螺杆时，物料特性对进料器性能的影响是不同的。

依据获得的回归系数和物料的流动特性，可以预测物料在进料过程中的RSD和RDM。图2.8显示了物料A的预测结果与测量结果的对比。可以看出，开发的PLSR模型能够预测RSD和RDM的值，且与实验值相当类似。

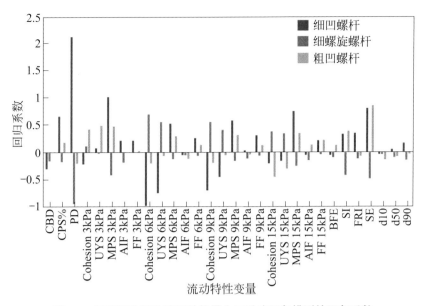

图2.7　相对标准偏差预测的偏最小二乘法回归模型的回归系数

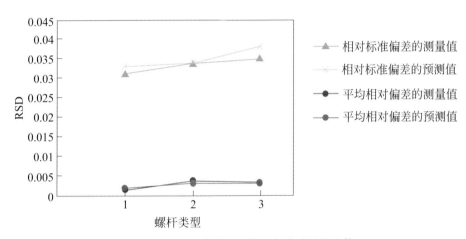

图2.8　材料A进料的预测结果与实验结果比较

螺杆类型1对应的是细凹螺杆，螺杆类型2对应的是细螺旋螺杆，螺杆类型3对应的是粗凹螺杆

　　如前所述，与PLSR方法类似，聚类分析和其他技术也可以通过应用物料特性数据库来预测工艺性能。Escotet和他的同事已经展示了使用聚类分析来预测失重螺旋进料器和连续混合机的工艺性能[25,52]。图2.9尝试用任意适用的多变量方法来形成正式的工作流程，以预测物料性能，物料性能是已知或可测量的。

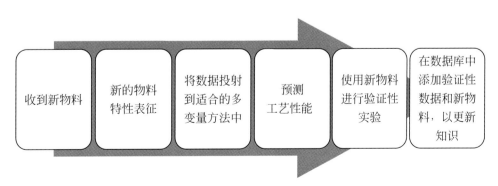

图2.9　物料数据库应用的多变量方法工作流程，用于预测工艺性能

除上述应用外，利用物料特性数据库选择合适的示踪剂进行RTD试验。一般认为，示踪剂和大量物料的特性差异会导致连续流动系统中RTD的不正确表征。上述多变量方法可应用于物料数据库，以识别最能模拟散装物料（但仍可化学区分）的示踪剂，从而准确表征RTD。有关上述工作的详细信息，请参见参考文献［53,54］。

2.6 结语

在撰写本章时，连续制造已被证明是一种可行的制药方法，受到越来越多的关注。此外，对于固体制剂产品直压是首选实施方式，此共识正在迅速形成。然而，实现连续直压的主要限制是，原料的物料特性是否能使其成功。粉末流动特性决定了是否能够以所需的速率准确、持续稳定地进料，静电决定了吸附在设备表面或结块的趋势，这两者都可能影响混合均一性和含量均一性，API可压性决定了配方中活性成分的最大量限制。理解和控制这些特性实际决定了直压的适用范围（在某种程度上的任何连续制造方法）。

鉴于对连续直压的关注，旨在提供具有适当特性的原料的"预处理"技术正在迅速出现。然而，开发此类方法的核心需求是，能够预测加工成功所需的物料特性的目标范围，对于有效选择配方原料也很重要。这是个活跃的研究领域，使得人们对建立能够由物料特性测量直接预测工艺性能的预测性工艺模型的兴趣迅速增长。

还确定了其他关键需求。由于相关的特性在很大程度上进行了明确定义，接下来要进行的步骤是：①将物料表征方法标准化，以便共享来自不同实验室的测量结果；②建立物料特性数据库，对最常见的受关注的物料进行特性表征，并了解其特性。

实现这些目标只是一个时间问题，一旦实现，将大大促进制造业的发展。我们热切地期待着在不久的将来按照这些思路更新本章的内容。

参考文献

[1] Hasa D, Jones W. Screening for new pharmaceutical solid forms using mechanochemistry: a practical guide. Adv Drug Del Rev 2017;117(Suppl. C):147−61.

[2] Sun CC. Microstructure of tablet—pharmaceutical significance, assessment, and engineering. Pharmaceut Res 2017;34(5):918−28.

[3] Yu LX. Pharmaceutical quality by design: product and process development, understanding, and control. Pharmaceut Res 2008;25(4):781−91.

[4] Becher PF. Microstructural design of toughened ceramics. J Am Ceramic Soc 1991;74(2):255−69.

[5] Meyers MA, Mishra A, Benson DJ. Mechanical properties of nanocrystalline materials. Prog Mat Sci 2006;51(4):427−556.

[6] Sigmund WM, Bell NS, Bergström L. Novel powder-processing methods for advanced ceramics. J Am Ceramic Soc 2000;83(7):1557−74.

[7] Zhilyaev AP, et al. Mechanical behavior and microstructure properties of titanium powder consolidated by high-pressure torsion. Mat Sci Eng 2017;688(Suppl. C):498−504.

[8] Amherd Hidalgo A, et al. Powder metallurgy strategies to improve properties and processing of titanium alloys: a review. Adv Eng Mat 2017;19(6). 1600743-n/a.

[9] Kallip K, et al. Microstructure and mechanical properties of near net shaped aluminium/alumina nanocomposites fabricated by powder metallurgy. J Alloys Compd 2017;714(Suppl. C):133−43.

[10] Khodabakhshi F, Simchi A. The role of microstructural features on the electrical resistivity and mechanical properties of powder metallurgy Al-SiC-Al$_2$O$_3$ nanocomposites. Mater Des 2017;130(Suppl. C):26−36.

[11] Shen J, et al. The formation of bimodal multilayered grain structure and its effect on the mechanical properties of powder metallurgy pure titanium. Mater Des 2017;116(Suppl. C):99−108.

[12] Bezemer GL, et al. Cobalt particle size effects in the Fischer−Tropsch reaction studied with carbon nanofiber supported catalysts. J Am Chem Soc 2006;128(12):3956−64.

[13] Min M-k, et al. Particle size and alloying effects of Pt-based alloy catalysts for fuel cell applications. Electrochim Acta 2000;45(25):4211−7.

[14] Xie HY, Geldart D. Fluidization of FCC powders in the bubble-free regime: effect of types of gases and temperature. Powder Technol 1995;82(3):269−77.

[15] Chegini GR, Ghobadian B. Effect of spray-drying conditions on physical properties of orange juice powder. Drying Technol 2005;23(3):657−68.

[16] Moreyra R, Peleg M. Effect of equilibrium water activity on the bulk properties of selected food powders. J Food Sci 1981;46(6):1918−22.

[17] Agudelo C, et al. Effect of process technology on the nutritional, functional, and physical quality of grapefruit powder. Food Sci Technol Int 2016;23(1):61−74.

[18] Fitzpatrick JJ, Barringer SA, Iqbal T. Flow property measurement of food powders and sensitivity of Jenike's hopper design methodology to the measured values. J Food Eng 2004;61(3):399−405.

[19] Kondor A, Hogan SA. Relationships between surface energy analysis and functional characteristics of dairy powders. Food Chem 2017;237(Suppl. C):1155−62.

[20] Mani S, Tabil LG, Sokhansanj S. Effects of compressive force, particle size and moisture content on mechanical properties of biomass pellets from grasses. Biomass Bioenergy 2006;30(7):648−54.

[21] Aksu B, De Beer T, Folestad S, Ketolainen J, Linden H, Lopes JA, de Matas M, Oostra W, Rantanen J, Weimer M. Strategic funding priorities in the pharmaceutical sciences allied to quality by design (QbD) and process analytical technology (PAT). Eur J Pharma Sci 2012;47:402−5.

[22] FDA. In: Rockville MD, editor. Guidance for Industry: Pat — a framework for innovative pharmaceutical development, manufacturing, and quality assurance, U.D.o.H.a.H. Services; 2004.

[23] Almaya A, et al. Control strategies for drug product continuous direct compression-state of control, product collection strategies, and startup/shutdown operations for the production of clinical trial materials and commercial products. J Pharm Sci 2017;106(4):930−43.

[24] ECA. Why did FDA change their guideline on process validation? GMP News; 2011 [cited

2013]. Available from: http://www.gmp-compliance.org/eca_news_2600.html.

[25] Escotet-Espinoza MS, Moghtadernejad S, Scicolone J, Wang Y, Pereira G, Schäfer E, Vigh T, Klingeleers D, Ierapetritou MG, Muzzio FJ. Using a material property Library to find surrogate Materials for pharmaceutical process development. Powder Technol 2018.

[26] Moghtadernejad S, Escotet-Espinoza MS, Oka S, Singh R, Liu Z, Román-Ospino AD, Li T, Razavi S, Panikar S, Scicolone J, Callegari G, Hausner D, Muzzio FJ. A Training on: continuous manufacturing (direct compaction) of solid dose pharmaceutical products. J Pharm Innov 2018;13(2):155−87.

[27] Koynov S, Glasser B, Muzzio F. Comparison of three rotational shear cell testers: powder flowability and bulk density. Powder Technol 2015;283(Suppl. C):103−12.

[28] Wang Y, et al. A method to analyze shear cell data of powders measured under different initial consolidation stresses. Powder Technol 2016;294(Suppl. C):105−12.

[29] Allen T. Particle size measurement, vol. 4. USA: Springer; 1990 [Dordrecht].

[30] Van Snick B, et al. A multivariate raw material property database to facilitate drug product development and enable in-silico design of pharmaceutical dry powder processes. Int J Pharm 2018;549(1−2):415−35.

[31] Pharmacopeia, T.U.S. <616> bulk density and tapped density of powders. In: Stage 6 harmonization. The United States Pharmacopeia: The United States Pharmacopeial Convention; 2012.

[32] Washburn EW. The dynamics of capillary flow. Phys Rev 1921;17(3):273.

[33] Llusa M, et al. Measuring the hydrophobicity of lubricated blends of pharmaceutical excipients. Powder Technol 2010;198(1):101−7.

[34] Oka S, et al. The effects of improper mixing and preferential wetting of active and excipient ingredients on content uniformity in high shear wet granulation. Powder Technol 2015;278:266−77.

[34a] Wang Y, Liu Z, Muzzio F, German D, Gerardo C. A drop penetration method to measure powder blend wettability. Int J Pharm 2018;538:112−8.

[35] Liu Z, et al. Capillary drop penetration method to characterize the liquid wetting of powders. Langmuir 2016;33(1):56−65.

[36] Harper W. The Volta effect as a cause of static electrification. Proc R Soc Lond A 1951;205(1080):83−103.

[37] Lowell J, Rose-Innes A. Contact electrification. Adv Phys 1980;29(6):947−1023.

[38] Jones T. Electromechanics of particles. New York: Cambridge University Press; 1995.

[39] Matsusaka S, Masuda H. Electrostatics of particles. Adv Powder Technol 2003;14(2):143−66.

[40] Rowley G. Quantifying electrostatic interactions in pharmaceutical solid systems. Int J Pharm 2001;227(1−2):47−55.

[41] Naik S, Mukherjee R, Chaudhuri B. Triboelectrification: A review of experimental and mechanistic modeling approaches with a special focus on pharmaceutical powders. Int J Pharma 2016;510(1):375−85.

[42] Smith LI. A tutorial on principal components analysis. 2002.

[43] Kroonenberg PM. Applied multiway data analysis, 702. John Wiley & Sons; 2008.

[44] Wold S, Esbensen K, Geladi P. Principal component analysis. Chemomet Intell Lab Sys 1987;2(1−3):37−52.

[45] ten Berge JM. Least squares optimization in multivariate analysis. Leiden University Leiden: DSWO Press; 1993.

[46] Snedecor GWC, William G. Statistical methods/george W. Snedecor and william G. cochran. 1989.

[47] Aggarwal CC, Reddy CK. Data clustering: algorithms and applications. CRC press; 2013.

[48] Gan G, Ma C, Wu J. Data clustering: theory, algorithms, and applications, vol. 20. Siam; 2007.

[49] Ferreira AP, et al. Use of similarity scoring in the development of oral solid dosage forms. Int J Pharm 2016;514(2):335−40.

[50] Geladi P, Kowalski BR. Partial least-squares regression: a tutorial. Anal Chimica Acta 1986;185:1−17.

[51] Wang Y, et al. Predicting feeder performance based on material flow properties. Powder Technol 2017;308:135−48.

[52] Escotet Espinoza M. Phenomenological and residence time distribution models for unit operations in a continuous pharmaceutical manufacturing process. Rutgers University-School of Graduate Studies; 2018.

[53] Escotet-Espinoza MS, et al. Effect of tracer material properties on the residence time distribution (RTD) of continuous powder blending operations. Part I of II: experimental evaluation. Powder Technol 2019;342:744−63.

[54] Escotet-Espinoza MS, et al. Effect of material properties on the residence time distribution (RTD) characterization of powder blending unit operations. Part II of II: application of models. Powder Technol 2018.

第3章

失重式进料

Tianyi Li, Sarang Oka,

James V.Scicolone, Fernando J. Muzzio

3.1 引言

失重式（LIW）进料器是粉末制造业的重要组成部分，因为它们用于在连续和长时间内精确计量单位时间给定的物料质量。对于固体制剂药品的连续制造，粉末进料是该过程中最重要的步骤之一，也是所有其他单元操作的先决条件。进料控制配方中所有成分的质量比，因此对最终产品的关键质量属性有很大影响。

虽然失重式进料器有许多不同的设计，但它们的工作原理相似。料斗固定在称重传感器的顶部，称重传感器不断监测料斗内物料的质量。在搅拌系统的作用下，料斗中的粉末进入组合在料斗下方的一组输送螺杆。螺杆的转速决定了进料器输送粉末的速率。进料器可以以体积或称重模式操作。体积模式设置螺杆以恒定转速（每分钟转数）运行。体积进料通常用于在该过程中密度没有显著变化的易流动物料，即不可压缩和单分散物料。在称重模式下，通过使用来自称重传感器的信号来持续监测物料随时间变化的质量，从而实现分配速率的闭环控制。质量随时间的变化率反馈给进料控制器其瞬时质量流量，将其与设定值进行比较。通过控制器实现螺杆转速的变化来校正与设定值的偏差。重量控制（模式）是一种闭环控制系统，称为LIW进料，控制器动态调节螺杆转速以达到所需的质量流量。进料操作的目的是使进料速率的变化最小化，并以等于所需设定值的速率连续分配物料。

在需要保持不间断操作的进料器重新填充期间，进料器料斗重新填充粉末。在此期间，随着物料被添加到进料器中，重量控制不能准确地获得质量流速，因为添加新物料会对称重传感器产生扰动。在此期间，进料器控制系统将切换到体积模式，以恒定的螺杆转速运行。在操作切换到体积模式期间，进料器通常可以具有偏离设定值的质量流速，通常在长达30s的时间里输送过量的成分。

尽管确保精确的质量流量是进料器工艺开发的关键目标，但优化性能（最小化联合偏差）的前提是确定进料能力，从而为每种关注物料选择能够提供所需质量流量的进料器硬件配置。LIW进料器的运行范围，即最大和最小进料能力，取决于进料器的尺寸（规模和电机能力以及变速箱）、螺杆配置以及所进物料的性能。对于给定的电机/变速箱，进料器的容积取决于螺杆直径、螺杆转速和螺杆类型。较高的进料速率与较大直径的螺杆和较高的螺杆转速呈正相关。进料器可用于单螺杆或双螺杆配置。单螺杆进料器主要用于自由流动的非黏性物料，而双螺杆可用于自由流动和流动不良的物料。螺杆有不同的形状（凹形、螺旋形和弹簧形），螺杆的选择取决于被进给物料的类型。凹形和螺旋螺杆推荐用于大部分物料，弹簧螺杆推荐用于自由流动的粉末。螺杆类型也有两种等级可供选择，意味着更高（粗）或更低（细）的吞吐量。如前所述，进料器通常包括搅拌装置，其设计用于保持粉末从料斗内流入螺杆中。搅拌系统的目的是双重的。首先，它可以防止粉末桥接在螺杆上，防止架桥导致新鲜粉末不能进入螺杆螺纹中。其次，将密度一致的物料送入螺杆中，从而提高螺杆转速稳定性和进料速率准确性。

确定进料器进料能力的最后一个可变因素是物料本身。通常，与低密度物料相比，高密度物料的吞吐量范围更大。除了粉末密度之外，包括粒度、可压缩性、静电和流动性（例如内聚力）的性质可以是"进料能力"的主要描述符。在给定的装置中，易聚集或将空气吸附到粉末中的黏性物料相比流动性好的物料具有更窄的进料速率范围。由于滞留的空气造成粉床密度的不均一性，可导致不稳定的流速并因此导致变化。粉末进料的另一个常见挑战是静电效应，例如电荷累积，其可导致物料黏附在进料器出口，或导致任何其他暴露的金属表面，导致进料性能受损。

进料器的另一个重要特征是进料系数。为了将物料从进料器中分配出来，螺杆以设定的角速度（ω）旋转，以每单位时间位移一定体积（$V_{displacement}$）的物料。每转螺纹移动的体积称为螺纹清扫体积（V_{screw}），由螺纹的环形尺寸计算。当考虑具有给定密度值（ρ）的物料的位移体积（$V_{displacement}$）时，可以使用等式 $m=\rho V_{displacement}$ 来计算物料的质量流速（m）。然而，重要的是要注意由于物料的可压性，粉末进料操作通常不具有恒定的物料密度值。此外，V_{screw} 中物料的填充率（ε）高度依赖于物料从进料器料斗进入底部螺杆中的能力。

因此，粉末进料操作通常将螺杆处的物料密度（ρ_{screw}）定义为 $\rho_{screw} \approx \rho\varepsilon$。然而，由于螺杆处的密度不能在单元内部测量，因此使用式（3.1）中所示的进料系数（ff）来表示每个螺杆旋转分配的物料质量。进料系数具有每转的质量单位（被分配的）。

$$ff = \rho_{screw} V_{screw} \tag{3.1}$$

设备供应商为进料系数提供了选择定义，其中最常见的是进料器对该配置和物料的最大进料能力，即电机以最大速率运行时进料器的质量流量。本章将使用两个定义，并在必要时说明所使用的具体定义。

本章接下来的内容共有四大部分。3.2节是关于LIW进料器特性的部分，以及有关工具选择、进料器填充时间表确定和停留时间分布特征的信息。3.3节讨论了物料特性对LIW进料的影响以及物料数据库如何用于影响过程开发。3.4节涉及进料器单元操作建模，3.5节包括结论性意见。

3.2 失重式进料器的特点

LIW进料器提高了控制粉末进料速率的能力，并最大限度地减少了与进料料斗排空相关的堆密度变化引起的流量变化[1,2]。一旦建立了进料系统，这将很有帮助。不幸的是，进料系统的选择和设置过程通常基于一般用户不易获得的经验和知识。对于LIW进料器，大多数现有关于粉末性质对流速变化性的影响或进料器设计和操作对粉末性质的影响的知识掌握在设备制造商手中。已经有一些关于改善进料器性能的工作在进行，例如通过在出口位置[3]使用各种装置或振动料斗[4]，但是缺乏实际的规范和制定标准的信息。通常使用试错法进行进料器工具（螺杆、出料筛网等）的选择。本节将首先说明如何表征LIW的进料性能，然后介绍基于物料特性开发LIW进料器理想设计空间的概念。

本节重点介绍一种用于表征LIW进料器的方法的开发，该方法有助于在给定的进料速率下正确选择给定粉末的进料器工具。该方法包括用于收集有价值的可用来比较的进料数据以及数据过滤和分析方法的实验设置和过程。实验过程是一个多步骤的工艺，涉及运行体积和称重式进料器。进行体积研究以确定进料能力，然后进行重量分析研究，其用于确定总体性能。使用相对标准偏差（RSD）计算和方差分析（ANOVA）方法分析每种条件的性能数据。该方法借助于Coperion K-Tron KT35 LIW进料器的实例进行说明，其中使用3种制药级粉末评估其操作范围的性能。接下来基于物料特性讨论开发LIW进料器的理想设计空间。这项验证工作在K-Tron KT20 LIW进料器上使用多种制药和催化剂成分的物料实施。最后，讨论了由进料器料斗的补料引起的进料速率偏差的表征，其最终目的是优化再填充时间安排。

3.2.1 重力进料的表现

如上所述，本章使用在K-Tron KT35进料器上测试的3种制药级物料的实例说明了LIW进料器的表征方法[1]。

3.2.1.1 物料和设备

研究中使用的物料列于表3.1中。选择这些药物粉末以在进料器表征实验中测试一系列黏结性和流动性。

Schenck Accurate AccPro Ⅱ被用作"接料台秤"，用于表征LIW进料器的性能。由于重量LIW进料器中使用的内部称重传感器使用不同的过滤算法来预处理重量信号，这可能不允许在不同进料器之间和不同进料试验之间进行准确的性能比较。在本研究中，AccPro Ⅱ秤被确定为接料台秤，因为它足以处理K-Tron KT35进料器的特定的进料速率，在相对低吞吐量的情况下仍然具有较高的分辨率来辨别与进料粉末相关的微小变化。

表3.1 三种用于表征失重式进料器的物料

物料	流动指数	膨胀	密度/（g/mL）	平均粒度/μm	供应商
乳糖-316 Fast Flo	27.8	10	0.58	100	Foremost
微晶纤维素PH102	38.0	15	0.30	100	FMC
微晶纤维素KG802	49.2	22	0.21	50	Asahi-Kasei

K-Tron KT35双螺杆LIW进料器设计用于处理各种制药粉末，包括流动性非常差的粉末，这些粉末通常是易结块的并且易形成架桥。该设计由安装在卫生级秤桥的模块化双轴进料器组成。有各种进料螺杆和排料筛网，可以进料各种大量粉末物料。

图3.1显示了K-Tron KT35进料器和Schenck Accurate AccPro Ⅱ接料台秤（a），并展示了进料器代表性的工具样品，即KT35进料器的进料器螺杆（b）和筛网（c）。在进料料斗的底部是一个包含水平搅拌器的碗状容器，该搅拌器有助于填充进料螺杆的螺纹。搅拌速率设定为进料螺杆转速的17%。控制螺杆的变速箱为B型，齿轮比为6.7368 ∶ 1，最大转速为2000r/min。在100%的电动机速度下，螺杆转速为297r/min（327r/min@110%也可通过超速实现）。

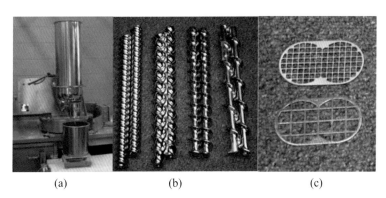

(a) (b) (c)

图3.1 （a）K-Tron KT35进料器和Schenck Accurate AccPro Ⅱ接料台秤；（b）K-Tron KT35进料器工具 ［从左到右依次为细凹螺杆（FCS）、粗凹螺杆（CCS）、细螺旋螺杆（FAS）和粗螺旋螺杆（CAS）］；（c）研究中使用的两个筛网：细方形筛网（FSqS-top图像）和粗方形筛网（CSqS-bottom图像）
进料器也可以在没有筛网（NoS）的情况下运行

3.2.1.2　方法

确定粉末进料器的性能包括收集进料流数据，过滤噪声和分析结果的实验装置。在表征LIW粉末进料器方法的许多益处中，最重要的是可用于优化进料器和工具选择来确定进料性能的不同。定量进料性能也可为一般用户的进料设备提供额外的工具，用来验证进料器可按照进料控制装置显示的那样运行。LIW进料器的重量控制涉及大量的噪声滤波，因此进料器控制器显示的过程变量通常看起来更加一致。另外，LIW进料器称重传感器的校准不合理或错误将导致控制器显示的进料速率与实际值不同。

3.2.1.3　实验装置

在下面研究的情况下，使用Schenck AccPro Ⅱ台秤进行表征实验以记录进料器每0.1s分配的粉末质量。使用直径9英寸❶和高度9英寸的圆柱形桶收集样品。图3.2显示了用于监测进料速率和确定稳定性能的实验装置。进料器放在坚固的实验室工作台上。将接料桶和秤放

---

❶ 1英寸＝25.40mm。

置在下部单独的支架上，桶的底部距离进料器出口下方10英寸。当桶满时，它很快被一个空桶取代。由于设备中称重传感器的灵敏度，仔细考虑隔离和最小化进料器和接料台秤的外部干扰。在确定设备布置和过滤方法时，Erdem在工作中列出来其考虑到的各种常规顾虑[5]。最重要的是，在装置周围放置了一个帘，把气流的影响降到最低。

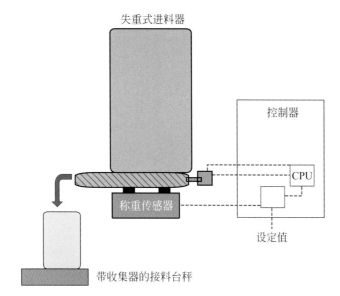

图3.2　用于监测进料速率和确定稳定性能的失重式进料器表征装置

接料台秤用于收集来自进料器出口的重量增加数据

除接料台秤数据外，还记录了进料器过程数据，包括螺杆驱动速率和料斗填充水平。将来自每个进料器的数据与从接料台秤获得的数据进行比较。测试首先确定在不同体积速率下运行的进料器的体积进料能力（不使用进料器重量控制系统）。在此之后，通过30min以上的监测进料器的进料速率来表征重量性能。选择长于30min的时间以便有足够的数据用于不同实验之间有意义的统计比较。由于体积进料能力测试仅需要估计平均进料速率，因此这些测试可能很短，仅需要针对给定的一组实验参数（粉末、工具、螺杆转速、料斗填充水平）实现稳定状态（或尽可能接近它）。

3.2.1.4　常规容积式测试运行程序

体积进料能力实验的一般程序如下：

① 校准接料台秤。

② 将进料器填充到最大料斗填充水平的100%。

③ 运行测试，体积设定值为控制量级或螺杆转速的10%、20%、50%、80%和90%。

体积模式不是进料器平常的操作模式，因此，设备可能不能手动选择螺杆的转速。本实验中使用的K-Tron进料器需要手动将初始进给系数设置为100kg/h。手动设置此值后，可以直接输入体积设定值，默认单位为kg/h，表示螺杆转速的百分比。在这种情况下，初始进料系数是指进料器在控制数值100%情况下进料能力的控制值。

3.2.1.5 常规重量式测试运行程序

称重进料能力表征实验的一般程序如下：

① 校准进料器和接料台秤。

② 将进料器填充到最大填充水平的100%。

③ 找到每个实验组合（粉末、螺杆类型、筛网、搅拌速率和搅拌深度）的最大进料速率，并将其用于初始进料系数控制器值。

④ 运行设定值为最大可控速率的20%、50%和80%的测试，初始填充水平为最大填充水平的100%。

步骤③中的最大进料速率来自在先前测试中执行的体积测试。每个进料器的最大可控进料速率也可以通过进料器控制器的内置自动进料系数校准程序来确定，而不是运行体积进料能力测试。返回初始进料系数的值是用于控制进料器螺杆转速的100%时预估的进料速率。使用进料器内置自动进料系数校准程序的一个问题是，如果平均进料速率和体积螺杆转速之间的关系不是线性的，则估计的进料系数可能有一些误差，因为它假设线性关系来推断这个值。尽管对于自由流动的粉末而言，强烈的非线性关系不是很常见，但是对于具有黏结性并且不能以更高的转速均一地填充螺杆螺纹的粉末而言，非线性关系变得更加常见。当处于重力模式时，控制系统始终更新平均进料系数数据，以适应由体积填充引起的进料系数的任何变化。

进料系数主要用于进料器的体积参考点，可以在进料器可能需要以体积模式运行时使用。在重量控制不可行的情况下，例如在进料斗的补料期间或当进料器称重传感器经历外部扰动时，进料器偶尔会从称重进料模式切换到体积进料模式。

进料器和接料台秤称重传感器的初始校准至关重要，因为如果其中任何一个被错误校准，那么从这些称重传感器收集的数据值将毫无意义。由于进料器基于此信号用于质量流量控制，因此进料器称重传感器的误校准还会有额外的影响。如果这是不正确的，进料器将误解重量的变化，从而导致控制值与设定值不同。当错误的重量单位用于检查重量时，这是一个常见的错误。输入5kg/h的设定值，然后将其显示在进料器的控制上，但实际进料速率为2.27kg/h，这会让操作员非常困惑。除非使用正确校准的接料台秤进行检查，或者直到用检查重量重新检查校准，否则在下游发现问题之前可能不会被注意到。

进料器的初始填充很重要，因为在较低填充水平下螺杆填充通常会发生实质性变化。为完全避免此问题，建议将进料器填充至接近最大值进行测试，从而确保超过最低操作水平。大多数进料器制造商声明这个最低限度是约20%料斗填充水平，但这取决于粉末性质并且可能会稍有调整。

3.2.1.6 分析和过滤

从接料台秤收集的数据是增重的信息，可以用作类比LIW进料器中的控制器如何从进料器内置称重传感器的LIW信号中提取有用的进料速率值。为了分析数据，每1秒分配一次的质量用于计算该间隔的进料质量。根据这些数据，可以计算每1秒（Δt）间隔的平均进料速率（$\dot{m}_i$）：

$$\dot{m}_i = \frac{\Delta m_i}{\Delta t} \qquad (3.2)$$

从每个间隔的所有质量流量中，可以确定分布；根据这个分布，可以计算质量流量的标准偏差（SD）（σ）和RSD：

$$\sigma = \sqrt{\frac{\sum_{i=1}^{n}\left(\dot{m}_i - \bar{\dot{m}}\right)}{n-1}} \qquad (3.3)$$

$$\text{RSD} = \frac{\sigma}{\bar{\dot{m}}} \qquad (3.4)$$

式中，$\bar{\dot{m}}$是分布的算术平均质量进料速率；n是分布中的样本数量。

在分析期间，为了消除由补料、机器启动/关闭等引起的进料速率数据中的干扰，通过严格地去除来自原始数据集的干扰来过滤数据。作为最初的粗略过滤方法，移除每次干扰前后（除了感知到的干扰持续时间之外总共6s）3s的数据，因为这允许设备在干扰之后有足够的时间稳定下来。通过将适当的边界设置为可接受的数据，可以在数据集中检测到干扰。由于进料器处于重量控制之下，作为一般经验法则，进料速率不应与设定值偏差超过10%。这是一组适中的界限，因为进料器比这个标准更严格地控制进料速率。因此，这些界限将检测到对接料台秤明显的物理干扰，例如桶更换。

图3.3显示了一组未经数据筛选过滤的接料台秤的数据，当一个桶满了并被一个新的空桶替换时，在约100s时有一个干扰。图3.4显示了筛选过滤后的数据。滤除干扰后，剩余数据代表进料器的准稳态行为。在重量LIW模式下运行进料器时获得进料速率数据的"稳态"分布。图3.4中的示例展现了进料速率数据作为时间和相应分布的函数，对于经过适当筛选过滤数据，接近高斯曲线。可以从稳定进料速率信号数据中收集两个重要的性能参数：数据分散程度（标准偏差），理想情况下尽可能窄；偏离设定值的平均值，理想情况下为零。

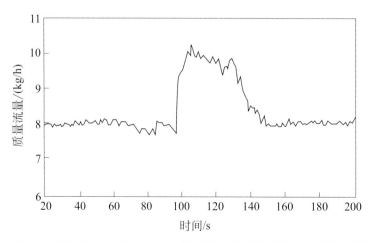

图3.3 在过滤数据之前接料台秤在0 ～ 100s每间隔1s的数据（100s时更换接料桶）

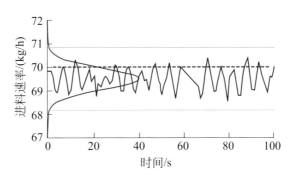

图3.4 样本经过过滤的接料台秤每1秒间隔获取的数据（蓝色）及其拟合正态分布（红色），用水平线标记的平均值（浅蓝色）、设定值（紫色）和 ±3σ（绿色）

通过比较原始未过滤数据与过滤数据的分布，可以进一步优化过滤程序。除了每个干扰之外，额外的6s的初始过滤会产生粗略过滤的数据集，其具有平均进料速率（准稳态行为的初始估计值）和相对接近真实值的标准偏差。理想的数据过滤器使用过滤后数据的均值和标准偏差，因此需要具有该初始估计的迭代过程。用于每次迭代的边界是对于平均值的三倍标准偏差。在每次迭代通过之后，计算的平均值和标准偏差的估计值越来越好。经过几次滤波后，过滤器通过迭代进行自调节，最终平均值和标准偏差不再变化，并且代表了数据不再有因干扰引起的偏离。

3.2.1.7 结果和讨论

对K-Tron KT35双螺杆进料器进行了完整的参数化表征运行。这包括3种筛网条件 [无筛网（NoS）、粗方形筛网（CSqS）和细方形筛网（FSqS）]、4对螺杆（粗凹螺杆、细凹螺杆、粗螺旋螺杆和细螺旋螺杆）和3个进料速率设定值的3种粉末进行表征实验。对于进料工具的所有组合，整个测试速率设定值范围内Fast Flo乳糖和Avicel 102微晶纤维素都顺利完成了进料。另外，由于电机过载，Ceolus微晶纤维素没有在带有细方形筛网的情况下使用螺旋形螺杆运行。为了测试数据结果的可重现性，使用Avicel 102微晶纤维素重复试验了所有参数组合。

ANOVA方差分析是一种统计工具，可以根据执行变化的潜在原因（例如螺杆、出料筛网和螺杆转速）确定重量性能数据差异的显著性，并将其应用于整个数据集。表3.2显示了K-Tron KT35中Avicel 102微晶纤维素样本的ANOVA方差分析。标准偏差（SD）作为平均联合关系的函数如图3.7所示，图3.8中RSD作为进料速率的函数。

表3.2 进料器进料Avicel 102微晶纤维素时表征数据的方差分析（$n=2$，$\alpha=0.05$）

项目	df	SS	MS	F	P	F_{crit}	
螺杆	3	4.14×10^{-5}	1.38×10^{-5}	3.794	0.018	2.866	显著的
筛网	2	2.34×10^{-5}	1.17×10^{-5}	3.213	0.052	3.259	
速率	2	2.99×10^{-4}	1.50×10^{-4}	41.18	4.96×10^{-10}	3.259	显著的
螺杆 × 筛网	6	5.11×10^{-5}	8.52×10^{-6}	2.343	0.052	2.364	

项目	df	SS	MS	F	P	F_{crit}	
螺杆×速率	6	5.48×10^{-5}	9.13×10^{-6}	2.512	0.039	2.364	
筛网×速率	4	2.26×10^{-5}	5.65×10^{-6}	1.554	0.208	2.033	
螺杆×筛网×速率	12	6.63×10^{-5}	5.52×10^{-6}	1.519	0.162	2.033	
错误	36	1.31×10^{-4}	3.64×10^{-6}				
总计	71	6.90×10^{-4}					

ANOVA方差分析显示，对于K-Tron KT35进料Avicel 102微晶纤维素，速率是进料性能变化影响最大的原因，并且具有统计学显著影响（$F > F_{crit}$或$P < a$）。还发现螺杆类型也具有统计学显著影响。接下来是筛网，该筛网未显示出对收集的数据集具有统计学上的显著变化。在这种情况下实验相对标准偏差（RSD）的影响可能并不普遍适用于所有粉末或所有进料设备，因为这只是描述了本方差分析（ANOVA）中的数据。对于一些粉末，筛网可能成为性能变化的非常重要的原因。

图3.5显示了相对于进料速率绘制的相对标准偏差。在进料工具的应用中，作为进料速率函数的RSD曲线可作为选择依据。对于图3.8中所示K-Tron KT35的Avicel 102微晶纤维素案例中，可用于选择性能最佳的工具，来实现测试范围内获得任何期望的进料速率。这可以通过选择在任何进料速率下具有最低RSD相对标准偏差的工具组合来完成。由于不带筛网的粗螺旋螺杆（CAS）具有最高的相对标准偏差值，因此它仅用于其他螺纹无法实现的高进料速率的情况。不带筛网的细凹螺杆（FCS）应用于较低的进料速率，因为所有其他组合的相对标准偏差值在进料速率小于100kg/h时都比较高。对于100～200kg/h之间的中间速率，带有粗方形筛网的粗凹螺杆（CCS）或带有细方形筛网的粗螺旋螺杆（CAS），以上任一组合都是适用的，因为两者的相对标准偏差非常相似。

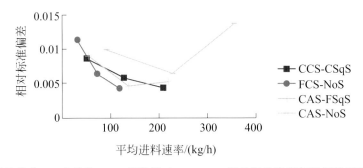

图3.5 相对标准偏差（RSD）作为KT35进料器对Avicel 102微晶纤维素表征数据的平均进料速率的函数

简而言之，使用案例研究证明了LIW进料器的表征方法。在该方法中，使用接料台秤来监测从LIW进料器分配物料的进料速率。在以两种不同模式运行时监测进料器：体积（恒定螺杆转速）和重量（基于反馈控制的可变螺杆转速）。

体积进料能力试验用于确定重量进料试验的重量设定值。对K-Tron KT35进行重量进料测试，其螺杆转速设定值落在制造商推荐的20%～80%范围内。通过后期过滤和分析处理，可以将数据拟合为正态分布，从而可以通过两个值对性能进行量化：平均进料速率和进料速率标准偏差。这允许在使用不同进料工具和粉末的不同重量进料试验之间比较其性能。

进料器特性数据的方差分析用于确定进料器的变量（进料器工具、粉末和速率）对进料器性能的重要性。螺杆、筛网和速率的重要性可能因粉末而异。例如，筛网的影响可能对于自由流动的粉末不会像一些黏性非常大的粉末一样显著，所述粉末可能易于形成可被出料筛网破碎的团块。

这里提出的是基于使用接料台秤的方法，极大地改善了进料器工具的选择。利用所描述的表征方法，进料器性能和粉末性质的数据库可以生成预测模型，使得可以基于期望的进料速率和测得的粉末性质来选择进料工具，而不是反复试验。使用这种预测模型来预测进料性能将在本书的下一节和第2章中讨论。

3.2.2　失重式进料器理想的设计空间

如上述案例研究所示，LIW进料器对于给定的粉末-螺杆组合具有其最佳操作范围。了解进料器和物料的表现对于生产过程至关重要。粉末性质，例如密度和内聚力，可导致粉末进料器进料时产生大的流速变化。重要的是要了解进料器的操作范围或进料能力，即电机功率百分比，这与螺杆转速直接相关。了解理想的操作范围并将粉末特性与工艺性能相关联，可以准确确定进料器的操作（设计）空间，并更快地优化进料器性能，从而节省工作量和物料。

作为确定K-Tron KT20 C变速箱LIW进料器的理想设计空间的说明性实例，进行了多种物料流动分析过程。在这个分析中再次使用了4个螺杆：粗螺旋螺杆、细螺旋螺杆、粗凹螺杆和细凹螺杆。使用所有螺杆和利用主要特性（即粒度、流动性和堆密度）变化很大的物料研究多个进料速率。结果显示了进料器的最佳动力范围，可以表示为驱动控制的百分比或螺杆转速。从这些研究中获得了每个进料器和螺杆组合的另一个值——进料系数（前面提到的给定物料的最大流速）。基于粉末物料特性，确定了物料填充与进料系数之间的相关性。通过物料特性预测物料的最大流量，以及与进料系数（100%驱动指令下的流量）相关的最佳驱动控制范围，确定每个螺杆的最佳质量流量范围。这种相关性可用于基于感兴趣物料的性质信息来选择进料器和螺杆类型。由于与在进料器上进行全面表征相比，物料表征需要更少的时间、工作量和物料量，对于昂贵、稀缺的物料，特别是活性成分，该方法可以使用最小的物料量更快地研究出结果。

3.2.2.1　物料及实验装置

在这项工作中使用了许多不同的物料，具有各种粒度、流动性和密度，以获得对进料器行为的广泛理解。使用了API和辅料的粉末和颗粒。使用了多种PH等级的微晶纤维素Avicel（FMC Corporation），包括101、102、105、301和200，其涵盖了可用密度和粒度的全部范围。

其他辅料包括乳糖一水合物310NF（Kerry Inc.），交联羧甲基纤维素钠（FMC Corporation），硬脂酸镁（FMC Corporation），硅化微晶纤维素Prosolv HD 90、HD200和50（JRS Pharma），以及微晶纤维素Ceolus KG-802（Asahi Kasei Corporation）。本研究中使用的API是粉末级对乙酰氨基酚（APAP，Mallinckrodt Pharmaceuticals）和颗粒状API（由Janssen Ortho LLC Gurabo提供）。其他物料包括通常用于陶瓷的无机粉末，包括粗氧化铝（Albermarle，Amsterdam，the Netherlands）和氧化钼（Albermarle,Amsterdam,the Netherlands）。选择这些成分是因为它们的密度较高，这使得能够在更宽的范围内确定进料系数和物料性质之间的关系。使用Freeman FT4粉末流动性测试仪（Freeman Technologies Ltd.，Worcestershire,UK）进行剪切单元测试以获得每种粉末的条件堆密度（cBD）。获得粉末条件堆密度的测试过程的细节可以参考文献[6]。

本研究采用带有C型变速箱（减速比为12.9：1）的K-Tron KT20双螺杆失重式进料器。KT20由3个主要部分组成：体积式进料器、称重平台（称重传感器）和重量控制器。体积式进料器用装有水平搅拌器的10L料斗安装在称重平台的顶部，该搅拌器有助于打破粉末架桥来使粉末流入进料器输送螺杆的通道。搅拌速率设定为螺杆转速的17%；因此，搅拌器的速率随着螺杆转速的变化而变化。本研究中使用的带C型变速箱的KT20最大加工螺杆转速为154r/min，最大电机转速为2000r/min（超速情况下也可以实现170r/min @110%）。

3.2.2.2 方法

采用以下步骤对进料器进行了表征：

① 使用标准砝码校准进料器的秤平台和接料台秤。

② 将进料器料斗填充到100%的水平。

③ 对进料器和物料进行三次校准，得到初始进料系数的平均值，该初始进料系数被认为是某些物料和螺杆类型相结合的最大进料速率。

④ 计算初始进料系数的10%、30%、50%、70%、90%和110%，并将这些值作为目标设定值。

⑤ 在80%料斗容积的初始填料水平条件下，重量进料模式下分别测试所有目标设定值持续20～30min，在每个设定值之后再填充料斗。

最大可控进料速率是通过初始进料器校准来实现的，而不是之前所述的进行体积进料能力测试。该方法得到初始进料系数的数值的单位为kg/h，如上所述，初始进料系数是螺杆转速100%时预估的进料速率。从初始进料系数来看，所需的进料速率为驱动力的10%、30%、50%、70%、90%和110%。目的是确定在重量控制下具有不同流动性质的物料的进料范围。应该注意的是，实际记录的驱动力与实验设计不是一一对应的。确切地说，虽然设计的实验针对的是10%、30%、50%、70%、90%和110%的驱动力，但进料系数的动态特性不允许驱动力在整个运行过程中保持不变，也不能在所需的驱动力下精确操作，因为进料器联合控制而不是驱动力。例如，在高螺杆转速下，螺杆填充可能小于100%，导致计算的进料系数较低，因此驱动力较高。因此，实际驱动力的平均值被用作测试值而不是设计值。

对于每种螺杆类型的每种物料，每个设定值都是从80%的初始填充水平运行的。测试结束时的每个设定值下最终料斗水平相差约40%～70%。每个实验运行20～30min以获得足够的数据用于分析。运行每个设定值20min（而不是运行完料斗的全部物料）的原因是进料器的性能受到料斗排空的影响，因为进料器排空时进料系数降低。

进料器控制箱连接到计算机，用于记录多个进料性能参数。记录的值包括时间、设定值、质量流量（由进料器控制系统计算的瞬时进料速率）、初始进料系数（kg/h）、平均进料系数（kg/h）、螺杆转速、驱动力（瞬时螺杆转速与最大螺杆转速相比的百分比）、净重量和扰动值。除了记录KT20失重式进料器控制箱的参数外，还使用增重式接料台秤监测出料性能。如前所述，将收集桶放置在进料器出口下方的奥豪斯（Ohaus）实验室台秤上，在物料排出时收集物料。通过记录进料参数的同一台计算机记录接料台秤每1秒的重量变化数据。

总之，为了确定重量进料的操作范围，每一个工艺参数、物料和工具的组合在多个设定值进行进料，选择10%、30%、50%、70%、90%和110%的初始进料系数。通过进料器110%的驱动力能够使其达到最大螺杆转速，以确定其内在设计。填充进料器料斗容量的80%并运行20min。记录接料台秤的数据以计算相对标准偏差和与实际进料设置的平均值（RDM）的相对偏差。组合结果绘制在图3.6中，对于Prosolv HD 90、Prosolv 50、Prosolv HD 200、Avicel PH 101、Avicel PH 102、Avicel PH 105、Avicel PH 200、Avicel PH 301、粉末APAP、硬脂酸镁和乳糖一水合物310等物料，作为电机驱动力百分比的函数。这些结果表明相对标准偏差在低级别驱动力时最高。高于约20%的驱动力，相对标准偏差最低且非常相似，对于所有超过90%的驱动力的值，相对标准偏差再次变大。

相对标准偏差在驱动力高于90%后升高的原因是料斗排空导致进料系数降低，这导致在高螺杆转速下螺杆填充不足。平均相对偏差（RDM）也有类似的趋势。在10%驱动力以下和100%以上观察到高偏差。与相对标准偏差相同的原因，在最高驱动力下发生了平均偏差的最大值；粉末不能以足够的速率流入螺杆通道。由相对标准偏差量化的进料速率变化的最大可接受限度取决于若干因素，包括进料应用。例如，API上可接受的可变性不同于功能性辅料上可接受的可变性，这也与非功能性辅料上可接受的可变性不同。这个问题将不在这里讨论。本章的目的是当使用1s间隔表征时，可接受的相对标准偏差限值为被设定质量流量的5%。相对标准偏差的最大限值还取决于应用范围，例如，产品的设定间隔宽度是不同的，本章不再进一步讨论。

从图3.6中可以得到信息，K-Tron KT20 C变速箱进料器的最佳运行范围，粗凹螺杆、细凹螺杆和粗螺旋螺杆为20%～90%的驱动力；细螺旋螺杆为40%～90%的驱动力。该范围不是绝对的操作范围，因为对于某些物料，在驱动力低于20%和高于90%时得到较低的相对标准偏差和平均相对偏差，但是在最佳范围之外这种可能性要低得多。

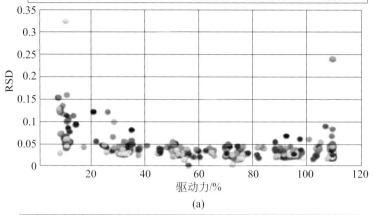

材料：微晶纤维素Avicel PH 101、Avicel PH 102、Avicel PH 105、Avicel PH 200、Avicel PH 301，乳糖一水合物310，硅化微晶纤维素Prosolv HD90、Prosolv HD200、Prosolv 50，硬脂酸镁，乳糖颗粒，粉末APAP
螺杆类型：粗螺旋螺杆、细螺旋螺杆、粗凹螺杆、细凹螺杆

(a)

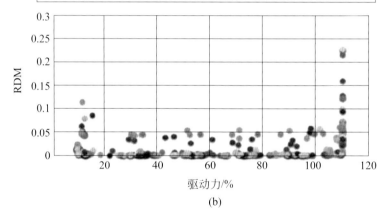

材料：微晶纤维素Avicel PH 101、Avicel PH 102、Avicel PH 105、Avicel PH 200、Avicel PH 301，乳糖一水合物310，硅化微晶纤维素Prosolv HD90、Prosolv HD200、Prosolv 50，硬脂酸镁，乳糖颗粒，粉末APAP
螺杆类型：粗螺旋螺杆、细螺旋螺杆、粗凹螺杆、细凹螺杆

(b)

图3.6　针对乳糖一水合物310，硅化微晶纤维素Prosolv SMCC，微晶纤维素Avicel PH101、Avicel PH102、Avicel PH105、Avicel PH200、Avicel PH301，硬脂酸镁，粉末APAP等物料，相对标准偏差（a）、平均相对偏差（b）与驱动力的关系

重量式进料器的理想操作空间将由进料质量流量范围定义，其中进料器将以所需的目标质量流量进行精确的重量进料，对于某种物料通过某些进料工具在可接受的相对标准偏差和平均相对偏差内确定设定值。另外，如果失重式进料器不是在其理想的操作设计空间内（20%、40%和90%之间）运行，则不能保证重量进料性能是可接受的。显然，如果进料性能可以与特定物料特性相关联，则与通过充分的实验确定相比，将节省大量物料和精力。

为了确定相关性，针对物料特性分析进料系数。大多数性质，如粒度、流量函数系数、渗透率和振实密度，都没有产生可识别的趋势。一旦基于进料系数绘制出cBD，就可以确定相关性。图3.7显示了进料系数与物料cBD之间的线性关系。cBD是从Freeman FT4的可压缩性测试中获得的。cBD是螺旋刀片穿过粉末床后10mL体积的物料质量。虽然条件堆密度与进料系数呈线性关系，但应该注意的是，压缩性试验的其他密度特性（从1kPa到15kPa）都没有表现出类似的相关性。充气密度和振实密度与进料系数呈线性关系；然而，趋势线的R^2指标对于cBD来说并不那么好。因此，通过分析10mL物料，可以近似地估计特定物料和螺杆组合的最大流速。

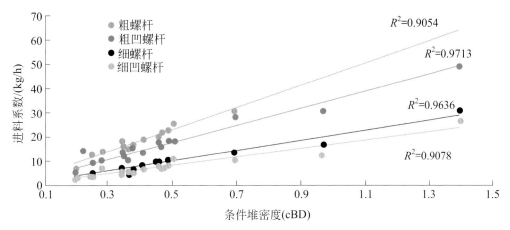

图3.7　列表中具有很宽堆密度范围的不同物料在4种螺杆类型下，进料系数和物料条件堆密度的关系

根据进料器运行范围的结果，确定了20%、40%和90%之间的驱动力，以及进料系数与cBD的相关性，可以确定不同螺杆类型的有效设计空间。细凹螺杆的例子如图3.8所示。应该注意的是，这里讨论的案例研究是针对K-Tron KT 20C变速箱进料器的。这里可以假设安装有A或B变速箱的进料器的趋势是相似的，因为操作参数和控制系统是相同的。

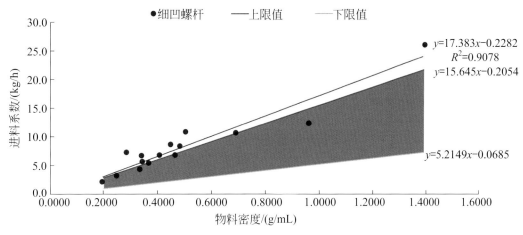

图3.8　细凹螺杆KT-20进料器的设计空间（给定密度条件下的流速范围）

通过了解物料的目标进料量和cBD，可以确定能够为该物料提供期望进料量的合适螺杆和进料器类型。如果确定所识别的螺杆的进料量太低或太高，则建议转换进料器类型，例如，此处研究的KT20C变速箱切换到KT20B变速箱（用于更高的进料量）或MT-16（用于更低的进料量）。

总之，进料器特性通常使用逐个试错法来确定最佳的进料器和螺杆选择，从而导致产品和工艺开发的拖延现象。上面讨论的方法能够通过将进料器的理想操作范围与具有显著不同的主要属性的物料相关联来确定失重式进料器的理想设计空间。在这项工作中，测试了

10种具有各种粒度、密度和流动性能的物料，包括API和不同等级的辅料，来了解和开发配有C变速箱的K-Tron KT20失重式进料器的设计空间。首先，通过对这些物料以10%、30%、50%、70%、90%和110%的不同驱动力进行进料，通过计算相对标准偏差和平均相对偏差来定位最佳操作范围，两个指标的可接受值均为0.05。20%、40%和90%被确定为KT20C变速箱最佳运行范围的驱动力的下限和上限。通过所有4种进料螺杆，即粗螺旋螺杆、细螺旋螺杆、粗凹螺杆和细凹螺杆，证实了这一观察结果。基于这项工作，确定密度和进料系数之间存在良好的线性相关性。基于这些信息，物料的条件堆密度可以预测K-Tron KT20进料器的不同类型螺杆的进料能力。具体而言，这意味着通过表征仅仅10mL的物料，可以获得足够的信息来确定进料器的进料系数，从而确定进料器的理想设计空间。

3.2.3 料斗补料导致的进料速率偏差

如前所述，失重式进料器不会监控和控制料斗补料过程中的进料速率，这通常会导致偏离设定值。这种补料问题是一个已知的挑战，进料器设备的制造商已经开发了几种尝试解决这一问题的方法，包括：在补料期间具有可变螺杆转速的补料模式[7]、冗余补料[8]和/或进料器系统尝试避开补料[9]。

上述所有方法都可能有助于减少或消除问题。但是，这些专利技术并不总是完全消除问题，往往涉及购买额外的设备。本节讨论的工作构成了量化进料器补料影响的方法，并提供了优化其补料时间表的方法。通过使用增加增重式的接料台秤，在进料时收集和称量物料，可以在料斗补料期间监测与进料速率设定值的偏差。已经观察到补料的多少（范围）对进料器的稳定性和性能具有显著影响，本节中讨论的方法主要利用这些信息。

3.2.3.1 料斗补料期间的运行

在连续操作过程中料斗慢慢排空，料斗中的粉末需要被补充（图3.9）。为了保持操作的连续性，在进料器运行时进行料斗补料。在补料期间，进料器必须切换到非重力运行模式，其中螺杆转速由体积模式控制。工作模式切换的原因是在补料期间重量随时间的变化包括补料时物料的质量流量 $\dot{m}_{\text{refill}}$，以及从进料器进料的质量 $\dot{m}_{\text{feed}}$。在补料期间由进料器称重传感器观察到的瞬时质量变化速率由式（3.5）表示：

$$\frac{\Delta w_{\text{feeder}}}{\Delta t} = \dot{m}_{\text{refill}} - \dot{m}_{\text{feed}} \tag{3.5}$$

这表明存在两个未知的质量流量，而只有一个计量方法。由进料器内部称重传感器测量的料斗净重混淆了两个进料流。为了分清这些不同进料流中的每一个进料速率，将需要其中一个进料流的更多信息（即通过使用失重式进料器来对关注的系统进行补料，这不是当前的实际操作）。因此，进料器以体积进料模式操作，这可能导致进料速率不一致，特别是当进

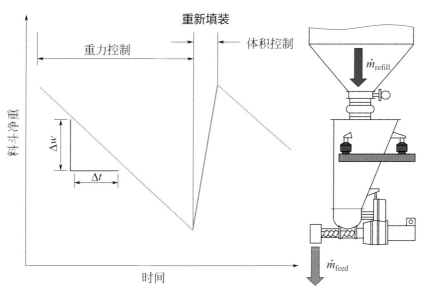

图3.9　失重式运行原理描绘了通过定期的料斗补料实现失重式进料周期

料器补料和由螺杆上方粉末的重量增加而导致螺杆填充度发生变化时。

3.2.3.2　偏差定量

补料引起进料速率的变化可以通过多种方式来表征，包括最大偏差的大小、时间进料速率远离设定值，以及物料质量流量超出设定值（或缺陷）时的总偏差。量化偏差影响的最佳值取决于应用和后续的单位操作。

如果单位操作的灵敏度受到最大进料速率的限制，则最大偏差可能是使用的最佳量化方法。通过从平均进料速率中减去偏差的峰值来计算最大偏差（图3.10），并由式（3.6）表示：

$$\Delta\dot{m}=\dot{m}_{max}-\bar{\dot{m}}$$

（3.6）

这里的$\dot{m}_{max}$是最大进料速率（在峰值处），并且$\bar{\dot{m}}$是稳定状态后计算的平均进料速率。该值是比较多个补料偏差或检测不合格物料的最快和最简单的方法。由于它没有时间依赖性，其数值仅表示进料速率的偏差，但不包含有关偏差时间长度的信息。在相关情况下，混合单元操作在偏差时间范围内是受影响的，因此进料速率超出标准要求的时间将有助于量化偏差的实际大小。该方法使用检测上限，该上限应等于表示超出标准要求进料速率的值。在这种情况下，它被定义为比平均进料速率高3个标准偏差。如前所述，标准偏差由稳定状态下进料信号确定。当进料速率首先超过边界时开始并在进料速率返回规定范围内时结束的时间段被定义为扰动的持续时间（图3.10），并由式（3.7）表示：

$$\Delta t_{OOS}=t_{OOS,final}-t_{OOS,initial}$$

（3.7）

式中，$t_{OOS,initial}$和$t_{OOS,final}$是进料速率超出标准要求的初始和最终的时间。进料速率超出标准要求的时间仍然可以产生可接受的产品，因为短脉冲可能没有足够大的影响来导致产品在强大的系统中变得不合格。但是，如果偏差发生较长时间，可能会导致中断或产品缺陷。

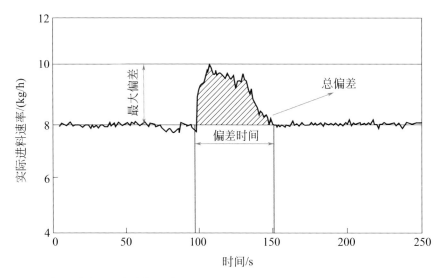

图3.10　量化设定值偏差的方法：最大偏差的大小，进料速率超出标准要求的时间，总偏差/超出的进料粉末

在干扰期间进料过量粉末的总量也是有用的参数，因为它得到了偏差的大小和持续时间。这个数量、总偏差是通过确定目标进料速率和超出标准要求的进料速率曲线（见图3.10）之间的面积来计算的，可以用式（3.8）表示：

$$m_{\text{excess}} = \int_{t_{\text{OOS,initial}}}^{t_{\text{OOS,final}}} \left[\dot{m}_{\text{feed}}(t) - \left(\bar{\bar{m}} + 3\sigma \right) \right] \mathrm{d}t \tag{3.8}$$

式中，$\dot{m}_{\text{feed}}(t)$ 是进料速率数据；$\bar{\bar{m}}$ 是从稳定状态下计算的平均进料速率；σ 是标准偏差；$t_{\text{OOS,initial}}$ 是超出进料速率标准要求的初始时间；$t_{\text{OOS,final}}$ 是超出进料速率标准要求的最终时间。

3.2.3.3　补料水平的影响

用多种粉末研究了补料水平的影响，补料水平是料斗重新补料到其初始填充水平的填充体积。结果如图3.11所示。当料斗更频繁地填充较少量的物料时，偏差会减小，直到最高在60%的水平开始补料的情况下几乎检测不到偏差，填充料斗到80%的灌装量。当补料的开始水平从20%变为40%时，最大偏差［图3.11（a）］和过量进料总量［图3.11（c）］急剧减少，

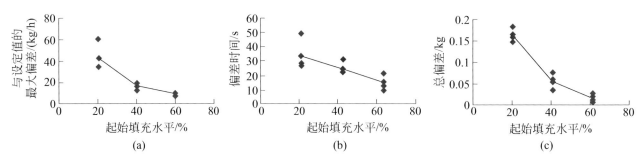

图3.11　K-Tron KT35进料Grillo Pharma8在三个补料水平上重复五次手动补料，
从接料台秤进料速率数据中提取的性能指标。与设定值的最大偏差（a）、总偏差时间（b）和总偏差
（每次补料时喂的多余粉末量）（c）随着补料时料斗填充水平升高而降低

在每种情况下，料斗填充水平返回到80%。当开始填充水平从40%变为60%时，最大偏差和过量进料总量的差异继续减少，但没有那么多。偏差时间［图3.11（b）］显示随着补料水平减小而逐渐减少。

3.2.3.4　补料方法的研究

在补料期间决定进料器性能的另一个关键因素是其料斗补料的速率。本节讨论的结果表明，补料操作的方式（不仅仅是其大小）可以在减少偏差方面发挥重要作用。为了进一步研究补料方法的影响，测试了K-Tron KT20的料斗补充。使用K-Tron KT35作为自动补料系统，将自动真空补料系统的高速补料与速率控制的补料方式进行了比较。用于测试的粉末是乳糖Fast Flo，进料速率设定值为20kg/h。两种补料方法的进料速率结果如图3.12所示。自动真空补料系统的补料速率很快，并以高脉冲输送粉末。如图3.12（a）所示，即使进料器非常频繁地进行补料（60%填充水平），这种补料方式也会导致偏差。在550s和1100s时可以清楚地观察到补料过程中的偏差。当使用K-Tron KT35作为补料装置时［图3.12（b）］，两次补料也在550s和1100s进行，但没有在进料速率数据中观察到可辨别的偏差。K-Tron KT35的较低补料速率导致较低的压缩力，其不会引起料斗中粉末的显著密度变化。高速自动真空补料系统对粉末进行突然的补料，产生显著的压缩力，从而导致进料速率偏差。

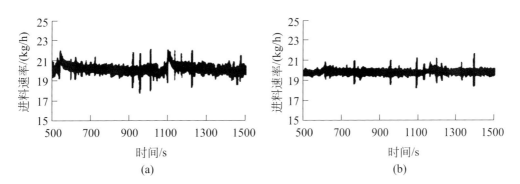

图3.12　K-Tron KT20（a）使用自动真空补料系统和K-Tron KT35（b）体积螺杆补料系统在60% ~ 80%料斗容量范围内补料时进料速率的数据

总而言之，连续工艺需要稳定性、均一性和不间断的粉末进料流。失重式进料器的料斗容积有限，这意味着不可避免地需要频繁地对料斗进行补料，这将导致与进料速率设定值存在潜在的大的偏差。在设计补料装置和设定料斗补料时间时，有必要减轻和最小化这种偏差。通过量化偏差的大小，可以比较多个进料器/补料系统配置和补料时间表，以便选择最佳设置。

通过用较少的物料更频繁地对进料器进行补料，可以减小扰动的幅度并且提高了进料器的准确度。然而，这导致进料器在体积模式下运行的时间更长。在体积模式下，进料器基本上察觉不到螺杆填充或粉末密度的变化。为了尽量减少这个潜在的问题，最好选择一种补料方案，尽量减少偏差的大小以及所需的补料次数。补料的大小应基于将进料速率设定值的偏差降低到进料器下游操作单元可接受的水平。这需要了解下游工艺、混合能力以及成品中给定成分可接受的变化范围水平。本书第4章对此进行了详细讨论。

甚至在小的变化范围内不可接受的情况下（即具有窄治疗窗口的产品中的API水平），设计进料器补料系统时，补料操作要柔和。这需要更多地控制补料物料流，这也需要专门的补料装置。在极端情况下，这可能需要使用更大的进料器，而该进料器需要更少的补料操作。在本研究中显示的情况下，其中使用体积式进料器来控制补料速率，这时还需要一个额外的补料系统来对体积式进料器进行补料。虽然填充间歇式体积式进料器是一个更简单的概念，但这会导致更高的初始设备成本、更高的开销空间要求等。但是，如果需要增加对波动的控制，这可能是更好的选项。

针对不同物料了解进料器如何使用不同的工具和可工作范围是实现良好进料性能的关键。在本节中，详细讨论了失重式进料器重量进料性能的表征方法，确定失重式进料器理想设计空间的方法以及表征由料斗补料引起的进料速率偏差的方法。将其与物料特性知识相结合，可以在连续工艺的工艺开发过程中节省大量物料和时间。

3.3 物料流动性对失重式进料的影响

失重式进料器的性能不仅取决于设备设计、进料能力及其内在控制系统，还取决于被进给物料的特性。一般而言，即使一切都完美设置以实现其最佳进料性能，特定的进料器也无法处理每种可能用到的物料。一方面，黏性粉末可以黏附到螺杆表面或者可能在料斗里产生架桥，引起称为"鼠洞"的现象，或者在料斗底部形成厚的粘连层，其影响粉末填充到螺杆螺纹中。另一方面，自由流动的粉末通常具有更高的密度，因此需要更多的能量和更多的扭矩来使进料器输送这些物料。它们还可以像液体一样流进料器，引起脉动流速。粉末和进料器组合配置差的话，通常导致进料能力完全丧失和/或进料速率的高度可变性。因此，了解物料流动性能对失重式进料器性能的影响，包括常规重量进料和料斗再补料引起的偏差，是连续工艺开发的关键因素。

已经进行了大量的工作来了解物料特性对进料性能的影响。这里不再详细讨论这些文献。有兴趣的读者可以阅读参考文献[10-12]进行总体回顾。参考文献[13]讨论了广泛的物料数据库结合统计方法预测进料器性能的强大应用。第2章详细讨论了使用物料特性数据库预测进料器性能。读者可参考第2章，讨论了物料数据库的开发，进料器工艺性能与物料数据库的耦合，以及使用统计方法预测失重式进料性能。然而，如前所述，补料期间的进料器的性能对于理解其整体性能至关重要。因此，这里讨论使用物料特性数据库和统计方法来预测补料期间的进料器偏差。

总之，进料速率在料斗补料期间产生的偏差对于失重式进料器来说是常见且关键的问题。如前所述，在补料过程中，进料器以体积模式运行，联合运行的方式下导致了瞬时的变化。正如所讨论的，之前已经研究了补料水平对进料速率偏差的影响。在具有不同流动性质的物料之间观察到巨大差异。设计不良的补料策略会在商业生产中发生超出产品组成可接受阈值的偏差。因此，了解物料特性对料斗补料引起进料速率偏差的影响对于连续制造工艺的设计和成功是有价值的。

可以应用多变量分析方法来建立物料特性与料斗补料引起偏差之间的相关性。基于对主成分（PC）空间中每种物料的位置（由其属性定义）之间的加权欧氏距离的分析，开发了主成分分析-平方和（PCA-SS）方法[14]，然后开发偏最小二乘回归（PLSR）预测模型以预测补料期间的最大偏差、偏差时间和总偏差百分比。图3.13显示了PLSR预测值与测量值，图3.13（a）为最大偏差，图3.13（b）为偏差时间，图3.13（c）为预测库中所有其余物料的总偏差百分比。这3个图都显示了预测值和测量值之间非常好的相关性，这意味着校准中存在足够的可变性，也意味着料斗补料期间进料器的进料速率偏差与被测试物料的特性高度相关。本研究的详细信息和相关方法可以在参考文献[14]中找到。

进料器的进料性能不仅取决于进料条件和控制系统，而且还与进料物料的特性高度相关。研究表明，失重式进料器的重量进料性能和料斗补料引起的进料速率偏差可以通过统计方法结合物料流动特性数据库进行关联和预测。此外，具有类似流动性质的物料，由物料性质PC空间中的加权欧氏距离定义，表现出类似的进料性能。当给定新物料的量有限、昂贵或危险时，这种方法非常有效，因为在工艺开发过程中，可以使用统计学上与目标物料相似的物料来替换目标物料进行实验。此外，使用诸如PLSR的数据驱动模型，可以显著减少工艺开发所需的时间和物料量，从而降低开发成本。

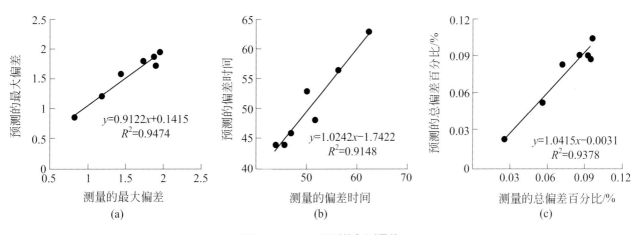

图3.13　PLSR预测值与测量值

（a）最大偏差；（b）偏差时间；（c）预测库中所有其余物料的总偏差百分比

3.4 失重式进料器建模

在过去的十年中，失重式进料器已经通过各种方法建模。本章和第2章讨论了使用纯统计方法结合物料特性表征来预测进料器性能。Tahir等[15]提出了一种类似的方法，也结合了进料器的配置。元建模技术，如Kriging法和响应曲面法也被用于进料器建模[16]。最近，半机械学或混合方法也得到了发展[17]。也有尝试使用机械学方法，如离散元素法建模[18]。与任何固体过程建模相关的挑战也适用于失重式进料器的建模。此外，机械或半机械学方法面临挑战，因为无法获得进料器制造商控制进料螺杆以确保进料在目标设定值的专有控制算法。尽管作者认为本书中讨论的物料特性和进料性能数据库相结合的统计方法已被证明是最有效的，但关于这一研究有大量的同行评审表明，成功的建模方法尚未确定。

3.5 结语

本章汇集了与失重式进料器相关的不同概念，试图为进料工艺的工艺开发提供一个统一的框架。详细讨论了表征进料性能，这是工艺开发中不可或缺的元素，可以在设计选择之间进行比较。然后讨论了使用物料特性定义进料设计空间。研究表明，单一的物料描述，即粉末的堆密度，是物料进料系数的有力预测因子。由于第2章展开了与确定最佳螺杆组合以获得最佳进料性能相关的讨论，因此在此不再介绍。讨论了表征补料干扰，物料特性对补料干扰的影响，以及使用统计学性能数据库预测补料干扰的方法。本章最后简要讨论了失重式进料器的建模。

参考文献 --

[1] Engisch WE. Loss-in-weight feeding in continuous powder manufacturing. Rutgers University - Graduate School - New Brunswick; 2014.

[2] Hopkins M. Loss in weight feeder systems. Meas Control October 2006;39(8):237−40. https://doi.org/10.1177/002029400603900801.

[3] Kehlenbeck V, Sommer K. Possibilities to improve the short-term dosing constancy of volumetric feeders. Powder Technol November 2003;138(1):51−6. https://doi.org/10.1016/j.powtec.2003.08.040.

[4] Weinekötter R, Reh L. Continuous mixing of fine particles. Part Part Syst Char 1995;12(1):46−53. https://doi.org/10.1002/ppsc.19950120108.

[5] Erdem U. A guide to the specification and procurement of industrial process weighing systems. Meas Control February 2003;36(1):25−9. https://doi.org/10.1177/002029400303600105.

[6] Moghtadernejad S, et al. A training on: continuous manufacturing (direct compaction) of solid dose pharmaceutical products. J Pharm Innov June 2018;13(2):155−87. https://doi.org/10.1007/s12247-018-9313-5.

[7] Wilson DH, Loe JM. Apparatus and method for improving the accuracy of a loss-in-weight feeding system. US4635819A. January 13, 1987.

[8] Aalto P, Björklund J-P. Loss-in-weight feeder control. US6446836B1. September 10, 2002.

[9] Wilson DH, Bullivant KW. Loss-in-weight gravimetric feeder. US4579252A. April 01, 1986.

[10] Wang Y, Li T, Muzzio FJ, Glasser BJ. Predicting feeder performance based on material flow properties. Powder Technol February 2017;308:135−48. https://doi.org/10.1016/j.powtec.2016.12.010.

[11] Engisch WE, Muzzio FJ. Loss-in-weight feeding trials case study: pharmaceutical formulation. J Pharm Innov March 2015;10(1):56−75. https://doi.org/10.1007/s12247-014-9206-1.

[12] Escotet-Espinoza MS, et al. Improving feedability of highly adhesive active pharmaceutical ingredients by silication. J Pharm Innov May 2020. https://doi.org/10.1007/s12247-020-09448-y.

[13] Wang Y. Using multivariate analysis for pharmaceutical drug product development. Rutgers University - Graduate School - New Brunswick; 2016.

[14] Li T. Predictive performance of loss-in-weight feeders for continuous powder-based manufacturing. Rutgers University - School of Graduate Studies; 2020.

[15] Tahir F, et al. Development of feed factor prediction models for loss-in-weight powder feeders. Powder Technol March 2020;364:1025−38. https://doi.org/10.1016/j.powtec.2019.09.071.

[16] Jia Z, Davis E, Muzzio OJ, Ierapetritou MG. Process design, optimization, automation, and control predictive modeling for pharmaceutical processes using kriging and response surface. 2009.

[17] Bascone D, Galvanin F, Shah N, Garcia-Munoz S. A hybrid mechanistic-empirical approach to the modelling of twin screw feeders for continuous tablet manufacturing. Ind Eng Chem Res March 2020;59(14):6650−61. https://doi.org/10.1021/acs.iecr.0c00420.

[18] Bhalode P, Ierapetritou M. Discrete element modeling for continuous powder feeding operation: calibration and system analysis. Int J Pharm July 2020;585:119427. https://doi.org/10.1016/j.ijpharm.2020.119427.

第 4 章

连续粉末混合和润滑

Sarang Oka,
Fernando J.Muzzio

4.1 粉末混合的基本原理

　　粉末混合是制粒工艺中普遍存在的单元操作，其中生产成分均匀的产品是关键要求。在药物成分混合中更是如此，终产品均匀性的质量标准非常严格，需要确保其药物含量准确。粉末和颗粒形式的辅料、活性药物成分（API）在进一步加工并压制成片剂或填充到胶囊之前混合，进入压片机的粉末混合物均匀性直接影响最终片剂产品的均匀性。

　　尽管单元操作如进料、制粒、粉碎、压片和包衣包含不同程度的固-固和液-固混合，但本章中关于混合的讨论将仅限于固体成分的干式混合。

　　本章旨在为连续混合系统的设计和操作提供指导，并不作为粉末混合基础科学和物理学的参考依据。数百种出版物专门讨论了这个主题，详细的讨论可以在包括参考文献［1］在内的多个来源中找到。鉴于此，本节仅介绍与固体混合相关的基本概念和基本术语，特别是本章中提到的与连续混合相关的内容。提供了粉末混合物分类的详细信息，以及对其进行分类的一般数学模型。介绍了采样方面的设想和挑战，最后介绍了粉末混合机制。

4.1.1　混合类型

　　尽管混合物类型的广义定义已得到普遍认可，但与混合物分类相关的定义缺乏统一性和一致性。本章没有深入探讨目前在粉末混合物分类中存在的细节和论点，但要明确本章的广泛目标。仅提供了基本概念和最广泛接受的分类。

4.1.1.1　完全混合

　　两种类型颗粒的完全混合是指从混合物中随机抽取的任何样品中两种颗粒的比例与整体的混合物中存在的比例相同。图4.1（a）显示了由黑色和白色方块组成的完全混合。完全混合是一种理想化的状态，这种混合在自然界或工业操作中很少见。

4.1.1.2　随机混合

　　随机混合是一种混合状态，其中双组分混合物中的两种颗粒被采样的概率等于它们的平均组成。图4.1（b）显示了相同数量的黑白方块的随机混合。每个方块都有相同的机会成为黑色或白色。换言之，在完全混合中，样品位置和样品组成之间没有相关性。进一步混合不会增加系统的均匀性。这是在真实系统中可以实现的最高程度的均匀性（"有序混合"除外，见下文）。随机混合物是由具有几乎相同性质的非相互作用颗粒获得的。对于具有不同性质的颗粒，在药物成分的混合过程中更为常见，要实现完全随机的混合是极具挑战性的。在存在显著的颗粒间力或当材料具有非零离析倾向时，无法实现随机混合。

4.1.1.3 有序混合

对于具有明显内聚力的颗粒系统中，某些颗粒（客体）可能附着在较大的颗粒（主体）上，从而形成团聚体。对于图4.1（c）和图4.1（d）所示的有序混合物，客体和主体之间必须存在吸引力。在理想情况下，如图4.1（c）所示，相同数量的客体包覆每个主体颗粒，从而产生比随机混合物更高的均匀度。然而，通常情况下，每个主体颗粒上的客体数量会有所不同，从而导致分布在主体颗粒上的客体颗粒数量不同，同时存在自由客体和/或自由主体[图4.1（d）]。这些因素通常导致混合物的均匀性低于随机混合物的均匀性（即成分可变性程度更高）。

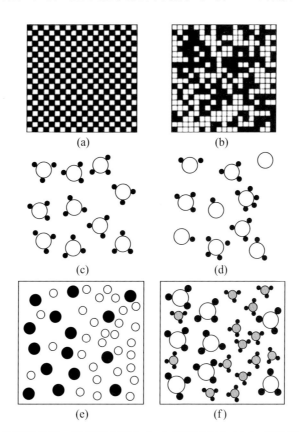

图4.1 相同黑白方块的假设排列，显示完全混合（a）和随机混合（b）。颗粒表现出聚集体的凝聚力，其中大颗粒作为主体，较小的颗粒作为客体。可以形成理想的有序混合物（c），其中每个主体都被相同数量的客体包裹，或者更现实的有序混合物形式（d）。自由流动的材料（e）可能会发生偏析，甚至黏性材料（f）也会由于粒度、密度和形状等特性的差异而出现分层

4.1.1.4 纹理（分层）混合

当一种颗粒的特性导致该组分集中在混合物的特定区域时，就会形成纹理（分层）混合物。分层的程度取决于混合物的搅拌类型。这种行为更常见于自由流动的材料。内聚力通常显示出抑制混合物分层，因为单个颗粒很难独立于整体混合物移动。图4.1（e）和图4.1（f）

显示了两种类型的分层混合物，一种用于自由流动的材料[图4.1（e）]，另一种用于黏性颗粒[图4.1（f）]。图4.1（e）中的图案显示自由流动的材料，其中不同粒度、密度或形状的颗粒表现出"不同的流动性"。通常，这些特性的差异越大，分层趋势越明显[2]。对于更具凝聚力的系统，如图4.1（f）所示，可以表现出更加均匀的状态。不同大小载体颗粒的有序单元也会发生分层，同时导致自由客体的有序单元的分层。

4.1.2　量化混合

为了表征颗粒混合物的均匀性，必须量化其"混合"程度。用于量化的指标通常取决于混合物的类型和成分的性质。几个指标涉及计算存在的颗粒总数。对于细粉，任何寻求表征宏观混合物的实际采样方法都是不可能的，因为即使是在小样本中，颗粒的数量也是庞大的，以至于无法量化。在选择量化指标时，必须适当考虑这些复杂性。同样非常重要的是检查量（即用于表征成分变异性的单个样本的大小）。对于大多数情况的均匀性检查，所测得的均匀度取决于检查的规模。因为非常小的样本总是会比大样本显示出更高程度的成分可变性，所以选择与目标相关的检查规模很重要。均匀度最有效的衡量标准之一是分离的强度（程度）。如下是含量测量的标准化方差。分离强度（程度）I定义为

$$I = \frac{\sigma^2 - \sigma_r^2}{\sigma_0^2 - \sigma_r^2} \tag{4.1}$$

式中，σ^2是采样数据的方差；σ_r^2是从随机混合中获得的相同大小的样本所表现出的方差；σ_0^2是初始、完全分层状态的方差，同样基于相同的大小。在实践中，估算σ_r^2可能具有挑战性。使用该指标时通常假设混合成分分布是高斯分布（与等量成分的随机混合物一样）。然而，尚不清楚颗粒成分的混合是否是真正的高斯分布。大多数共混物至少表现出一定程度的分层倾向。观察到的某些混合物的"类似高斯分布"行为，至少部分是由于成分差异性、采样差异性和分析误差的累积效应。

然而，混合成分分布是高斯分布的假设及混合表征，无论是隐含的还是明确的。高斯分布意味着偏离混合平均值的概率是已知的，这使实验者能够对某些类型的组合失效的可能性进行评估。然而，高斯假设也意味着混合物中的某些样品（或片剂，当测量片剂的均匀性时）将超出所需的治疗范围。此外，高斯分布的假设也促使制造商倾向于从混合物中提取尽可能小的样本，因为假设分布的形状是已知的，因此不需要表征，以及遇到至少一个不合格样品的绝对概率随着分析的样品总数增加而增加。

制药行业中用于评估粉末混合物或片剂中API含量变异性的最常用指标是单位剂量样品组成的变异系数或在制药业中更常用的表示，相对标准偏差（RSD）定义为

$$RSD = CoV = \frac{\sigma}{M} \tag{4.2}$$

式中，σ是标准偏差；M是样品API的估计（即"测量"）平均含量。RSD在生产固体口服剂型中有多种用途，包括量化混合样品中API含量的变化、成品中API的总剂量以及药物溶出度和生物利用度的变化。一般来说，法规要求API含量RSD的上限为5%，以获得可接受的混合均匀度，而成品的上限为6%（尽管对于某些产品已经注册了更窄的标准）。虽然很少计算，但RSD的置信区间也是一个重要的指标。置信区间取决于用于计算RSD的样本数量以及混合物的实际变化程度。RSD的置信区间可以从理论上计算，也可以通过某些模拟方法计算，但这两种方法都不实用。Gao等[3]开发了一种可行的方法来评估RSD估计的置信区间。这项研究的主要结论是，通常在10～30个样本的正常条件下，RSD的实际置信区间（例如95%）非常宽。在这种情况下，"测量的"RSD值只是对混合变异性的粗略估计。警示制造商在根据超过约3%的RSD估计值做出决定时始终保持谨慎，特别是如果估计值基于少于100个样本。

4.1.3　采样

为了评估混合物的均匀状态，在许多情况下，必须提取和分析一组具有代表性的样品。样本的大小、采样的位置、采样的工具和采样的数量是采样时的重要考虑因素。关于这个主题的理论讨论见参考文献[4，5]。

4.1.3.1　样本量

术语"样本量"通常会导致单个样本中所含物料的量与提取进行表征的样本数量之间的混淆。在本书中，"样本量"是指单个样本中包含的物料量。需要仔细选择单个样本的大小，以准确表示最终应用的混合物质量。理想情况下，样本的大小应等于混合物的检测量，其中检测量被定义为需要表征均匀性的量。在口服固体制剂的生产中，样本量（以g为单位）必须与片重（以g为单位）近似。从数学上容易证明，对于随机混合，样本方差与样本量成反比。一般来说，更大检测量掩盖了系统内的均匀性。相反，较小样本量的检测往往会放大不均匀性。因此，样本量大约等于需要进行均匀性评估的规模至关重要。通常情况下，目标是确定混合物的不同部分是否含有相似量的活性成分，是否会导致成品单位中药物含量的变化。评估这种可变性的正确样本量是最终产品的单位量。

必须与评估单片内的变异性为目的的情况区分开。通常需要检查团聚体的存在，或者在某些情况下确定混合物在进入压片机模具时是否分层。对于这种情况，检查的样本量必须至少比药片重量小两个数量级。

4.1.3.2　样本数量

无采样偏差的情况下，随着样本数量变得非常大（如果基础成分分布是高斯分布，则遵循卡方统计），样本评估的成分方差值接近真实混合方差。因此，建议准确提取大量（通常称为大N）代表性样本，以最小化采样对混合方差评估的影响。同理，使用大N也可以提高估计RSD的置信区间。置信区间可以通过Gao等[3]的方法计算。大量样本还有助于检测混合物中的团聚-团聚体显示超出趋势的超效值，它们在高尾中表现为偏离正态分布。通常需要大量样本（超过50个，优选超过100个）来检测分离情况。大N还有助于检测采样偏差。

4.1.3.3 分批采样与连续混合

在批量混合机中，通常使用称为"样品采样器"的设备采样。虽然被广泛使用，但该工具存在几个缺点，这些缺点已被广泛记载[5]，包括对不同特性的成分的混合物进行采样时产生采样偏差、干扰现有的粉末混合层以及测量对操作人员的依赖性。因此，批量混合机准确采样极具挑战性。PAT的适用性差、使用样品采样器的问题、监测不明确，以及分析实验室能力的限制通常决定了从批处理系统中的混合物中提取的样品数量。这个数字通常很小，很少超过25个。使用PAT工具在线监测批处理系统中的混合均匀度，虽然能够生成更多的测量结果，但也具有挑战性[6]。

另外，连续混合机更适合采样。连续混合机的出口端通过其出料口排出连续的粉末流，出口直径通常在3 ~ 6英寸之间，并且易于采样。为了对连续粉末流进行准确和有代表性的采样，建议遵循Allen[7]提出的两条"采样黄金法则"。

① 流动物料采样。

② 整个粉末流的采样应该在多个短的时间点进行，而不是在整个混合时间中对粉末流的一部分进行采样。

连续混合机比批量混合机更容易遵循这些规则。连续制造系统也更适合实施PAT，它可以感应大量"样本"。安装在混合机出口的近红外传感器可以连续感应和分析移动的粉末。必须注意确保光谱仪检测到的物料代表整个粉末混合物。此外，必须调整感应和平均频率，以使每次测量感应到的粉末量符合上述检查规模的建议。本书第10章讨论了使用PAT系统进行抽样的复杂性。通过适当的预防措施来避免冗余和过度混合，PAT工具检测到的每个数据点都可被认为等同于单个独立样本。因此，PAT工具的使用有助于自动、轻松地检测大量样本，从而实现大N方法，并有可能更准确地估计混合RSD。

也可以按照Allen的黄金法则提取物理样本。有几种工具可用，可以从移动的粉末流中提取所需大小的样品。在此不讨论这些工具。

4.1.4 混合机制

文献讨论了几种混合现象，可以大致概括为J C Williams[8]定义的3种主要机制，即对流、分散和剪切。

对流混合是颗粒在空间中整体运动的结果，在大多数混合应用中，是减少混合物方差的主要因素。对流混合效果更容易放大，随后的混合过程非常迅速。然而，颗粒受到分层流动结构的限制，很少产生完全随机的混合物。

另外，分散混合类似于流体中的扩散（分散系数起扩散系数的作用时除外）。由颗粒的小规模随机运动混合的，通常形成于高颗粒迁移率的情况下。与扩散一样，分散混合比对流混合慢几个数量级，但在颗粒级别方面产生更完全的混合。然而，由于分散系数本身可能与规模有关，因此分散混合效果比对流混合更具挑战性。

由于剪切的混合是由粉末流中存在速度梯度引起的。颗粒"块"穿过剪切平面，导致解聚和混合。剪切混合发生在颗粒层面，导致颗粒特性发生变化。已发现剪切混合在放大时极具挑战性。

大多数混合操作将同时涉及上述三种机制。颗粒成分的高效和成功混合需要对这些机制及其在所选混合装置中的作用有合理的理解。混合设备和装置之间的关系指导工艺决策，例如填充量、装载模式、容器或混合助流装置的转速和设计参数。

尽管上面讨论的混合机制几乎涵盖了所有相关现象，但混合机制也经常根据混合的规模分为宏观混合和微观混合。顾名思义，宏观混合是在整体颗粒层面上混合，主要是由对流混合引起的，而微观混合是在单个颗粒水平上混合。后者还与被混合的单个材料的性质变化有关（例如，由疏水成分的颗粒形式分散导致的润湿性变化或由较小成分覆盖颗粒而导致的共混凝聚力降低）。

本章将经常使用上述定义和术语。上述讨论还旨在为读者提供粉末混合基础知识的介绍和参考资料，以寻求更详细的讨论。有关4.1节中讨论的主题的更详尽描述，请参阅《工业混合手册》[1]第15章。

4.2　粉末混合方式

4.2.1　批量粉末混合

粉末混合可以以分批和连续两种操作模式进行。在药品制造的背景下，批量混合机体现了批量制造模式。典型的批量混合机为一个可以密闭的大容器。其可以是"V"形，可以是两端都有圆锥的圆柱体，可以是有锥形底部的立方体，或者可以具有无数可用形状中的任何一种。粉末被小心地装入容器中，通常是水平分层模式，容器被密封关闭，然后旋转，直到达到其"终点"。容器容量可达15000L，可处理超过5000kg的材料，具体取决于材料密度，尽管制药应用中使用的批量混合机的典型尺寸范围为约1夸脱至约150立方英尺❶。物料可翻

---

❶ 1夸脱＝1101.22cm³；1立方英尺＝28316.80cm³。

滚数百次，在此期间逐渐混合均匀。混合随时间推移而发生，混合均匀性随着容器转数（时间）的增加而增加。及时处理是基于批处理的操作的定义特征。一旦混合完成，混合机的内容物将被排放到一个或多个中间储存容器中以进行进一步处理或连接到压片机的管道上。分批式混合机，一旦具备正确的特性，可以提供优异和可靠的混合性能，特别是当它们配备高速内部装置（增强杆）并用于黏性粉末混合时。其通常不适合混合具有高分层性的成分[2]。批量混合机的放大具有挑战性，这种设备占用空间很大，不适合依赖单个测量点的 PAT 测量，并且不能对混合操作进行实时过程监控。商业规模的批次混合机也被认为是能量密集型设备，即数百千克的材料在很长的距离上翻滚，导致颗粒之间的摩擦力较高。众所周知，在大型设备的混合操作过程中损耗的能量会导致物料特性发生变化。

4.2.2 连续粉末混合

连续混合机的操作与批次混合机截然不同。对流在很大程度上是由沿混合机移动粉末的叶轮的作用推动的。未混合的成分从混合机的一端连续进入，而混合均匀的混粉从另一端排出。混合发生于空间中，而不在于时间；随着物料越接近混合机的出口端，粉末流的均匀性越高。

这些混合机有多种配置可供选择，并且较批次混合机更温和（较低的剪切速率）。此类设备占地面积小得多，可以充分混合高分层性成分，非常适合在线监控和实时控制。对连续混合的理论和实践的回顾见参考文献[9]。对不同连续混合机的广泛评论见参考文献[10]。除了上述文章中讨论的混合机外，较新的设计还包括 Velazquez 及其同事[11]的连续滚筒混合机和 GEA 的 PCMM 设计。

管状混合机是药物混合最流行的连续混合机。因此，本章其余部分关于连续混合机的设计、表征、优化和建模的讨论将仅限于此类混合机。然而，这些讨论很容易拓展到其他类型的混合机。

管状混合机的特点是圆柱形管状部分的直径范围为 3 ～ 8 英寸，轴向长度在 6 英寸～ 4 英尺❶之间。沿着管的轴向中线安装有一个电机驱动的叶轮（搅拌器）。叶轮具有沿其长度分布的多个叶片。叶轮转速、叶片的类型、叶片的数量以及它们的方向因混合机而异，这些都会对混合机的性能产生影响。大多数管状混合机都进行了设计调整，可以对混合机的滞留量进行控制，最常见的是通过调整混合机的出口阀门或开关[12]，其他则可以改变管子的倾斜角度，也具有相同的效果[13,14]。

连续混合机表现出两种操作状态，即动态和稳态。需在操作开始之前将管式混合机完全排空。操作开始后，粉末开始进入混合机，并充满粉末。在初期，很少有粉末脱离混合机控制。图 4.2（a）显示了混合机的出口流量随时间的变化，而图 4.2（b）显示了混合机内粉末

---

❶ 1 英尺＝ 30.48cm。

量随时间的变化。当物料开始充满混合管时，混合机的出口流量开始迅速上升，然后逐渐达到进入混合机的输入流量的值。进入混合机的流量等于流出量的操作状态被定义为"稳态"操作。在稳态操作期间，混合管内的物料质量保持不变[图4.2（b）中的水平线所示]，并定义为在这些条件下混合机的滞留量。混合机内的物料滞留和离开混合机内的出口物料流量随时间变化的操作被定义为混合机内的动态操作状态。混合机内启动和关闭的特点是动态操作。在混合机内对变化做出反应并达到其新的稳定状态之前，过程参数（例如叶轮转速和输入量）的变化会导致瞬时动态状态。除非另有说明，所有关于混合机内的讨论都假定其在稳定状态下运行。

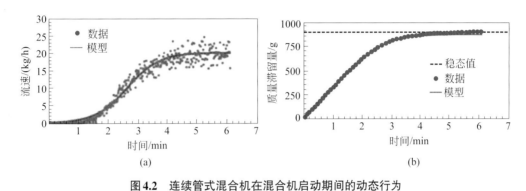

图4.2 连续管式混合机在混合机启动期间的动态行为
（a）在启动期间流出混合机的质量流量显示出缓慢的初始变化，然后快速增加，并逐渐接近最终稳态值；
（b）混合机滞留量几乎呈线性上升，然后逐渐达到稳定值
蓝点/线表示实际过程数据，而红点/线表示拟合模型

4.3 连续管式混合机混合

在连续管式混合机中稳态操作期间的粉末混合可分为两种混合模式：轴向和横截面（称为"径向"）。考虑将两种粉末物料A和物料B（图4.3）送入混合机。为便于论证，假设它们在混合机入口处完全未混合，如图4.3所示，图示管口处的径向横截面。叶轮的叶片将沉积在管底部的粉末提起并翻动，产生径向混合。在理想情况下，混合机出口处的粉末组分将完全混合。在稳定状态下，径向混合可以被认为在很大程度上与时间无关。随着时间的推移，混合机中的每个径向横截面都表现出相同的成分排列，但随后的横截面则不会。径向混合据称是唯一在完全活塞流条件下运行的混合模式。径向混合是减少传入方差的主要原因，换言之，径向混合在连续混合机中完成了大部分的均一化操作。

然而，将混合机设置为在完全活塞流下运行几乎是不可能的。当叶轮的叶片沿径向提升和翻动粉末时，部分物料也会根据叶片的方向向前和向后推动。叶片装置促进向后与向前运动的程度决定了混合机中轴向混合的程度。在完全活塞流下操作混合机也是不可取的。正如第3章所讨论的，所有粉末的颗粒性质使得准确和稳定的进料具有挑战性。所有的进料操作

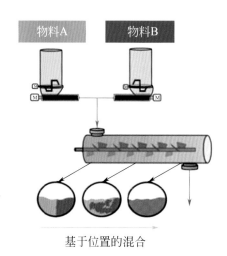

基于位置的混合

图4.3 连续管式混合机中沿混合机长度方向的径向混合现象示意
随着时间的推移，混合机中的每个径向横截面都表现出相同的组件排列，但随后的横截面则不会

都有一定程度的可变性与之相关。如果混合机配置为完全活塞流，则进料器物料流中未经过滤的噪声将通过系统，并导致最终产品的含量变化。

4.3.1 连续粉末混合机中的停留时间分布

为了全面了解连续混合机的噪声过滤能力，了解连续混合机中的停留时间分布（RTD）的概念至关重要（RTD的概念和基础数学框架适用于所有连续流动系统）。容易想象，当粉末以稳态速率进入混合管时，一些颗粒在向前的轴向方向上经历了更大的对流，而一些颗粒经过向后的异常推动或被困在混合机死区中一段时间。因此，虽然大多数颗粒在混合机中停留的时间接近某个平均值（定义为"平均停留时间"），但一些颗粒可能会很快离开混合管，而其他颗粒在混合管内停留的时间异常长。因此，对于进入混合机的具有代表性的一组颗粒在稳态下存在停留时间分布，即RTD。

混合机的RTD可以通过在系统中引入示踪材料并测量瞬时脉冲作为时间函数的出口流中的示踪剂含量来测量。示踪剂脉冲旨在体现一组有代表性的关注颗粒进入混合机，并模拟这些颗粒在混合机内的运动[15-17]。

如图4.4所示，最初尖锐的脉冲在穿过混合机长度时变宽。一些颗粒快速离开混合机，

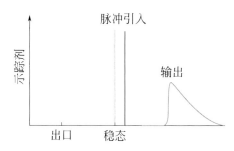

图4.4 作为脉冲引入的示踪剂的入口和出口剖面，用于测量混合机的停留时间分布
当示踪剂穿过混合管时，尖锐脉冲由于轴向对流而变宽

而一些颗粒需要很长时间才能离开系统。大多数颗粒经过的时间接近平均值，可以通过计算分布的平均值或通过将混合机的质量保持率除以操作质量流量。在没有死区的情况下，这两种计算平均停留时间的方法结果相似。

RTD函数$E(t)$定义为

$$E(t) = \frac{C(t)}{\int_0^\infty C(t)\,\mathrm{d}(t)}$$

（4.3）

平均停留时间或颗粒在混合机内的平均时间由下式给出

$$\tau = \int_0^\infty t\,E(t)\,\mathrm{d}t$$

（4.4）

最后，平均中心方差（MCV）或RTD轮廓的宽度及其噪声过滤能力的测量由下式计算

$$\sigma_\tau^2 = \frac{\int_0^\infty (t-\tau)^2 E(t)^2\,\mathrm{d}t}{\tau^2}$$

（4.5）

或者，也可以将示踪剂作为阶跃函数引入，并且系统的响应可以作为时间的函数来测量。此处不讨论该方法的细节和随附的方程式。

稍后将讨论，通过改变某些处理和设计参数来调整混合机的RTD曲线。RTD曲线越宽，或者曲线的MCV越大，混合机的噪声过滤能力就越大。参考Engisch等[18]描述的案例。图4.5和图4.6显示了相同的混合机分别调整为窄RTD轮廓［图4.5（a）］和宽RTD轮廓［图4.6（b）］。在前者的情况下，几乎未经过滤的高频噪声通过系统——双峰正弦波仅在时间尺度上移动，但轮廓的形状在混合机前后几乎相同［图4.5（b）］。另外，在图4.6（b）的情况下，混合机被调整为具有更广泛的分布，传入的噪声被大大抑制。研究结果见图4.5（d）和图4.6（d）的频域图。对于过滤能力图［图4.5（c）和图4.6（c）］，值为1表示波动会通过，值为0表示波动已经扩散，因此幅度减小。图4.5（c）显示了对窄分布的过滤能力，其不会过滤掉大多数频率小于0.15Hz的波动。相比之下，图4.6（c）显示了广泛分布的过滤能力，其过滤了0.05Hz以上的大多数波动。

在稳态运行期间与进料相关的固有噪声并不是来自混合机的唯一噪声源。进料器长时间连续运行，需要定期重新填充。正如在第3章所述，进料器的重新填充会导致进料器排出尖锐的材料脉冲（高振幅、高频噪声）。如果混合机没有进行充分的轴向混合，这种噪声可能会因过滤不充分，导致混合不均匀，甚至可能导致单位计量产品含量不均匀。使用Engisch等[18]提出的另一个案例。图4.7（a）显示了在连续制造过程中的每个单元操作之后，关注物料随时间的含量分布。进料流中引入的扰动（脉冲幅度为0.25g）未经过滤即通过磨粉机。这种扰动被混合机抑制到低于最大可接受值（水平紫色线）。在这种情况下，RTD（MCV的无量纲平方根）的标准偏差（也是噪声过滤能力的量度）的值为12s。然而，具有该RTD标

准偏差值的混合机无法抑制较大幅度的扰动（幅度为1g的脉冲），如图4.7（b）所示。

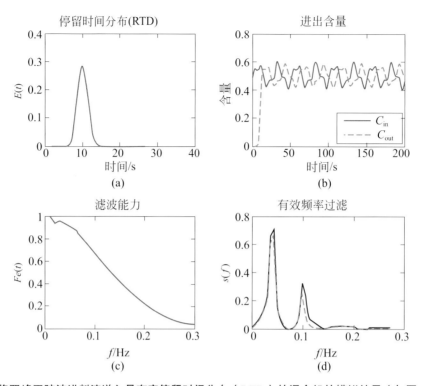

图4.5　将双峰正弦波进料流送入具有窄停留时间分布（RTD）的混合机的模拟结果（与图4.6相比）
（a）RTD；（b）混合机入口和出口的含量分布；（c）混合机的计算滤波能力作为频率的函数；（d）入口和出口流的频域
$E(t)$ 为停留时间分布中的特征物料含量占比；$Fe(t)$ 为混合机对进料流量波动的过滤（消除）能力，0为完全消除，
1为完全不消除；$s(f)$ 为频域图中的频率占比

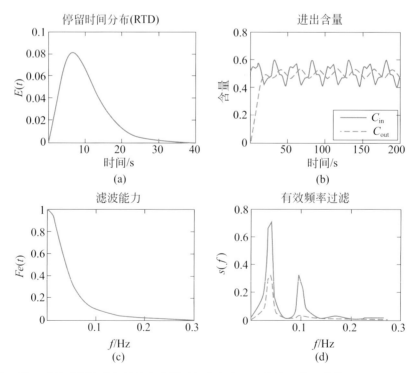

图4.6　将双峰正弦波进料流送入具有宽停留时间分布（RTD）的混合机的模拟结果（与图4.5相比）
（a）RTD；（b）混合机入口和出口的含量分布；（c）混合机的计算滤波能力作为频率的函数；（d）入口和出口流的频域

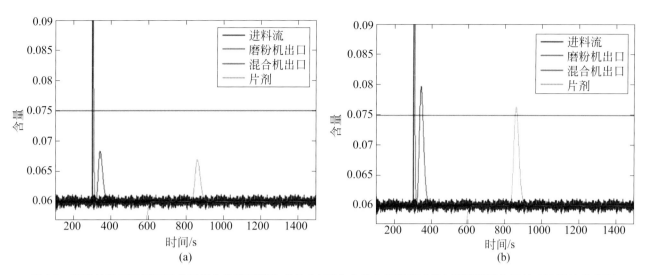

图4.7 模拟结果显示了不同单元操作的活性药物成分（API）含量曲线及其对添加到磨粉机入口的API脉冲的响应

混合机的平均停留时间为41.6s标准偏差为12s。脉冲大小为0.25g（a）和1g（b）

然而，如果通过改变混合机的叶片模式将RTD扩大到24.9s的标准偏差值，能够抑制较大的脉冲（图4.8）。混合机的RTD必须足够宽，以便能够抑制来自上游单元操作的最大输入噪声源。换言之，混合机必须结合足够的轴向混合来抑制相关量级的传入噪声。

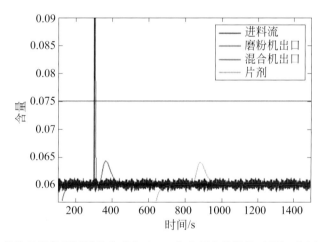

图4.8 模拟结果显示了各种单元操作的活性药物成分（API）含量曲线及其对添加到磨机入口的1g API脉冲的响应

混合机内的平均停留时间为71.7s，标准偏差为24.9s

综上所述，径向和轴向混合的组合将非均质粉末流在连续混合机中转化为均匀粉末混合物。由于高频噪声滤波器的作用，径向混合消除了进入粉末流的大部分变化，而轴向混合消除了沿混合机轴向长度的进入时间变化。

叶轮转速、叶片数量、叶片方向和出口阀门的角度都是设计和工艺变量，影响径向和轴向混合的程度，从而影响最终的混合均匀性。

4.3.2 选择合适的混合机配置

表征混合机的主要目标是集中工艺和设计变量的组合，以确保目标粉末成分的彻底混合。

Vanarase和Muzzio[12,19]发现，对于自由流动的成分，脱离混合机的粉末流的混合程度与物料在混合机内经历的叶轮通过次数直接相关。叶轮通过次数较多导致出口粉末流的均匀性更高。因此，设计问题的目标函数可以被提炼为最大化物料在过程中经历的叶轮通过次数。叶轮通过次数为

$$叶轮通过次数 = \tau \times 叶轮转速$$

式中；τ是平均停留时间，min。材料的平均停留时间可以表示如下：

$$\tau = \frac{物料滞留量(g)}{流速(g/min)}$$

因此，叶轮通过次数的方程可以改写为

$$叶轮通过次数 = \frac{物料滞留量(g)}{流速(g/min)} \times 叶轮转速(r/min)$$

混合机内的物料滞留量是叶轮转速的函数。因此，叶轮通过次数不是两个自变量的乘积（总质量流量对于给定的过程是固定的，并且通常不是过程设计中的变量）。对于许多混合机，物料滞留量与叶轮转速成反比［图4.9（c）］。因此，在中间转速时叶轮通过次数最多，此时物料滞留量和叶轮转速的乘积达到最大值。见图4.9（d）。Vanarase及其同事[12]观察并验证Gericke GCM-250的这种现象，图4.9中显示的结果引用了他们的研究成果。图4.9（a）

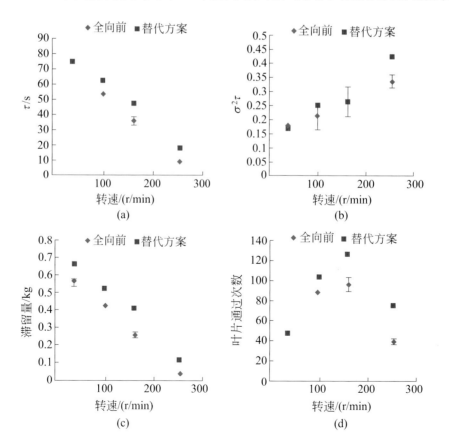

图4.9 叶轮转速对停留时间（a）、平均中心方差（MCV）（b）、质量滞留量（c）和连续管式混合机中叶轮通过次数（d）的影响
平均停留时间和质量滞留量随着叶轮转速的增加而减少，而MCV则增加。粉末在旋转条件下叶轮通过次数最多

显示了平均停留时间和叶轮转速之间的关系。对基本设计与GEA商业化的混合机相似的倾斜混合机进行了观测。

从图4.10可以看出，对于Gericke GCM-250混合机[12]中的全前向叶片配置，在中间叶轮转速下获得了最佳性能。对其他叶片配置进行了类似的观察。

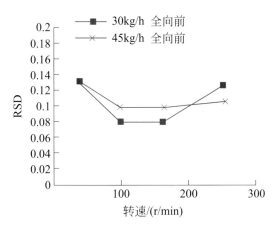

图4.10　连续管式混合机在30kg/h和40kg/h下的混合性能与混合机叶轮转速的关系

在中间叶轮转速下观察到最佳混合性能，测量为混合粉末流的相对标准偏差（RSD）

显然，叶轮通过次数随着滞留量的增加而增加，所有其他参数保持不变。如前所述，可以通过更改某些设计来独立修改混合机内的物料滞留量，特别是对混合机管的出口进行修改。例如，在Glatt GCG-70中，可以修改出口阀门的角度以增加物料滞留量，更高的出口角度会导致更高的滞留量。对于某些混合机，可以更改整个管的倾斜角度以修改滞留量。Portillo等[13,14]研究了两个此类型混合机。物料滞留量和叶轮通过次数在高度倾斜时增加，产生优良的混合性能。同样，在Gericke GCM-250的情况下，出口的打开程度可以调整，以改变混合机内的物料滞留量。图4.11显示了Gericke GCM-250中出口挡板角度的影响。据观察，当出口挡板倾斜角度等于粉末床的倾斜角度时，观察到最高的混合机滞留量。改变物料

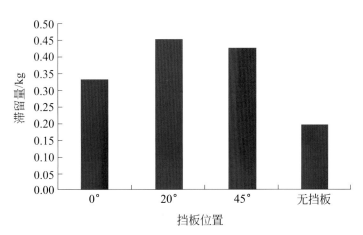

图4.11　挡板角度对Gericke GCM-250连续粉末混合机中的混合机持水量的影响

Vanarase AU,Muzzio F J Effect of operating conditions amd design parameters in a continuous powder mixer.Powder Techonl, 2011,208（1）：26-36.doi：10.1016/j.powtec.2010.11.038.

滞留量的最后一种方法是改变叶片配置。有时可以更换安装在叶轮上的叶片，以根据它们的角度将物料不同程度地向前或向后推动。向后推动物料的叶片数量越多，物料滞留量就越大。图4.9（c）显示了叶片定向角度对混合机中物料滞留量的影响，所有其他参数保持不变。如可以观察到的，与所有叶片向前45°的配置相比，其中每隔一个叶片向后45°的叶片的替代布置导致更高的质量滞留量和更高的平均停留时间。因此，混合机中的物料也会经历更多的叶轮传送［图4.9（d）］。

如3.1节所述，向后定向叶片的另一个优点是增加了混合机中的反混，从而提高了混合机的噪声过滤能力。图4.9（b）显示了与全前向配置相比叶片配置对混合机MCV的影响，交替的后向前向刀片布置导致更大的反混。向后推动物料的叶片数量越多，MCV越大。

直观结果表明，为了最大化混合机的滞留量，以及叶轮通过的次数，操作者应该将所有叶片向后对齐，然后具有使质量滞留量最大化的出口挡板配置。向后定向叶片还具有增加混合机的噪声过滤能力的额外优势。然而，混合机中的过度滞留通常会导致混合机的处理能力降低、整个生产线对控制动作的响应迟缓、浪费增加，更甚者，会导致混合机阻塞和生产线停止。

因此，考虑到上述阻塞和容量减少的约束，最大化叶轮通过次数的算法可以写成如下。

① 选择一个可以最大限度地提高材料滞留量的出口挡板。

② 选择能够最大限度地提高物料滞留量的叶片配置。

③ 在叶轮通过的中间叶轮转速与最大叶轮转速的情况下运行。

步骤①和步骤②中的选择不应导致混合机容量降低或混合机堵塞。混合机应该能够处理所需的质量流量，并有足够的操作空间来合并输入质量流量的波动。

叶轮转速和MCV之间也存在相关性。MCV以及混合机的噪声过滤能力随着叶轮转速的增加而增加。如果步骤③中选择的叶轮转速不能充分过滤噪声，建议提高叶轮转速。

从图4.9（b）中可以看出，对于两种叶片配置，叶轮转速的增加都会增加混合机中的反混。叶轮转速的增加也降低了混合机的滞留量并增加了操作能力，从而通过向后对齐更多的叶片来进一步增加混合机的滞留量和反混。如果混合机的混合空间被有效利用起来，那么混合机的设计问题可被当作有两个限制条件的优化问题。

即，最大化（叶轮通过次数）

前提是：①混合机能够过滤掉最大的传入噪声源；②不会损失运行能力或堵塞混合机。

上述优化方法的最大输入噪声源是指预期和特征噪声。不能期望混合机处理低概率事件，例如长期馈线漂移或伴随高幅度的低频噪声。

如前所述，除了固有的进料器噪声外，进料器重新填充还会导致在相对较短的时间内由进料器排出大量物料脉冲。进料器填充通常是最大的输入噪声源。如果优化问题没有减弱，则可能是由于重新填充的噪声幅度过大，混合机无法对其进行连续过滤。在这种情况下，建议更频繁地重新填充给料，料斗中的粉末含量更高，以减少进料器扰动的幅度。第3章已经讨论了填充量、频率和组合噪声之间的关系。

以上问题的优化是一种解决混合机设计问题的巧妙方法，并产生稳定且准确的结果。然而，为了解决这个问题，混合机的设计空间必须被很好地规划出来。必须充分了解叶轮转速、挡板角度和叶片配置对质量滞留、停留时间和停留时间分布的影响。虽然优化方法是解决设计问题的一种更烦琐的方法，但该方法可以实现更高程度的过程控制，符合质量源于设计的原则。此外，鉴于混合工艺对监管预期和工艺开发要求的演变所起的关键作用，监管机构未来也越来越有可能期望进行这种彻底的表征研究。即使并非如此，企业也将从对混合机性能以及进料器和混合机之间相互作用的透彻了解中受益匪浅，因为这两台设备之间的相互作用能够确保混合均匀性和成品含量均匀性。

4.4 连续管式混合系统中的润滑

本节讨论润滑剂在连续系统中的混合。由于过度润滑的风险，批次系统中的润滑剂混合受到了极大的关注。在连续混合机中混合润滑剂也带来了挑战。本节首先讨论润滑剂在固体口服制剂中的作用，然后检测润滑效果，然后在连续混合机中混合润滑剂。本节最后比较了批次系统与连续系统中的润滑剂混合效果。

4.4.1　润滑剂的作用

大多数粉末和颗粒混合物在压片或填充胶囊之前都会与润滑剂混合。此外，混合物通常也在辊压之前进行润滑。将硬脂酸镁等润滑剂添加到配方中以减少对金属设备（例如压片机冲头、模具以及辊压机辊轮）的黏附。润滑剂降低了片剂表面和模具壁之间界面处的摩擦力，促进了脱模并减少了冲头和模具的磨损。润滑剂还可以减少颗粒间的摩擦，提高混合物的填充效率，并改善它们的流动性能[20-22]。

然而，润滑剂也会影响配方的可加工性和物料特性。硬脂酸镁通常以易碎的小团块形式存在，可包覆较大、剪切敏感性较低的辅料和活性成分[23]。这种性质会降低颗粒的黏合能力，从而导致制剂的可压性降低。硬脂酸镁也是疏水物质，因此，用硬脂酸镁包覆活性成分颗粒会降低其润湿性，导致活性成分的溶出速率变慢。有时利用这种效果来减慢湿法制粒的速率或片剂的溶出速率。然而，在大多数情况下，这是一种非预期的现象，由于其与物料剪切敏感度有关。缺乏对剪切过程中硬脂酸镁诱导的疏水性的理解，许多批量扩大的研究都失败了。

润滑剂的覆盖程度以及由此产生的共混物疏水性变化与润滑剂的总量和混合物与润滑剂混合时所经历的应变总量成正比。在大多数配方中，润滑剂的量通常固定在0.25%～1%（质量分数）之间。因此，应变量成为润滑剂混合的关键设计参数。

4.4.2 检测润滑性

共混物颗粒的覆盖现象，以及由此产生的共混物疏水性变化，使从业人员能够量化润滑效果。共混物的润滑性可以通过使用Washburn方法[24,25]测量共混物的疏水性，或使用滴入法[26-28]测量共混物与水的接触角来测量。Washburn方法测量基于毛细管作用，通过混合物柱的水上升速率测量。混合物的疏水性越高，流体上升所需的时间越长，因此其疏水性就越大。该方法的详细信息见参考文献[24]。该方法还可以测量混合物与水的接触角。另外，滴入法测量的原理是毛细管作用，用一滴水完全渗透经过调节的粉末床所需的时间来表示。较长的渗透时间表明较大的接触角和较大的疏水性。

4.4.3 连续混合中的润滑剂混合

如前所述，连续混合机对混合物施加的总应变量可以通过混合物经历的叶轮通过的总数来量化。叶轮通过的次数越多，应变越大，因此相关的润滑效果就越大[29,30]。润滑程度仅取决于混合物所承受的应变总量，而在常规工艺条件下，很大程度上与应变率无关。这意味着在连续系统中，最终混合物的润滑性仅取决于其在混合机中经过的叶轮总数，而不取决于混合机的叶轮转速。

图4.12显示了总叶轮转数对混合物疏水性的影响。θ是混合物与水的接触角。$\cos\theta$值越低，混合物的疏水性越大。与预期的情况一致，混合物的疏水性随着其经历的总叶轮转数的增加而增加。然而，混合物的疏水性不取决于施加应变的速率，即混合机的运行叶轮转速。对批生产系统进行了类似的观察。

一旦建立了图4.12所示的关系，就可以设计混合机并选择操作参数以防止过度润滑。

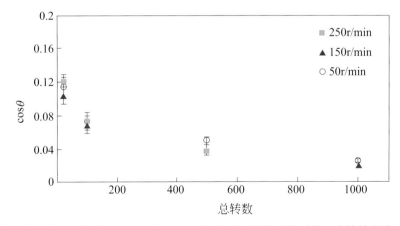

图4.12　与硬脂酸镁混合后，混合物的总应变和应变速率对其疏水性的影响
最终的疏水性（润滑性）仅取决于混合物经受的总应变量，而与应变率无关

另外，与过度混合和过度润滑相反的是确保润滑剂充分混合。由于润滑剂的粒度小，并以块状存在，均匀混合包括这些块的解聚物和润滑剂在混合物中的均匀分布。缺乏均匀润滑会增加后续生产加工难度。混合物中润滑较差的部分会导致上述压片问题，而混合物中过度混合的部分可能会导致过度润滑问题。粉末混合物中润滑剂的整体均匀性也是总应变的函数。因此，选择润滑操作参数是确保充分混合和防止过度润滑之间的平衡行为。

4.4.4　连续与分批系统中的润滑剂混合

普遍认为，与批次系统相比，连续管式混合机中的粉末会经历更均匀的应变程度。系统中的死体积（即不被旋转叶片扫过的体积）与混合机总体积的比值远小于其与批次混合机（这里指混合机总容积）的比值。在连续混合机中，少量材料更均匀地受到叶片的对流作用，较批次系统产生更均匀的应变能，在批次系统中几乎无法控制物料经过的路径。不同特性的颗粒穿过的路径不同，导致其应变程度不均匀。此外，根据批次混合机的几何形状，旋转轴末端附近的粉末可能会出现运动迟缓。因此，与批次系统相比，连续混合机中润滑剂混合不均匀的风险要低得多。

与批次系统相比，连续式混合机的过度润滑风险也低得多。批次系统混合过程中必须密切注意润滑剂的混合程度，以确保润滑剂在混合过程中不会受到过大的应变水平。通常，在混合其他成分后的第二个短阶段中添加润滑剂，以使含润滑剂的混合物所经历的应变最小化。虽然在将润滑剂加入混合系统之前，混粉通常在混合机中混合数百转，但润滑剂通常混合数十转。

与批次系统相比，连续混合机中的物料仅需短时间剪切。物料在混合机中停留几秒到几分钟，并且经历50到几百次叶轮转数。此外，在任何时候，连续混合机中的材料总质量都比生产规模的批次系统小几个数量级，较小的质量导致较低的团聚和摩擦力，混合物所受应变程度极低。与批次生产不同，连续混合机避免了批次系统中分两阶段混合。有几种商业上可实现的连续制造系统，包括成分的两阶段添加，通常通过串联两个混合机来实现，其中润滑剂被添加到第二个混合机中。第二个混合机中的叶片布置使得反混合叶片通过次数最小化，从而使物料应变程度最小化。然而，许多案例表明，在配备"高剪切"刀片的第一台混合机中添加润滑剂不会导致过度润滑。在直压系统中，可消除对第二个混合机的需求，从而减少成本和混合系统规模，并使系统能够更快地响应自动化过程控制。然而，在共混物进行制粒或通过传统高剪切环境（例如粉碎机）的过程中，应避免共混物中存在润滑剂以防止后续加工困难和过度润滑。在这种情况下，可能需要使用两个混合机进行两阶段添加，即在压片前的第一混合阶段加工共混物或制粒，然后在第二阶段添加润滑剂。

4.5 分散在连续粉体混合中的作用

如前所述，到目前为止在本章中讨论的连续管式混合机通常会在粉末上施加适度的剪切力。已经发现其提供的剪切作用在需要应用高剪切的情况下是不够的，例如在通常倾向于形成附聚物的黏性API的混合过程中。当配方中API的含量很高时，比较容易实现混合均匀。然而，对于高活性药物，配方中的API通常以低含量［通常低于5%（质量分数）］存在，将对实现混合均匀性带来挑战。API形成团块的趋势，再加上其在配方中的低含量，对粉末混合产生了很大的挑战，即使样品中存在单一团聚物也可能导致混合物不符合混合均匀性标准。同样，片剂中的单个团聚物会导致产品的含量不均匀。

由于这些原因，在批次生产中，粉末成分在混合之前会在筛子或整粒机中过筛。过筛在连续制造中也起着重要作用。与分批式混合机类似的连续管式混合机不是非常有效的分散装置。因此，建议将整粒机或筛分器（本质上都是连续设备）集成到该过程中。缺少这种去除结块的装置会降低连续过程的灵活性。然而，需要慎重实施去结块分散工艺，对于某些API，高剪切设备会引起静电充电，可能会导致其他的工艺问题。

Vanarase等[19]研究了去除结块在连续加工/混合中的作用。图4.13和图4.14展示了在混合微粉化对乙酰氨基酚（APAP）和微晶纤维素（Avicel PH-200）的二元粉末混合系统时，连续Gericke混合机和Quadro 197-S整粒机结合使用的优势。很明显，就其本身而言，整粒机是一种相对于混合机更有效的混合设备，该配方含有10%（质量分数）的高黏性APAP。虽然在混合条件下（宏观混合），混合机无法有效地粉碎团聚物，是一种比较差得微混合机，

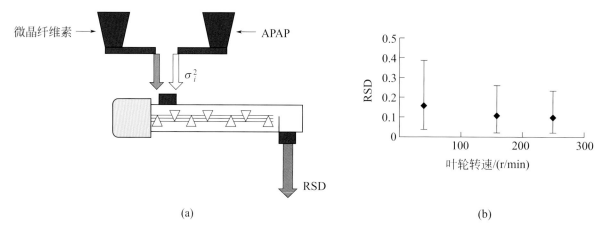

图4.13 （a）在Gericke连续混合机中混合的实验装置示意图；（b）叶轮转速对混合均匀度的影响，指标为相对标准偏差（RSD）

图改编自 Vanarase A U,Osorio J G,Muzzio F J.Effects of powder flow properties and shear environment on the performance of continuous mixing of pharmaceutical powders.Powder Technol,2013,246:63-72.doi:10.1016/j.powtec.2013.05.002.

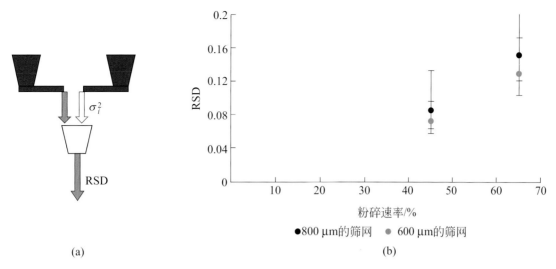

(a)   (b)

图4.14 （a）在Quadro 197-S整粒机中混合的实验装置示意图；（b）叶轮转速和筛网尺寸对混合均匀度的影响，指标为相对标准偏差（RSD）

图改编自 Vanarase A U,Osorio J G,Muzzio F J.Effects of powder flow properties and shear environment on the performance of continuous mixing of pharmaceutical powders.Powder Technol,2013,246:63-72.doi:10.1016/j.powtec.2013.05.002.

但另一方面，整粒机在解聚团块方面表现出色，因此是一种非常有效的微混合机，并且发现其整体混合性能优于管状混合机。

研究发现任何一种单独设备都不足以实现混合均匀度要求。将这两个设备串联集成，结果见图4.15和图4.16。图4.15显示了两种粉末物料首先通过混合机（粗混合），然后是整粒机（微混合），最后颠倒混合单元的顺序。图4.16显示了一种设置，其中混粉在整粒机中进行微观混合，然后在混合机中进行宏观混合。如预期，在两种设备中，两阶段混合总是优于单阶段混合。

最终的混合均匀性与混合顺序不可知。与相反的混合顺序对比，宏观混合（在混合机中混合）之前的微观混合和去除团聚物（在整粒机中混合）能产生更好的效果。混合机（如

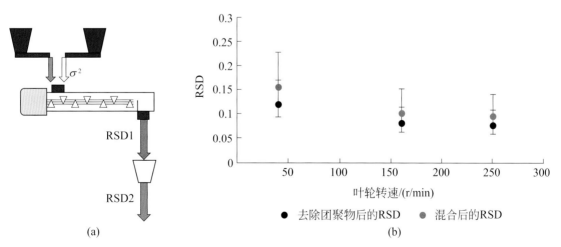

(a)   (b)

图4.15 （a）集成低剪切和高剪切混合的实验装置示意图（首先是低剪切混合）；（b）低剪切和高剪切混合后的混合性能，指标为相对标准偏差（RSD）

图改编自 Vanarase A U,Osorio J G,Muzzio F J.Effects of powder flow properties and shear environment on the performance of continuous mixing of pharmaceutical powders.Powder Technol,2013,246:63-72.doi:10.1016/j.powtec.2013.05.002.

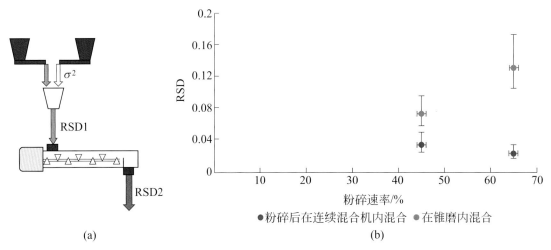

(a)   (b)

图4.16 （a）集成高剪切和低剪切混合的实验装置示意图（首先是高剪切混合）；
（b）高、低剪切混合后的混合性能，指标为相对标准偏差（**RSD**）

图改编自 Vanarase A U,Osorio J G,Muzzio F J.Effects of powder flow properties and shear environment on the performance of continuous mixing of pharmaceutical powders.Powder Technol,2013,246:63-72.doi:10.1016/j.powtec.2013.05.002.

在整粒机之前存在）对粉末成分（包括API的团聚物）进行宏观混合。但是，无法解聚团聚物。当物料通过整粒机时，在下一个混合阶段混合破碎的团聚物。若混合机是一个较差的宏观混合设备，碎块团聚物不与粉末的其余部分混合，这种情况下会导致混合物的不均匀性。在图4.16所示的相反情况下，解聚的主要作用导致团聚物破碎。下一步的连续混合确保了破碎API的宏观混合，从而产生了优异的混合性能。

总之，粉碎步骤通常在连续混合和连续加工中发挥重要作用，尤其是在处理具有形成团块倾向的高活性黏合API时。其为连续加工线提供了灵活性，使其能够处理更广泛的粉末配方。然而，单独的解聚或筛分装置没有足够的混合能力，必须配备大型对流混合机。混合的顺序也很重要，解聚或微混合必须在混合或宏观混合之前进行。反向则不能确保团聚体充分分散，导致混合效果较差。

4.6 其他主题

4.6.1 连续混合的建模

连续管式混合机的建模将在第11章中讨论，因此这里不进行讨论。感兴趣的读者可以参考第11章。对连续混合机建模的全面回顾见第11章参考文献[9,31-33]。

4.6.2 连续混合机中混合分层成分

连续制造中普遍接受的设想是，连续制造比批量制造更适用于制造易分层配方。前者可以通过直接压缩由于分层问题而在批次生产中需要制粒的物料。分层通常发生在将大量粉末排放时（如将混合物排放到大料斗中时的批量混合情况）。在设计合理的连续制造系统中，无此类出料，因此混合物不会分层。但前提需假设连续直压过程的混合步骤能够良好地混合分层配方，这种假设并不明确，因为已知批次混合机是混合分层配方较差的混合机。

Oka等[2]比较了批次和连续式混合机混合易分层成分的能力，并表明连续式混合机在这方面优于批次混合机。连续管式混合机中叶片的对流作用确保了粉末成分穿过的路径是其特性（即粒度和密度）的弱函数。路径由叶片的作用决定，确保均匀化。另外，在批次系统中，颗粒在混合运动期间可以自由移动。不同的成分运动路径不同，导致成分分层而非混合。图4.17说明了3种高分层性混合物在批次和连续混合机中的混合性能。很明显，连续混合机中的混合性能优于批次系统。

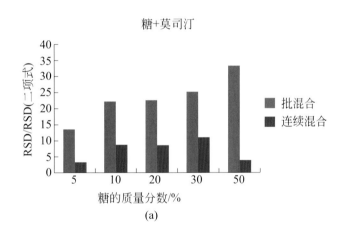

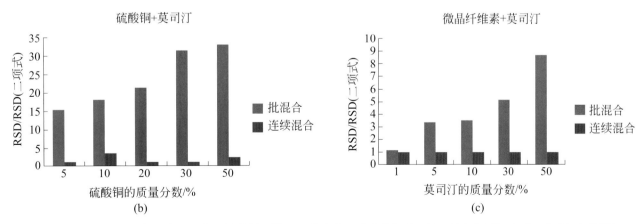

图4.17 通过二项式混合物的 **RSD** 归一化的样品的 **RSD** 作为次要成分的权重函数。糖和莫司汀（**a**）、硫酸铜和莫司汀（**b**），以及 **Avicel PH101** 和莫司汀（**c**）的批次（蓝色）和连续（红色）混合机之间的比较

4.7 结语

本章参考了许多已发表的相关文献，对药物成分的连续混合进行了简要回顾。

一般来说，市场上可用的连续混合机能够稳定可靠地提供有效的宏观混合。可能影响其性能的主要因素是进料器再填充过程中存在大的成分扰动。如果配备适当的仪器，就可以检测和管理这些扰动。黏性成分即使以小百分比存在，也可以通过磨粉机和混合机的组合有效地均化。此外，如果系统设计得当，与批次系统相比，分层带来的问题要少得多。

希望这些资料对读者有用。然而，鉴于该领域仍属于高度活跃课题且相对新颖，预计未来几年将取得重大进展。

参考文献

[1] Muzzio FJ, et al. Solids mixing. In: Paul EL, Atiemo-Obeng VA, Kresta SM, editors. Handbook of industrial mixing. Hoboken, NJ, USA: John Wiley & Sons, Inc.; 2003. p. 887−985.

[2] Oka S, Sahay A, Meng W, Muzzio F. Diminished segregation in continuous powder mixing. Powder Technol March 2017;309:79−88. https://doi.org/10.1016/j.powtec.2016.11.038.

[3] Gao Y, Ierapetritou MG, Muzzio FJ. Determination of the confidence interval of the relative standard deviation using convolution. J Pharm Innov June 2013;8(2):72−82. https://doi.org/10.1007/s12247-012-9144-8.

[4] Muzzio FJ, et al. Sampling and characterization of pharmaceutical powders and granular blends. Int J Pharm January 2003;250(1):51−64. https://doi.org/10.1016/s0378-5173(02)00481-7.

[5] Muzzio FJ, Robinson P, Wightman C, Dean B. Sampling practices in powder blending. Int J Pharm September 1997;155(2):153−78. https://doi.org/10.1016/S0378-5173(97)04865-5.

[6] Sen M, et al. Analyzing the mixing dynamics of an industrial batch bin blender via discrete element modeling method. Processes June 2017;5(2):22. https://doi.org/10.3390/pr5020022.

[7] Powder Sampling and Particle Size Determination. 1st ed. https://www.elsevier.com/books/powder-sampling-and-particle-size-determination/allen/978-0-444-51564-3 [Accessed May 31, 2020].

[8] Williams JC. The mixing of dry powders. Powder Technol September 1968;2(1):13−20. https://doi.org/10.1016/0032-5910(68)80028-2.

[9] Pernenkil L, Cooney CL. A review on the continuous blending of powders. Chem Eng Sci January 2006;61(2):720−42. https://doi.org/10.1016/j.ces.2005.06.016.

[10] Oka S, et al. Continuous powder blenders for pharmaceutical applications. Pharma Manuf 2013. Accessed May 31, 2020, https://www.pharmamanufacturing.com/articles/2013/1308-continuous-powder-blenders/.

[11] Florian M, Velázquez C, Méndez R. New continuous tumble mixer characterization. Powder Technol April 2014;256:188−95. https://doi.org/10.1016/j.powtec.2014.02.023.

[12] Vanarase AU, Muzzio FJ. Effect of operating conditions and design parameters in a continuous powder mixer. Powder Technol March 2011;208(1):26−36. https://doi.org/10.1016/j.powtec.2010.11.038.

[13] Portillo PM, Ierapetritou MG, Muzzio FJ. Characterization of continuous convective powder mixing processes. Powder Technol March 2008;182(3):368−78. https://doi.org/10.1016/j.powtec.2007.06.024.

[14] Portillo PM, Ierapetritou MG, Muzzio FJ. Effects of rotation rate, mixing angle, and cohesion in two continuous powder mixers—a statistical approach. Powder Technol September 2009;194(3):217−27. https://doi.org/10.1016/j.powtec.2009.04.010.

[15] Escotet-Espinoza MS, et al. Effect of material properties on the residence time distribution (RTD) characterization of powder blending unit operations. Part II of II: application of models. Powder Technol February 2019;344:525−44. https://doi.org/10.1016/j.powtec.2018.12.051.

[16] Escotet-Espinoza MS, et al. Effect of tracer material properties on the residence time distribution (RTD) of continuous powder blending operations. Part I of II: experimental evaluation. Powder Technol January 2019;342:744−63. https://doi.org/10.1016/j.powtec.2018.10.040.

[17] Moghtadernejad S, et al. A training on: continuous manufacturing (direct compaction) of solid dose pharmaceutical products. J Pharm Innov June 2018;13(2):155−87. https://doi.org/10.1007/s12247-018-9313-5.

[18] Engisch W, Muzzio F. Using residence time distributions (RTDs) to address the traceability of raw materials in continuous pharmaceutical manufacturing. J Pharm Innov March 2016;11(1):64−81. https://doi.org/10.1007/s12247-015-9238-1.

[19] Vanarase AU, Osorio JG, Muzzio FJ. Effects of powder flow properties and shear environment on the performance of continuous mixing of pharmaceutical powders. Powder Technol September 2013;246:63−72. https://doi.org/10.1016/j.powtec.2013.05.002.

[20] Pingali KC, Mendez R. Physicochemical behavior of pharmaceutical particles and distribution of additives in tablets due to process shear and lubricant composition. Powder Technol December 2014;268:1−8. https://doi.org/10.1016/j.powtec.2014.07.049.

[21] Pingali K, Mendez R, Lewis D, Michniak-Kohn B, Cuitino A, Muzzio F. "Mixing order of glidant and lubricant − influence on powder and tablet properties. Int J Pharm May 2011;409(0):269−77. https://doi.org/10.1016/j.ijpharm.2011.02.032.

[22] Pingali K, Mendez R, Lewis D, Michniak-Kohn B, Cuitiño A, Muzzio F. Evaluation of strain-induced hydrophobicity of pharmaceutical blends and its effect on drug release rate under multiple compression conditions. Drug Dev Ind Pharm April 2011;37(4):428−35. https://doi.org/10.3109/03639045.2010.521160.

[23] Pingali KC, Mendez R. Nanosmearing due to process shear − influence on powder and tablet properties. Adv Powder Technol May 2014;25(3):952−9. https://doi.org/10.1016/j.apt.2014.01.016.

[24] Oka S, et al. The effects of improper mixing and preferential wetting of active and excipient ingredients on content uniformity in high shear wet granulation. Powder Technol July 2015;278:266−77. https://doi.org/10.1016/j.powtec.2015.03.018.

[25] Oka S, et al. Analysis of the origins of content non-uniformity in high-shear wet granulation. Int J Pharm August 2017;528(1):578−85. https://doi.org/10.1016/j.ijpharm.2017.06.034.

[26] Liu Z, Wang Y, Muzzio FJ, Callegari G, Drazer G. Capillary drop penetration method to characterize the liquid wetting of powders. Langmuir January 2017;33(1):56−65. https://doi.org/10.1021/acs.langmuir.6b03589.

第 5 章

连续干法制粒

Nirupaplava Metta,Bereket Yohannes,
Lalith Kotamarthy,Rohit Ramachandran,
Rodolfo J.Romañach,Alberto M.Cuitiño

5.1 引言

制粒工艺的最终目标是生产出具有理想的堆密度、形状和粒度分布的颗粒，以提高均匀性、流动性、可压缩性，并减少因粒度和堆密度造成的分层[1-6]。制粒可以采用湿法制粒，使用适当的液体黏合剂来形成聚结块，或者采用干法制粒，颗粒被直接压实，然后被粉碎成所需粒度的颗粒。当需要制粒的混合物中含有某些成分，这些成分对水分、溶剂或温度表现出化学或物理敏感性时，干法制粒尤其合适[7]。干法制粒通常由两部分组成：粉末混合物锻压成块或者带状，研磨块状或带状物形成颗粒。在粉碎成颗粒前将粉末混合物锻压成块，是一个经典的工艺。辊压制粒，是一种现代的、经济的、连续的干法制粒方法。通常，粉末通过两辊之间的间隙被压成带状片材，接下来选择一种粉碎方式对带状片材进行粉碎。连续制造中，干法制粒首先是连续的称重进料和混合，然后是片剂外加辅料混合以及接下来的压片。本章描述了片剂连续制造中辊压制粒必要的参数、带状片材和颗粒的表征方法，以及预测和质量控制的机制。

5.2 辊压制粒

在所有的辊压制粒工艺中，粉末混合物通过两个反向旋转的压辊 [图5.1（a）] 被压缩成带状片材，粉末混合物通过进料斗进料，有时通过螺旋进料器辅助，粉末混合物和两个旋转辊轮之间产生的摩擦力推动混合料通过两个辊轮之间的狭窄间隙，通过辊轮间隙的混合料在辊轮间压力作用下形成带状片材。辊压过程有3个区域，即滑移区、挤压区和释放区 [图5.1（b）]。在滑移区，混合料在辊轮表面滑动，这是因为混合料的移动速率比辊面要慢，在这个区域内，粉末在低水平的剪切和压力作用下进行重排和脱气。当混合料进入挤压区时，滑移结束，在这个区域，没有混合料的滑移[8]。在挤压区，混合料形成固体，与辊轮表面保持相同的线速度移动，从滑移区到挤压区的转变从夹角 α 位置开始 [图5.1（b）]。随着粉末向辊轮间狭缝移动，在这里辊轮间距离最小，施加在混合料上的压力显著增加，并形成带状。通过间隙，辊轮之间的距离再次增加，带状片材因为弹性恢复而膨胀。

带状片材的特性取决于粉末的性质，也取决于设计和操作条件，包括进料速率、螺杆转速、辊筒之间的间隙、辊轮的转速、辊轮的表面和直径、辊轮施加的压实压力、脱气条件，在一定程度上，还包括用于防止粉末在辊轮两侧泄漏的密封系统[9]。辊压制粒可以采用辊轮

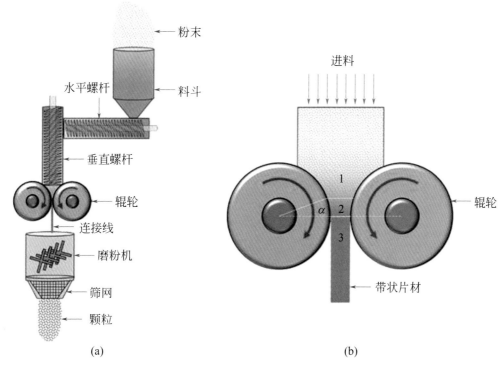

图5.1　（a）辊压机设置示意图；（b）辊压区域
1—滑移区；2—挤压区；3—释放区

间隙控制或者压力控制[4]。间隙控制的辊压制粒，辊轮之间的间隙是固定的，带状片材的厚度由间隙的宽度决定；压实压力随瞬时粉末流量而波动。另外，采用压力控制的辊压制粒过程中，压实压力是恒定的，在给定的时间点上，两辊之间的间隙宽度可以根据两辊之间通过的混合料的数量而波动。两个辊轮中心连接线上辊轮间隙是最小间隙位置，此处压实压力最大。然而，当共混物在挤压区域与辊轮形成强烈接触时，共混物的压实就开始了。挤压夹角取决于预共混料的颗粒性质（如粒度、密度、内聚力和可塑性）、辊轮转速、辊轮间隙、辊轮表面纹理[6,10,11]。对于不同的材料和操作条件，在文献中已经给出了5°～30°之间的夹角推荐值[11,12]。压实夹角越大，压实过程越长，带状片材和颗粒的质量越好。

　　辊压制粒非常适合连续制造。其本质就是连续的，也是高度可控的。当混合料经过挤压区时，一个连续的粉末压实的带状片材就形成了。由于其自身的重量，连续的薄片片材被打破成碎片，随后碎片被磨成所需大小的颗粒。所得颗粒的特性高度依赖带状片材的属性，因此也依赖于所有影响带状片材属性的因素。

　　压实后带状片材的相对密度（孔隙率）是保持制粒和成品性能一致性的最重要的控制参数。带状片材的相对密度对最终粒度分布（PSD）有显著影响。例如，较大的相对密度会导致较大的颗粒粒度和硬度较弱的片子[13]。为了在不同型号类型的辊压制粒机中保持恒定的带状片材相对密度，间隙控制辊压机的压辊间隙，压力控制辊压机的单位长度的压实压力，辊轮表面的线速度以及螺杆转速与辊轮转速之比应该保持恒定。测得带状片材的相对密度后，必要时，这些参数可做进一步调整。此外，保持在整个磨粉过程中的条件（即磨粉机的叶轮转速、粗筛和细筛的筛网孔径）恒定对于控制颗粒的粒度分布是非常重要的。

设计和操作条件，如辊轮的位置/方向、辊轮的转速、间隙宽度、施加的压力、进料系统和辊轮的性能（直径、宽度和表面纹理），在连续的生产线中可能会有所不同，重要的是，确保干法制粒过程中产生的颗粒的关键属性不受辊压设置的影响[13]。其中最关键的属性是最终的颗粒粒度分布、颗粒的机械性能，以及不同粒度的颗粒混合物的含量均匀性。在下面的部分中，将描述影响这些属性的因素，以及可用于度量和控制这些属性的机制。

然而，在此之前，我们根据早期的一种辊压模型——由Johanson开发的辊压薄片模型[14]详细描述了压实过程。一些研究人员使用Johanson的模型，根据混合物的性质和操作条件来预测压实压力。该模型建立基于两个方面，一是混合物在滑移区遵循Jenike-Shield yield准则，二是混合物在挤压区的压缩性。在滑移区，应力梯度如下所示：

$$\left(\frac{d\sigma}{dx}\right)_{slip}=\frac{4\sigma_\theta\left(\frac{\pi}{2}-\theta-v\right)\tan\delta_E}{\frac{D}{2}\left(1+\frac{S}{D}-\cos\theta\right)\cot(A-\mu)-\cot(A+\mu)} \tag{5.1}$$

σ_θ为位置θ的平均正应力，MPa；θ为相对于辊的角位，°；δ_E为有效内摩擦角，°，可通过使用剪切盒或FT4系统测得（Freeman Technology,Malvern,UK）；D为辊的直径，mm；S为最小间隙厚度，mm。

$$A=\frac{\theta+v+\frac{\pi}{2}}{2}$$
$$v=\frac{1}{2}\left(\pi-\sin^{-1}\frac{\sin\phi_\omega}{\sin\delta_E}-\phi_\omega\right)$$
$$\mu=\frac{\pi}{4}-\frac{\delta_E}{2}$$

挤压区域的压力梯度是基于混合物的压缩性，可以用下面的方程式近似计算。

$$\frac{\lg p_1}{p_2}=K\cdot\frac{\lg\rho_1}{\rho_2} \tag{5.2}$$

式中，K为混合物的压缩系数，K可以通过单轴压实实验直接测量[10]；p是压力；ρ是粉末堆密度（ρ_1和ρ_2依次为施加压力p_1和p_2时的堆密度）。

挤压区域的压力梯度如下：

$$\left(\frac{d\sigma}{dx}\right)_{Nip}=\frac{K\sigma_\theta\left(2\cos\theta-1-\frac{S}{D}\right)\tan\theta}{\frac{D}{2}\left(1+\frac{S}{D}-\cos\theta\right)\cos\theta} \tag{5.3}$$

Johanson的模型是基于这样的假设：当$\theta=\alpha$（挤压夹角）时，滑移区应力梯度等于挤压区应力梯度：

$$\left(\frac{d\sigma}{dx(\theta=\alpha)}\right)_{slip} = \left(\frac{d\sigma}{dx(\theta=\alpha)}\right)_{nip} \qquad (5.4)$$

Johanson的模型假设是一维的粉末流动，在现实中，粉末在辊轮之间的流动是不统一的。由于假设是一维流动，Johanson的模型可能会高估带状片材的相对密度。为了说明这个错误，Liu和Wassgren[8]修改Johanson模型，通过在挤压区域的辊轮中加入质量修正因子，可以更好地预测带状片材密度。Johanson的模型也不能说明带状片材密度的不均匀性，Akseli和Iyer[3]利用超声波测量技术，结果表明带状片材的密度沿条带的宽度方向上不是恒量。他们发现带状片材中心区域的密度比条带两侧的密度更高。这是由于在滑移区粉末和侧壁之间存在摩擦。侧壁摩擦阻止边缘的粉末向下运动。他们还发现，带状片材中心部分制作的药片机械强度较低。此外，Johanson模型没有考虑辊轮的转速。Al-Asady和Dhenge[11]的实验表明挤压夹角随转速的增加而减小。他们还发现，基于Johanson模型的挤压夹角预测在低转速下是一个很好的预测。基于这些发现，很明显，仅用Johanson的模型不能准确地预测压实过程。额外的分析是需要的，这些分析基于实验、有限单元方法（FEM）或离散单元方法（DEM）模拟，以及其他分析技术[8,16]。

5.3 粉碎

粉碎本质上是一种连续的单元操作，与连续制药生产的直压、湿法制粒和干法制粒路线相同。在直接压实工艺中，粉碎用于材料的解聚和活性药物成分（API）处理，然而在制粒路线中，粉碎用于颗粒粒度减小。在湿法制粒路线中，粉碎应用于制粒和干燥单元后，将大颗粒粉碎到所需要的粒度大小。在干法制粒工艺路线中，粉碎应用于破碎压实的带状片材。

本节中我们主要关注粉碎作为粒度减小工具。如5.2节所述，制粒工艺是药品生产所需的主要工艺，以缓解与粉末处理相关的问题，如流动性差。然而，制粒也可能产生粒度分布不理想的颗粒。这可能会淡化制粒的积极作用，也会影响压片过程中的进一步加工。大颗粒的存在可能会导致片剂表面麻面和较差的强度，而过量的细颗粒则会导致较差的颗粒流动和片重差异[17,18]。此外，PSD也影响药物的生物利用度[19]。粉碎还可以改善难溶药物的溶出，从而提高其生物利用度[20,21]。在这种情况下，API被磨成极细小（微粉化）颗粒，以增加表面积，从而改善溶出动力学。因此，了解粉碎设计和操作的影响是至关重要的。

5.3.1 粉碎机类型

粉碎设备通常根据应用于粉碎颗粒的力的类型进行分类，包括冲击、摩擦和剪切-压缩[22]。设备的选择取决于进料的属性（硬度、弹性等）和成品规格，如粒度、颗粒形状等[23]。表5.1显示了最常用的粉碎设备类型及其粉碎能力。本文只详细讨论冲击磨和剪切-挤压磨，因为这些类型的磨通常与辊压压实机结合在一起。

表5.1 依据被粉碎物料粒度范围的磨分类[24]

机械原理		冲击		摩擦	冲击和摩擦	剪切-压缩	
颗粒描述	粒度/μm	钉盘磨	锤磨	气流	球磨	锥磨	摇摆式制粒机
中等颗粒	500～1000	是	是	否	否	是	是
细颗粒	150～500	是	是	否	否	是	是
超细颗粒	50～150	是	是	否	否	是	是
微颗粒	10～50	是	是	是	是	否	否
超微颗粒	<10	否	否	是	是	否	否
胶体颗粒	<1	否	否	否	否	否	否

5.3.1.1 冲击式粉碎

冲击式粉碎的主要破碎方式是机械诱导的高力碰撞。冲击粉碎有锤磨和钉盘磨。锤磨能显著减小粒度，并能将粒度降低到约10μm。锤击力、进料速率和筛孔尺寸是控制粒度降低程度的关键参数。通常，筛网进行颗粒自动分类，冲击磨产生的颗粒的PSD相对较窄，细粒较少。钉盘磨的工作原理类似锤磨，但通常具有更快的线速度和较低的旋转钉和固定钉之间的机械公差[25]。

5.3.1.2 剪切-压缩粉碎

锥磨（comil）是一种流行的剪切-压缩粉碎，可以用于解聚和颗粒破碎。其适用于加工各种各样的产品[26,27]。在锥磨中，在旋转叶轮和筛网之间对物料产生强烈剪切，导致颗粒间和颗粒-壁摩擦的产生，从而实现颗粒粒度减小。叶轮所施加的力也会影响颗粒的破碎。结果是小颗粒通过筛网逸出。筛孔的大小和形状、筛的类型、叶轮的形状、磨中物料的填充水平、叶轮的转速是控制粉碎后颗粒质量属性的重要粉碎参数[75,76]。另一种剪切-压缩粉碎是摇摆式制粒机[28]，它一般用于辊子压实带状片材，而后通过金属丝网和摆动转子的配合。粉碎后颗粒的粒度由筛的大小、转子的速率和转子的旋转角度控制[29]。摇摆式制粒机产生的颗粒通常比锥磨更粗。有许多辊压制粒机与摇摆制粒机组合使用，在辊轮后组合摇摆制粒机。这些机器有一个优势，它们可以实现从混合料到颗粒的连续加工。例如，Gerteis辊式压实机在辊后的压实区下使用一个摇摆制粒机，而Alexanderwerk的辊式压实机采用两台制粒机来更好地控制颗粒大小。通常，在摇摆制粒机后面会集成一台锥磨，进行二次颗粒粉碎。

5.4 干法制粒特性和微机械模型

通常采用几种方式来检测干法制粒机生产的带状片材，包括近红外光谱（NIR）、超声检测以及X线断层扫描[3,30]。这些技术可用于物料质量、组分以及孔隙率的测量。另外，也针对带状片材的各种性质建立了不同的预测模型。这些模型中，理论模型有Johanson、Dehont和Heckel模型[12,31,32]，使用FEM的连续介质计算模型，以及离散颗粒模型。在本节中，我们主要讨论基于NIR和离散颗粒模型的带状片材性质。

5.4.1 化学成分和物理性质的近红外光谱信息

在学术界已经对NIR进行了非常广泛的研究，并且作为过程分析技术（PAT）已经在本书其他章节进行了讨论。在本章中，我们只关注NIR在干法制粒中的应用。NIR在干法制粒和粉碎工艺中不仅可以提供化学组分，也可以提供有关物理性质的信息。近红外光谱是光谱近红外区域的电磁辐射与形成带状片材的颗粒中化学键的振动相互作用的结果。这些复杂的相互作用是近红外光谱产生的原因，这取决于材料的物理性质和化学成分。一系列研究为如何区分物理性质的影响和化学成分对近红外光谱的贡献提供了指导[29,30,33]。然而，近红外光谱并非没有其局限性，因为物理和化学信息不容易区分[34]。从事近红外光谱研究的科学家需要经过大量培训，以避免混淆近红外光谱的这两个种类。

5.4.1.1 干法制粒中近红外光谱监测

干法制粒工艺中的物理和化学效应是密切相关的。如图5.2所示，NIR谱带的强度将随着压实压力的增加而增加。由于压力的增加，颗粒越靠近，由于空气-颗粒界面减少，辐射能更好地透过颗粒[33]。由于不使用漫反射检测器检测穿透的辐射光，因此辐射光可视为被吸收。当制造带状片材和片子的压力越大时，反射回漫反射检测器的辐射光也会减少，因此基线会增加[30,35]。当片剂或压辊在较低压力时，具有较大的表面积，从而增加漫反射。因此，在较低压力下，更多漫反射光返回检测器，吸光度（lg1/R）降低。

NIR的斜率和基线随着压实压力的增加而增加，如图5.2所示[35,36]。通过不同光谱基线绘制的线将随着波长的增加呈现正斜率（图5.2）。斜率变化是物理变化的结果，正如一项研究所证实的，其中带状片材仅由一种成分微晶纤维素制成[37]。NIR的斜率也被用作片剂弛豫的度量[30]。

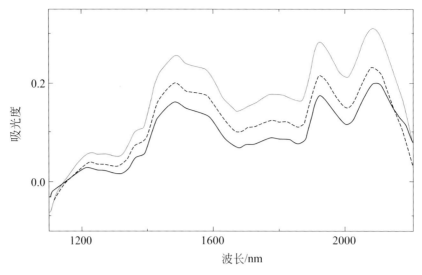

图5.2 未经光谱预处理的近红外光谱（1100 ~ 2205nm）

从15bar❶（实线）、25bar（短划线）和45bar（虚线）下生产的MCC200带状片材获得。来自 Acevedo D, et al.Evaluation of three approaches for real-time monitoring of roller compaction with nearinfrared spectroscopy.AAPS Pharm Sci Tech,2012,13（3）: 1005-1012.

NIR基线的斜率与片材的相对密度、抗拉强度和固体分数有关[38,39]。至少有两项研究通过测量光谱斜率估计了带状片材的相对密度[35,38]。表5.2显示了通过使用多元校准模型与近红外光谱变化相关的一些参考方法[40]。然而，也可以使用光谱斜率来监测干法制粒，而无须将斜率与离线参考方法（如抗拉强度或固体率）联系起来。斜率也可直接用于监测干法制粒。通过快速傅里叶变换分析研究了斜率变化的周期性，发现主频率与辊轮转速有很强的相关性[41]。NIR还可以与过程参数（例如转辊压力）相关，而无须参考离线方法。在压辊压力在30 ~ 35bar之间变化的过程中，收集粗品带状片材的在线NIR。该变化被认为在预期的过程变化范围内，并且在此范围内收集的光谱被用作定性主成分分析（PCA）校准模型的训练集[35]。PCA模型很容易检测到转辊压力超出30 ~ 35bar范围的事件。

表5.2 与带状片材的近红外光谱变化相关的不同密度方法汇总

密度检测	相关研究
氦比重瓶检测的真实密度或固体率	[41,44]
包合密度	[40,44]
数字测径仪检测的带状片材厚度	[40]
在线激光探头检测的带状片材厚度	[40]

与所有分析技术一样，近红外光谱技术也有一些局限性。NIR并不对干法制粒的整个片材厚度进行检测。返回到近红外光谱仪的辐射光主要是测量表面和表层下大约2mm内的材料。NIR辐射并非在所有波长下的穿透性都相等[42]，因此可以进行大致的检测，但并不能得到准确的信息。通过从带状片材的多个区域获得光谱，以获得更能代表带状片材的复

❶ 1bar=10⁵Pa。

合样品，可以减少该限制的影响[43]。一般而言，仅采集带状片材或药物混合物的一个光谱不应视为充分采样[44]。尽管存在这一限制，但近红外光谱法在监测干法制粒方面很有价值，因为它能够实时监测过程，并提供有关所获得带状片材的化学成分和物理特性的信息。

5.4.2　压实计算模型

一般而言，连续和离散颗粒模型已用于研究粉末的压实工艺[2,45-51]。由于离散颗粒模型考虑了单个颗粒的变形和颗粒之间的结合，因此它们比连续模型具有更大的优势。DEM的输入直接是颗粒特性，而在连续介质模型中，输入是松散粉末特性，这些参数不容易获得。

在本章中，我们将仅简要讨论压实模型，但在第8章进行了详细讨论，第11章讨论了流程图开发中最常用的模型。在离散颗粒模型中，考虑了单个颗粒的位置和变形。此外，还考虑了颗粒之间的黏结。颗粒的变形和结合取决于其塑性、弹性和结合性质。此外，变形和黏合取决于施加的压力。混合料压实、碾压形成带状和颗粒（或混合料）压实形成片剂时的变形和黏结形成机制非常相似。因此，为片材压实建模而开发的离散颗粒模型可直接应用于干法制粒评估。

然而，片剂和带状片材之间存在着一些明显的差异。最重要的差异之一是最终产品的孔隙率：带状片材的孔隙率比片剂高很多。图5.3展示了自由流动的粉末、带状片材和片剂的典型相对密度范围。带状片材的相对密度较低，因为干法制粒机的辊压力低于压片机的压力。因此，带状片材中的颗粒相对于片剂中的颗粒发生的变形较小。相应地，带状片材中的颗粒之间的结合力的大小也要比片剂的小。图5.4展示了在不同相对密度下的颗粒间结合力（B）的分布情况。平均结合力随着相对密度的增加而增加。然而，需要注意的是，分布的宽度也随着相对密度的增加而增加。分布宽度的增加代表了粉末压块中微观结构的异质性（不

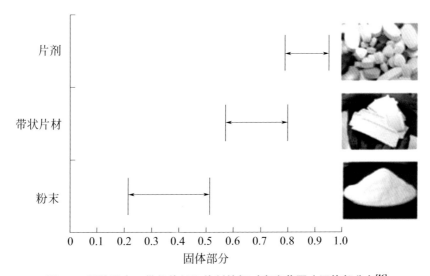

图5.3　散装粉末、带状片材和片剂的相对密度范围（固体部分）[16]

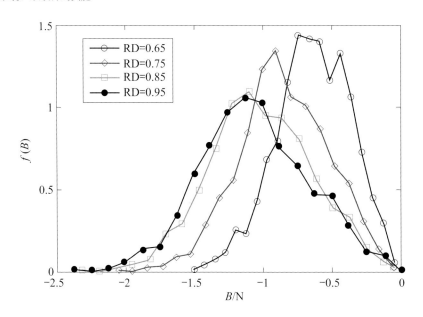

图5.4　不同相对密度（RD）水平下颗粒之间的结合力分布[50]

均匀性）。结论是压实的片剂比带状片材具有更多的微观结构异质性。

此外，片剂是在模具中压制的，模具提供了径向的围压。而带状片材则在压辊之间进行压制，在横向和轴向的围压很小或没有围压。

5.5　粉碎后的颗粒特性

随着粉碎后的颗粒被进一步加工以制造片剂或胶囊，对粉碎后的颗粒的性质进行研究非常重要。粉碎过程通常通过其达到所需PSD的能力进行评估。筛分检测和激光衍射是用于测量颗粒粒度的最常用技术[52]，尽管基于视觉的方法越来越被熟知和接受。

5.5.1　筛分检测

筛分分析涉及机械搅拌使颗粒产品通过一系列按降序筛孔尺寸的顺序排列的筛子。然后对保留在每个屏幕上的部分进行称重，并获得基于质量的PSD。筛分分析的主要优点是其成本效益和易于使用。然而，这很耗时，需要样本数量很大[53]。用于筛分分析的样品大小取决于所用的筛径，即筛子的直径。对于小筛径，可以使用几克到几十克的样品，而对于大筛径，通常需要几百克的样品。此外，如果样品具有黏性，则无法进行筛分分析，因为这可能会导致筛孔堵塞。此外，易碎材料可能会产生不可靠的结果，因为颗粒在通过筛子时可能会发生严重破损。与球形颗粒的显著偏差也可能导致PSD测量不准和分析方法中的重现性问题。

5.5.2　激光衍射

与筛分分析不同，激光衍射需要的样品非常少，分析样品所需的时间也很短。在激光衍射中，样品中颗粒散射的单色激光以不同角度被检测到。使用线性方程组[54]，根据散射强度数据检测基于假定球状体积的PSD。散射模式可以用Mie理论或基于颗粒粒度与波长之比的Fraunhofer近似来解释。两种广泛使用的激光衍射设备是Malvern Mastersizer和Helos激光衍射（Sympatec），分别使用Mie理论和Fraunhofer近似。该技术能够测量0.05～2000μm之间的颗粒粒度[55]，但随着颗粒粒度的增加，存在阻塞设备的风险，光子越来越多地经历多次散射，这可能导致测量不准确。

筛分分析和激光衍射技术以破坏性采样方式测量粉碎工艺的性能，即它们要求用户收集样品并对收集的样品进行破坏性分析。相反，连续制造模式要求采用创新技术，以实时监控系统性能和评估质量属性。为了确保高效的药物制造，FDA（美国食品药品管理局）于2002年对cGMP（现行药品生产质量管理规范）进行了修订。这建立了更严格的监管质量控制，并开发了比许多制药公司之前更高水平的工艺理解实验[56]。质量源于设计（QbD）和PAT方法被认可为这一转变的一部分，以促进对工艺更好地理解，并采用新技术更好地控制过程和及时进行质量检查。

NIR、拉曼光谱和聚焦光束反射率测量（FBRM）等过程分析仪的发展促进了向QbD的转变[57]。PAT的主要目标是通过及时检查关键材料特性和质量属性，帮助了解工艺/设备参数的影响，从而增强对工艺的理解。在过去的十年中，许多非破坏式PAT技术，如FBRM、Insitec、动态图像分析（DIA）和空间滤波技术已经被开发出来，用于测量PSD[22]。非破坏式方法具有允许实时分析的优点，因为这些方法不会干扰工艺，并提供几乎瞬时的测量。对于这些方法，必须从工艺中分离出少量物料流，以防止物料流淹没探测器。下面几节将讨论其中的一些方法。

5.5.3　激光衍射法（Insitec）

该技术克服了高颗粒浓度下的多次散射问题，这个问题限制了常规激光衍射的使用，增强了在线应用的灵活性[58]。此外，它还具有测量颗粒浓度的能力。在该方法中，通常假设颗粒为球形。对于微粉化颗粒，可以考虑偏离球形度；在这种情况下，建议将颗粒的形状纳入光学模型，以获得更准确的PSD估计[22]。

5.5.4　动态图像分析

图像分析是一种技术，其中采集样本的二维图像并将其转换为PSD。在动态图像分析（DIA）系统（如QICPIC）中，颗粒通过文丘里管加速到高速通过检测区。在探测区，氙气手电筒照亮颗粒，相机捕捉快速移动颗粒的图像。借助振动管将颗粒引入系统。该方法可测量 1 ～ 3000μm 之间的颗粒粒度。除 PSD 外，时间演变的粒度和形状分析也可用于确定连续粉碎操作期间达到的平衡点[22]。

5.5.5　聚焦光束反射率测量

在 FBRM 系统中，检测来自颗粒的反射光以确定颗粒的弦长。旋转激光光学装置用于照射颗粒[59]。该方法在几秒钟内多次测量颗粒的弦长，以提供弦长分布[54]。该装置中可采用自清洁旋转圆盘，以减少小颗粒黏附在探针窗口上。该技术的主要优点是，它不假设被测颗粒的形状[54]，尽管非球形颗粒的弦长分布和 PSD 之间的关系可能很难解释。

在制造过程中，颗粒的流动性会影响最终片剂的含量均匀性。颗粒的堆密度和振实密度代表了其流动性。颗粒的易碎性和孔隙率表征颗粒的紧实性和硬度，从而确定片剂的硬度。因此，测量这些特性很重要。

5.5.6　堆密度

松散堆积（未振实的）颗粒的质量与其体积之比称为堆密度。通过测量量筒中已知质量样品的体积来确定样品的堆密度[60]。该体积包括颗粒之间存在的空隙体积。因此，堆密度取决于颗粒的密度和颗粒在颗粒堆积物中的空间排列。粉末处理技术也会影响颗粒的堆密度特性。因此，颗粒的堆密度的测量通常不具有良好的再现性，特别是对于在堆积物中可能含有较大空隙的黏性粉末。如果有大量样品（400g），重力位移流变仪法为该测量提供了方便、准确的替代方法[61]。

5.5.7　振实密度

振实密度是指在经过振动样品容器后测量的密度，这迫使颗粒紧密堆积。在观察初始样品体积和质量后，机械敲击量筒预定次数，并在每个步骤后读取体积读数。当两个连续体积读数之间的差值低于某个值时，停止振动。机械振动是通过将样品升到一定高度，在自重作用下下落来实现。为了最大限度地减少振动过程中可能出现的颗粒分离，更倾向于可以选装的样品桶装容器[60]。

5.5.8　压缩性指数和豪斯纳比率

压缩性指数是颗粒被压缩倾向的量度，豪斯纳比率代表颗粒的流动性。这些由以下等式给出，其中 V_0 为未沉降表观体积，V_F 为最终振实体积。豪斯纳比率大于 1.25 表示流动性差[62]。

$$压缩性指数=\left(\frac{V_0-V_F}{V_0}\right)\times100\%\tag{5.5}$$

$$豪斯纳比率=\frac{V_F}{V_0}\tag{5.6}$$

5.5.9 脆碎度

颗粒脆碎度表征颗粒强度。如果颗粒非常弱，在压片之前可能会破碎，这可能进一步导致样品分层。另外，如果颗粒太硬，其压实性会受到影响。颗粒脆碎度可通过以下方法测定。

（1）气流筛分　气流粉碎中的颗粒受到机械应力，这是由于颗粒相互碰撞以及与磨机的壁和盖碰撞。这些碰撞是由于颗粒的诱导圆周运动而发生的。在测定颗粒粒度之前，去除样品中的细粒，并取约10g该改性样品进行试验。脆碎度定义为样品在2000Pa负压下筛分10min后的质量损失[63]。

（2）脆碎度检测仪　在该方法中，通过在试验前去除细粒，可获得约10g（I_{wt}）的样品。细粉定义为粒度小于预定筛网尺寸的颗粒。然后使用含200个玻璃珠（平均直径4mm）的摩擦器在25r/min下对经处理的样品施加机械应力10min。应力步骤后，移除玻璃珠，并再次移除细屑。确定保留在预定屏幕上的权重（F_{wt}）[64]。样品的脆碎度计算如下：

$$脆碎度=\left(\frac{I_{wt}-F_{wt}}{I_{wt}}\right)\times100\%\tag{5.7}$$

5.5.10 孔隙率

孔隙率有助于了解颗粒结构和强度，从而影响片剂的压实度。非常低的孔隙率值表明颗粒致密，难以压实。另外，高孔隙率表示脆弱的颗粒，可能因压片或包装的应力而断裂。孔隙率通常使用比重瓶测量，如下所述。

（1）氦和汞比重瓶　氦比重瓶用于测量氦密度或真实密度（ρ_{He}），这两项参数是材料的特性。然后使用相同的颗粒样品，在400kPa下使用水银比重瓶测定表观密度（ρ_{Hg}）。在该方法中，只能使用粒度范围为1120～1600mm的颗粒，因为存在较小颗粒被吸进毛细管膨胀计并在真空阶段堵塞毛细管的风险[63]。使用以下公式计算孔隙率：

$$孔隙率=\left(1-\frac{\rho_{Hg}}{\rho_{He}}\right)\times100\%\tag{5.8}$$

（2）振实密度和包合密度　在这种方法中，也使用氦比重瓶测量真密度（ρ_t）。对于使用GeoPyc 1360（Micromeritics）的包合密度测量，由具有高流动性的刚性小球体组成的干固体介质（干流）置换空隙空间并紧密包裹颗粒表面，从而给出包合密度（ρ_e）[62]。孔隙率使用以下公式计算：

$$孔隙率 = \left(1 - \frac{\rho_e}{\rho_t}\right) \times 100\% \quad (5.9)$$

除了上述测量之外，还可以通过检查生产的片剂的质量变化、可压性曲线和紧实性曲线来分析粉碎颗粒的可压性。除粉碎机类型和PSD外，配方组成对颗粒的压实性能有显著影响[65,66]。

5.6 粉碎模型

用来模拟典型的粉碎工艺的模型，通常是为了预测被粉碎产品的PSD。已经发布的有限的模型用来预测其他属性，如堆密度、脆碎度等。Metta 和 Verstraeten[67]应用一个群体平衡模型（PBM）来预测PSD结果。然后使用偏最小二乘建模方法来预测其他关键质量属性，如堆密度、振实密度等。PLS模型是以粉碎机的运行参数和被粉碎颗粒的PSD作为输入值，从而建立起一个综合的PBM-PLS建模方法。在本节中，主要论述了粉碎工艺的机制和PB模型，通常，一个辊压制粒机后面集成一个带筛网的粉碎单元。筛网提供颗粒的筛分，从而帮助获得所需的粒度分布。将特别讨论带有筛网（如锥磨）的粉碎机的机械和PB模型，适当情况下，将提及与常规粉碎工艺相关的模型。

5.6.1 群体平衡模型

群体平衡模型（PBM）用于跟踪不同粒度颗粒的质量或数量随时间的变化，如式（5.10）所示。

$$\frac{\mathrm{d}M(w,t)}{\mathrm{d}t} = R_{form}(w,t) - R_{dep}(w,t) + \dot{M}_{in}(w,t) - \overset{\circ}{M}_{out}(w,t) \quad (5.10)$$

式中，$M(w,t)$表示在t时刻体积为w的颗粒的质量；R_{form}和R_{dep}分别表示颗粒的形成速率和耗尽速率；M_{in}和M_{out}分别为颗粒进出粉碎机的质量流量。由于破碎过程，粉碎机中颗粒形成和消耗。形成速率R_{form}和耗尽速率R_{dep}的表示见式（5.11）和式（5.12），分别为破碎核和破碎分布函数。

$$R_{dep}(w,t) = K(w)M(w,t) \quad (5.11)$$

$$R_{form}(u,t) = \int_u^\infty K(w)M(w,t)b(w,u)\mathrm{d}w \quad (5.12)$$

　　破碎分布函数 b（w,u）表示体积为 w 的颗粒发生断裂时形成的子颗粒的分布。破碎分布函数可有几种形式。例如，Barrasso 和 Oka[18] 使用了等式中给出的对数正态分布函数［式（5.13）］。

$$b(w,u)=\frac{C(w)}{u\sigma}\exp\left\{\frac{-\left[\lg u-\lg\left(\frac{w}{n}\right)\right]^2}{2\sigma^2}\right\} \tag{5.13}$$

　　其中，引入 $C(w)$，以确保质量守恒成立。Metta 和 Verstraeten[67] 使用了等式中给出的 Hill-Ng 分布［式（5.14）］：

$$b(w,u)=\frac{p\frac{u^{q-1}}{w}\left(1-\frac{u}{w}\right)^{r-1}}{wB(q,r)} \tag{5.14}$$

　　式中，p 是形成的子片段的数量；q 表示片段大小依赖性；$B(q,r)$ 是指以 q 和 r 为参数的 beta 函数［$r=q(p-1)$］。较大的 q 值表示碎片，而较小的 q 值表示碎裂或侵蚀机制。Reynolds[68] 使用了广义的 Hill-Ng 分布函数，其中细颗粒使用进料粉末 PSD 建模，粗颗粒使用 Hill-Ng 分布建模。破碎核 $K(w)$ 定义了体积为 w 的颗粒发生破碎的概率。核通常采用半经验形式，例如剪切速率或基于叶轮转速的核，如式（5.15）所示。

$$K(w)=P_1G_{shear}w^{P_2} \tag{5.15}$$

　　式中，P_1 和 P_2 是根据实验数据估计的参数。Reynolds[68] 使用了等式中给出的分类核。

$$K(w)=\begin{cases}K & 当 w\geqslant 临界尺寸 \\ 0 & 其他\end{cases} \tag{5.16}$$

　　这个核公式与 Vogel 和 Peukert[69] 发表的理论一致，即只有当碰撞损失的能量大于某一"阈值能量"时，颗粒才会断裂，这是一种依赖于颗粒大小的物质特定性质。在这个核中，低于一定粒度的颗粒不被认为会断裂，因为机械上传递的能量被认为是不够的。另一个合理的理论是，小颗粒离开粉碎机（有筛网），因此不会发生断裂。在模型校准过程中，采用启发式方法得到了假设断裂核为零的尺寸极限。

　　通过筛网流出粉碎机的质量流量 M_{out} 使用公式中给出的筛网模型来表示：

$$\dot{M}_{out}(w,t)=\left[R_{form}(w,t)-R_{dep}(w,t)+\gamma d_{in}(w,t)\right]\left[1-f_d(w)\right] \tag{5.17}$$

　　其中进入粉碎机的物料的 PSD 用 d_{in} 表示。使用了一个参数，$\Delta=d_{screen}\times\delta$ 其中 δ 称为临界筛网尺寸比，d_{screen} 是筛网尺寸。关键筛网尺寸比反映了颗粒瞬间离开粉碎机的尺寸极限。如果颗粒的尺寸大于筛网的尺寸，则颗粒不会通过粉碎机。类似于方程式中给出的线性模型。式（5.18）用于定义离开粉碎机的各种粒度颗粒的流速。

$$f_d(x) = \begin{cases} 0 & x \leqslant \Delta \\ \dfrac{x - \Delta}{d_{\text{screen}} - \Delta} & \Delta \leqslant x \leqslant d_{\text{screen}} \\ 1 & x > d_{\text{screen}} \end{cases} \qquad (5.18)$$

此外，对于粉碎，关键筛网尺寸比 δ 与叶轮转速 v_{imp} 之间的关系在式（5.19）中给出。

$$\delta = \varepsilon \left(\frac{v_{\text{imp,min}}}{v_{\text{imp}}} \right)^{\alpha} \qquad (5.19)$$

这种关系反映了随着叶轮转速的增加，颗粒离开粉碎机的表观尺寸减小。

在 PBM 框架中，引入的各种参数，如 γ、ε 和 α，将从实验数据中进行估计。显然，当粉末混合物的组成发生变化时，这个参数集是不同的。在建模框架中包含物料特性的需求进一步推动了粉碎过程机械模型的研究，因为物料特性和操作条件的影响可以通过 DEM 模型等基本模型有效地捕获。

5.6.2　机械模型

使用机械模型来模拟粉碎过程在采矿业中是很常见的。Weerasekara 和 Powell[70] 详细回顾了在颗粒断裂过程中使用的 DEM 模型的情况。在 DEM 模拟中，颗粒能量和动量守恒方程是在短时间内评估的。考虑到周围颗粒的分布和系统的几何形状，精确地模拟了系统中每个颗粒的位置和条件。这提供了一种方法，可以有效地将材料性能和加工条件的影响纳入建模框架中。为此，已经发表了大量关于制药单元操作机械建模。然而，由于捕获了颗粒的形态，DEM 模拟的评估成本很高。随着粒度和粒数的变化，所需的计算能力随着系统中粒数的增加而增加，粉碎的计算费用较高的问题更加严重。这限制了它在流程模型中的使用，因为模型需要快速评估以进行动态预测和控制。PBM 更适合用于流程建模，因为与 DEM 相比，它们的评估相对较快。一个混合模型，即由 DEM 模拟机械地通知 PBM，因此可以从两种建模方法中获取优势。

为了建立 PBM-DEM 框架，参考文献中采用了由 Capece 和 Bilgili[72] 开发的基于能量的破碎核，用于模拟粉碎工艺[73]。对于直径为 x_i 的第 i 个群，破碎核 K_i 由式（5.20）给出：

$$K_i(t) = f_{\text{mat}} x_i f_{\text{coll},i} (E_i - E_{i,\text{min}}) \qquad (5.20)$$

式中，$f_{\text{coll},i}$ 是 b_{in} 中颗粒的碰撞频率，定义为从 DEM 模拟中获得的每个颗粒每秒的碰撞次数；x_i 表示第 i 个颗粒群中颗粒直径；E_i 是能量大于阈值能量的颗粒的质量比能量。在内核中只考虑具有"贡献能量"的颗粒，即大于阈值能量的颗粒能量，因为这些会导致颗粒破碎。

通过如上所述的基于能量的核的公式，经验核可以被一个从 DEM 模型中捕获颗粒大小信息的核所取代。Metta 和 Ierapetritou[73] 提出了一种迭代算法来估计核 f_{mat} 和 E_{const} 中的材料特定参数。仅从实验数据确定这些参数就需要来自单一粒度物料的粉碎数据。为了获得较小粒度，颗粒单一尺寸进料，需要大量的材料，因为颗粒产品中低粒度部分的质量百分比相对较低。所提出的迭代算法提供了单一尺寸进料实验的规避条件。这对于药物颗粒来说尤其有利，因为这种物料的制备是费力的；并且导致了大量昂贵药物成分的浪费。

　　通过使用基于能量的内核，建立了一个粉碎过程的 DEM-PBM 框架。然而，混合 DEM-PBM 框架由于在组合框架中固有地包含高保真 DEM 而产生计算费用。降序离散元法（RO-DEM）使用降阶建模技术，如克里金法、径向基函数等，来表示高保真 DEM 模型，可以弥补这一差距。Metta 和 Ramachandran 利用克里金神经网络和人工神经网络来表示从 DEM 模拟中获得的质量比能量和碰撞频率数据。这些替代模型不仅有效地表示了机制数据，而且还消除了在新的处理条件下运行 DEM 模拟的需要。计算费用的改进是巨大的，因为 DEM 模拟需要几天才能运行，而开发的替代模型需要几秒钟。最近发表的工作[74]也使用了机制模型，并将广义 Hill-Ng 破碎分布函数的参数与颗粒表面能联系起来，从而为破碎过程的基本建模铺平了道路。

5.7　结语

　　本章提供了一个关于片剂连续制造中辊压和粉碎详细的评论，该评论是基于干法制粒工艺路径实现片剂生产的。本文尝试讨论了过程监控、特性描述、建模和质量控制的各个方面。讨论了几种在线和离线表征方法以及详细和相对快速的建模方法，用于带状片材和粉碎颗粒的性能预测。

参考文献

[1] Farber L, et al. Unified compaction curve model for tensile strength of tablets made by roller compaction and direct compression. Intl J Pharm 2008;346(1−2):17−24.

[2] Peter S, Lammens RF, Steffens KJ. Roller compaction/Dry granulation: use of the thin layer model for predicting densities and forces during roller compaction. Powder Technol 2010;199(2):165−75.

[3] Akseli I, et al. A quantitative correlation of the effect of density distributions in roller-compacted ribbons on the mechanical properties of tablets using ultrasonics and X-ray tomography. Aaps Pharmscitech 2011;12(3):834−53.

[4] von Eggelkraut-Gottanka SG, et al. Roller compaction and tabletting of St. John's wort plant dry extract using a gap width and force controlled roller compactor. I. Granulation and tabletting of eight different extract batches. Pharm Dev Technol 2002;7(4):433−45.

[5] Sajjia M, Albadarin AB, Walker G. Statistical analysis of industrial-scale roller compactor 'Freund TF-MINI model. Int J Pharm 2016;513(1−2):453−63.

[6] Miller RW. Roller compaction technology. In: Parikh DM, editor. Handbook of pharmaceutical granulation Technology. CRC Press; 2016.

[7] Hsu SH, Reklaitis GV, Venkatasubramanian V. Modeling and control of roller compaction for pharmaceutical manufacturing. Part I: process dynamics and control framework. J Pharm Innov 2010;5(1−2):14−23.

[8] Liu Y, Wassgren C. Modifications to Johanson's roll compaction model for improved relative density predictions. Powder Technol 2016;297:294−302.

[9] Perez-Gandarillas L, et al. Effect of roll-compaction and milling conditions on granules and tablet properties. Euro J Pharm Biopharm 2016;106:38−49.

[10] Yu S, et al. A comparative study of roll compaction of free-flowing and cohesive pharmaceutical powders. Int J Pharm 2012;428(1−2):39−47.

[11] Al-Asady RB, et al. Roller compactor: determining the nip angle and powder compaction progress by indentation of the pre-compacted body. Powder Technol 2016;300:107−19.

[12] Dehont FR, et al. Briquetting and granulation BY compaction new granulator compactor for the pharmaceutical-industry. Drug Dev Ind Pharm 1989;15(14−16):2245−63.

[13] Herting MG, Kleinebudde P. Studies on the reduction of tensile strength of tablets after roll compaction/dry granulation. Eur J Pharm Biopharm 2008;70(1):372−9.

[14] Johanson JR. A rolling theory for granular solids. J Appl Mech 1965;32(4):842−8.

[15] Jenike AW. On the plastic flow of coulomb solids beyond original failure. Appl Mech 1959;81:599−602.

[16] Zinchuk AV, Mullarney MP, Hancock BC. Simulation of roller compaction using a laboratory scale compaction simulator. Int J Pharm 2004;269(2):403−15.

[17] Samanta A, Ng K, Heng P. Cone milling of compacted flakes: process parameter selection by adopting the minimal fines approach. Int J Pharm 2012;422:17−23.

[18] Dana Barrasso SO, Muliadi A, Litster JD, Wassgren Carl, Ramachandran Rohit. Population balance model validation and prediction of CQAs for continuous milling processes: toward QbD in pharmaceutical drug product manufacturing. J Pharm Innov 2013;8(3):147−62.

[19] Yin SX, et al. Bioavailability enhancement of a COX-2 inhibitor, BMS-347070, from a nanocrystalline dispersion prepared by spray-drying. J Pharm Sci 2005;94(7):1598−607.

[20] Loh ZH, Samanta AK, Heng PWS. Overview of milling techniques for improving the solubility of poorly water-soluble drugs. Asian J Pharm Sci 2015;10:255−74.

[21] Ashford M. Assessment of biopharmaceutical properties. In: Aulton M, editor. Pharmaceutics: the science of dosage form design. London: Churchill Livingstone; 2002. p. 253−73.

[22] Naik S, Chauduri B. Quantifying dry milling in pharmaceutical processing: a review on experimental and modeling approaches. J Pharm Sci 2015;104:2401−13.

[23] S C, Purutyan H. Narrowing down equipments for particle size reduction of drug. Chem Eng Prog 2002;98:50.

[24] H H. Some notes on grinding research. J Imp Col Chem Eng Soc 1952;(6):1−12.

[25] Abdel-Magid AF, Caron S. Fundamentals of early clinical drug development: from synthesis design. 1 ed. New Jersey: Wiley; 2006.

[26] A V, et al. Effects of mill design and process parameters in milling of ceramic (alumina-magnesia) extrudates. 2012.

[27] B M. In: A L, H S, editors. Milling in Pharmaceutical dosage forms: unit operations and

mechanical properties; 2008. p. 175−93.

[28] Yu S, Gururajan B, et al. Experimental investigation of milling of roller compacted ribbons. The British Library; 2011.

[29] EL P. Milling of pharmaceutical solids. J Pharm Sci 1974;63(6):813−29.

[30] Vanarase A, et al. Effects of mill design and process parameters in milling dry extrudates. Powder Technol 2015;278:84−93.

[31] Murugesu B. Milling. In: Augusburger LLaH, Hoag SW, editors. Pharmaceutical dosage forms: unit operations and mechanical properties. Informa Health Care; 2008.

[32] Yu S, et al. Experimental investigation of milling of roll compacted ribbons. In: Particulate materials: synthesis, characterisation, processing and modelling. The Royal Society of Chemistry; 2012. p. 158−66.

[33] Heywood H. Some notes on grinding research. 1950.

[34] Ropero J, et al. Near-infrared chemical imaging slope as a new method to study tablet compaction and tablet relaxation. Appl Spectros 2011;65(4):459−65.

[35] Miller CE. Chemical principles of near-infrared technology. Near-infrared Technol Agricult Food Indus 2001;2.

[36] Mayo DW, Miller FA, Hannah RW. Course notes on the interpretation of infrared and Raman spectra. John Wiley & Sons; 2004.

[37] Kleinebudde P. Roll compaction/dry granulation: pharmaceutical applications. Eur J Pharm Biopharm 2004;58(2):317−26.

[38] Olinger JM, Griffiths PR. Effects of sample dilution and particle size/morphology on diffuse reflection spectra of carbohydrate systems in the near- and mid-infrared. Part I: single analytes. Appl Spectros 1993;47(6):687−94.

[39] Siesler HW. Basic principles of near-infrared spectroscopy. In: Handbook of near-infrared analysis. 3rd ed. CRC press; 2007. p. 25−38.

[40] Acevedo D, et al. Evaluation of three approaches for real-time monitoring of roller compaction with near-infrared spectroscopy. AAPS Pharm Sci Tech 2012;13(3):1005−12.

[41] Gupta A, et al. Real-time near-infrared monitoring of content uniformity, moisture content, compact density, tensile strength, and young's modulus of roller compacted powder blends. J Pharm Sci 2005;94(7):1589−97.

[42] Kirsch JD, Drennen JK. Nondestructive tablet hardness testing by near-infrared spectroscopy: a new and robust spectral best-fit algorithm. J Pharm Biomed Anal 1999;19(3):351−62.

[43] Gupta A, et al. Nondestructive measurements of the compact strength and the particle-size distribution after milling of roller compacted powders by near-infrared spectroscopy. J Pharm Sci 2004;93(4):1047−53.

[44] Talwar S, et al. Understanding the impact of chemical variability and calibration algorithms on prediction of solid fraction of roller compacted ribbons using near-infrared (NIR) spectroscopy. Appl Spectros 2016;71(6):1209−21.

[45] Romañach RJ, Román-Ospino AD, Alcalà M. A procedure for developing quantitative near infrared (NIR) methods for pharmaceutical products. In: Process simulation and data modeling in solid oral drug development and manufacture. Springer; 2016. p. 133−58.

[46] Feng T, et al. Investigation of the variability of NIR in-line monitoring of roller compaction process by using Fast Fourier Transform (FFT) analysis. Aaps Pharmscitech 2008;9(2):419−24.

[47] Iyer M, Morris HR, Drennen JK. Solid dosage form analysis by near infrared spectroscopy:

comparison of reflectance and transmittance measurements including the determination of effective sample mass. J Near Infrared Spectrosc 2002;10(4):233−45.

[48] Romañach RJ, Esbensen KH. Theory of sampling (TOS) for development of spectroscopic calibration models. Am Pharm Rev 2016;19(6).

[49] Esbensen KH, et al. Adequacy and verifiability of pharmaceutical mixtures and dose units by variographic analysis (Theory of Sampling) - a call for a regulatory paradigm shift. Int J Pharm 2016;499(1−2):156−74.

[50] Yohannes B, et al. Evolution of the microstructure during the process of consolidation and bonding in soft granular solids. Int J Pharm 2016;503(1−2):68−77.

[51] Yohannes B, et al. Discrete particle modeling and micromechanical characterization of bilayer tablet compaction. Int J Pharm 2017;529(1−2):597−607.

[52] Shekunov BY, et al. Particle size analysis in pharmaceutics: principles, methods and applications. Pharm Res 2007;24(2):203−27.

[53] HG M. Particle size measurements: fundamentals, practice, quality. 1 ed. New York: Springer; 2009.

[54] FT SA, et al. Particle sizing measurements in pharmaceutical applications: comparison of in-process methods versus off-line methods. Eur J Pharm Biopharm 2013;(85):1006−18.

[55] Chan LW, Tan LH, Heng PWS. Process analytical technology: application to particle sizing in spray drying. AAPS Pharm Sci Tech 2008;9(1):259−66.

[56] Sangshetti JN, et al. Quality by design approach: regulatory need. Arab J Chem 2014;10:3412−25. https://doi.org/10.1016/j.arabjc.2014.01.025.

[57] De Beer T, et al. Near infrared and Raman spectroscopy for the in-process monitoring of pharmaceutical production processes. Int J Pharm 2011;(417):32−47.

[58] Dan Hirleman E. Modeling of multiple scattering effects in Fraunhofer diffraction particle size analysis. Part Part Syst Charact 1988;(5):57−65.

[59] David G, et al. Measuring the particle size of a known distribution using the focused beam reflectance measurement technique. Chem Eng Sci 2008;(63):5410−9.

[60] Convention, U.S.P. United States pharmacopeia. In: Bulk density and tapped density of powders. United States Pharmacopeial Convention; 2015.

[61] Vasilenko A, Glasser BJ, Muzzio FJ. Shear and flow behavior of pharmaceutical blends — method comparison study. Powder Technol 2011;208(3):628−36.

[62] Meng W, et al. Statistical analysis and comparison of a continuous high shear granulator with a twin screw granulator: effect of process parameters on critical granule attributes and granulation mechanisms. Int J Pharm 2016;513:357−75.

[63] Djuric D, Kleinebudde P. Impact of screw elements on continuous granulation with a twin-screw extruder. J Pharm Sci 2008;97:4934−42.

[64] Vercruysse J, et al. Continuous twin screw granulation: influence of process variables on granule and tablet quality. Eur J Pharm Biopharm 2012;82:205−11.

[65] Vendola TA, Hancock BC. The effect of mill type on two dry-granulated placebo formulations. Pharm Technol 2008;32(11):72−86.

[66] Hancock BC, Vendola TA, Hancock BC, Vendola Thomas A. Pharm Technol 2008;32(11).

[67] Metta N, et al. Model development and prediction of particle size distribution, density and friability of a comilling operation in a continuous pharmaceutical manufacturing process. Int J Pharm 2018;549(1):271−82.

[68] Reynolds GK. Modelling of pharmaceutical granule size reduction in a conical screen mill. Chem Eng J 2010;164(2−3):383−92.

[69] Vogel L, Peukert W. Breakage behaviour of different materials—construction of a mastercurve for the breakage probability. Powder Technol 2003;129(1−3):101−10.

[70] Weerasekara NS, et al. The contribution of DEM to the science of comminution. Powder Technol 2013;248:3−24.

[71] Ketterhagen WR, am Ende MT, Hancock BC. Process modeling in the pharmaceutical industry using the discrete element method. J Pharm Sci 2009;98(2):442−70.

[72] Capece M, Bilgili E, Dave RN. Formulation of a physically motivated specific breakage rate parameter for ball milling via the discrete element method. Aiche J 2014;60(7):2404−15.

[73] Metta N, Ierapetritou M, Ramachandran R. A multiscale DEM-PBM approach for a continuous comilling process using a mechanistically developed breakage kernel. Chem Eng Sci 2018;178:211−21.

[74] Loreti S, et al. DEM-PBM modeling of impact dominated ribbon milling. Aiche J 2017;63(9):3692−705.

[75] Kotamarthy L, Metta N, Ramachandran R. Understanding the effect of granulation and milling process parameters on the quality attributes of milled granules. Processes 2020;8(6). https://doi.org/10.3390/pr8060683.

[76] Schenck LR, Plank RV. Impact milling of pharmaceutical agglomerates in the wet and dry states. Int J Pharm 2007;348(1). https://doi.org/10.1016/j.ijpharm.2007.07.029.

[77] Metta N, Ramachandran R, Ierapetritou M. A computationally efficient surrogate-based reduction of a multiscale comill process model. J Pharm Innov 2019:1−'21. https://doi.org/10.1007/s12247-019-09388-2.

第6章

连续湿法制粒的建模、控制、传感及实验概述

Shashank Venkat Muddu,Rohit Ramachandran

6.1 引言

制粒是将不同化学成分的物质与"黏合剂"充分混合，从而使不同成分的物料从小逐渐聚合增大的操作单元，并防止物料分层[1]。湿法制粒是将液体溶剂添加到预混合好的粉体原料中的一种制粒工艺。溶剂通常是水或聚合物溶液[2-5]。黏合剂在干燥状态下添加到制粒机的配方粉体中进行混合，或溶解在黏合剂液体溶剂中进行添加[6,7]。在湿法制粒过程中添加黏合剂有助于形成具有表面张力的液体桥梁，通过成核、聚集、固结和层叠等制粒方式将原本的颗粒固定在一起[8]。此外，破碎机构在决定最终的粒度分布中扮演着重要的角色。

由于湿法制粒涉及具有不同性质的不同组分的混合，且该过程包含多个不同的比率和不同的体积，以及相互影响的机械结构，因此控制输出结果或纠正它们以防颗粒超出规定的标准或要求是非常重要的。许多材料性质和工艺参数都会影响结果。这就需要一种质量源于设计（QbD）的方法，而不是通过测试获得质量，来对设计和操作工艺进行科学的理解[9]。

几十年来，批量制造模式是制药行业湿法制粒操作的常态[9]。然而，正如本书其他部分所述，近年来，向连续制造转变的速度越来越快，部分原因是各行业需要缩短产品上市时间，同时保持严格的质量要求。此外，连续制造工艺能给予更高质量保证，制药行业已得到监管部门的坚定支持，最明显的是美国食品药品管理局（FDA），对批次生产转向连续制造工艺带来的质量保证给予了高度评价。这导致了对连续湿法制粒工艺和相关工艺设备的广泛研究。连续高剪切混合机和双螺杆挤出机是促成连续湿法制粒的两大类设备，本章中主要讨论有望在未来应用的这两种工艺设备，顺便提到篮式制粒机和流化床。通过使用重力进料器保证进入系统的进料速率在稳定状态，湿法制粒在系统中连续运行，将液体以预设的流速泵入混合机加入可控比例的物料中。

为了更好地理解和表征连续制粒单元的工艺，必须对单元操作中发生的物理过程进行必要的机械方面的分析。湿法制粒工艺的典型关键质量属性是出料口的粒度分布（PSD）、堆密度以及在不同时间点的不同粒度颗粒内配方物料成分的分布。为此，本章的目的是对连续湿法制粒的工艺建模、实验研究、传感和控制方面的最新技术做出比较全面的概述。本章与本书的目标一致，即为连续湿法制粒工艺的设计和表征提供一套指南。

6.2 实验设计

用一个或多个粉体进料器、一台加液泵和连续制粒机进行连续湿法制粒。固体组分的组合在使用失重式进料器计量粉体给料量，进料到制粒机前可以混合或不混合，根据所需的固液比（L/S），将蒸馏水或去离子水（或有聚合物黏合剂溶解）加入系统中。液体通过喷嘴喷入，以实现粉体颗粒的均匀和适当润湿。典型的湿法制粒装置——连续双螺杆制粒机（TSG），如图6.1所示。

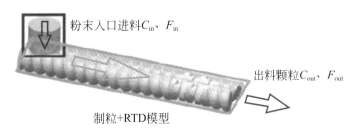

图6.1 典型连续制粒工艺图示

C代表浓度，F代表速率。停留时间分布（RTD）代表RTD模型。in和out分别代表进料和出料

通过改变粉体进料速率、液固比（L/S）、制粒机主轴转速（RPM）和制粒机搅拌/螺纹的配置，可以获得具有不同属性的颗粒。通常，粉体进料速率由需求决定或受其他操作单元能力的限制，粉体进料速率很少变化或在小范围内变化。双螺杆制粒系统中的螺纹配置（或高剪切制粒机中的搅拌形状）显著影响所得颗粒的性质。Djuric等[10]对这些影响进行了定量研究。因此，建议过程表征从理解外部形状对颗粒性质的作用开始。一旦确定了最佳几何形状，就可以研究搅拌速率、液固比和粉体给料速率（通常在较小范围内）的影响。通常会使用中心复合设计（CCD）根据上述工艺变量确定制粒工艺的实验设计方案。在三个变量的低、高和中水平的设计空间中，CCD生成17个点，其中包括14个面中心和角点，类似于一个立方体每个面的中心，以及3次立方体的中心点重复实验。对中心点进行三次重复实验可以评估实验设计模型的重复性。DoE的示意图如图6.2所示。

将得到的颗粒进行干燥和表征以检查工艺变量的影响。首先将从实验中采样的颗粒干燥并过筛以获得它们的粒度分布。也可以使用在线或离线粒度图像分析。

除了粒度分布之外，颗粒还具有其他质量属性，例如孔隙率和含量均匀性。Granberg等[11]，Kaspar等[12]和Oka等[13]已经很好地记录了这些表征的方法。

中心复合设计使人们能够为一些实验指标提供开发响应面方法，例如平均停留时间（MRT）、方差/标准偏差和停留时间分布（RTD）。此外，CCD的三水平三因子使人们能够

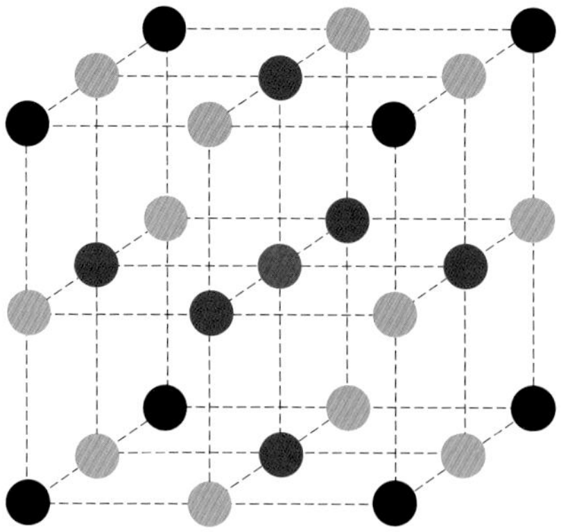

图6.2　中心复合设计的实验点选择：角点、面中心点、3次立方体的中心点

获得对上述指标中的变量和交互作用（如果有的话）的二阶响应。

Kumar等[14]的研究表明，增加液固比（L/S）可以增加离开双螺杆制粒工艺的颗粒的平均粒度，这与批次制粒和其他连续制粒工艺文献中的一致。此外，通过增加轴转速来增加赋予该过程的能量可以减小粒度范围并导致更窄的粒度分布。作者建议，虽然为特定的配方和设备开发了工艺图，但类似的研究，如果扩展到其他配方和设备，将导致开发可应用于任何连续湿法制粒工艺通用的与规模无关的工艺图。

Meng等[15]在连续高剪切制粒机CM-5Lödige和Thermo Scientific Pharma 11 TSG上进行了制粒实验。实验表明，两种加工类型均产生具有可控属性和非常短的停留时间的颗粒。GM-5 Lödige制粒机产生的颗粒粒度变化较小，颗粒结构较细。GM-5 Lödige制粒过程产生的颗粒粒度显示出较小的变化。此外，由于可以看出GM-5 Lödige对工艺参数有积极响应，因此该设备能够在广泛的设计空间内运行。据报道，L/S的最小边界可以合理地延伸到远低于DoE所选择的下限0.35，轴转速大致在1500～2500r/min之间。另外，Thermo Scientific Pharma 11 TSG产生具有包含未被制粒物料的多峰分布的颗粒。这表明由于制粒机中的停留时间有限，液体分散和混合不理想。

Meng等[16]在Glatt GCG-70高剪切制粒机上进行了另一组实验，观察到工艺参数再次影响颗粒属性。然而，与GM-5 Lödige实验中的结果相反，颗粒具有宽的粒度分布，并且观察到大量未被制粒的细粉。黏合剂添加方法做为进一步改善的途径，可获得更窄的粒度分布和更有效制粒。

6.2.1　连续湿法制粒中停留时间分布

为了开发和验证停留时间分布（RTD）模型，需要进行实验性RTD研究，这对于工艺设计、物料可追溯性、控制和优化非常有用。停留时间分布的基本原理及其在连续制造中的作用已在第4章中详细讨论过，在此不再赘述。

测量连续湿法制粒系统的停留时间分布的常用方法是使用彩色染料，其跟踪系统内的大量物料。通过漏斗将粉体染料（通常小于1g，取决于出口颗粒的强度）加入制粒机的入口处。根据系统的输送和混合特性，将有色染料混合并分布在制粒机内。停留时间分布曲线取决于制粒机的有效内部体积、粉体流速、液固比（L/S）、轴的转速、轴上螺纹元件的配置（输送/捏合/分布元件），以及物料性质（如粉体混合物组分的可压缩性）。从示踪剂添加到制粒机中开始，以不同的时间间隔收集离开系统的有色颗粒。将颗粒干燥并溶于蒸馏水中，并使用紫外-可见分光光度法测量各样品中示踪剂的浓度。

进行停留时间分布脉冲实验的第二种方法是使用其中一种成分［通常是感兴趣的关键成分，例如活性药物成分（API）］作为示踪剂。在线传感设备如近红外（NIR）光谱仪可以安装在制粒机的末端，以便在线测量颗粒中示踪剂的浓度。NIR光谱仪需读取关键成分的光谱，因此需要建立合适的校准模型。

通常希望在连续制造线的任何模拟中了解一个操作单元对后续操作单元可能的影响。湿法制粒是连续制药生产工艺中的中间步骤，并且通常在进料/混合之前，后续工艺是干燥、整粒、压片和溶出。需要减少在任何单元中引起的影响，以在偏差范围内实现所需关键质量属性（CQA）的片剂。因此，过程控制模型集成到连续制造模型中，以预测中试工厂/量产规模中设备的整体性能。

RTD模型可用于预测系统内物料的流动特性。通过测量制粒物料的出口时期分布函数（也称为RTD函数）来估计内部的分布。RTD模型在连续运行方案中实时估算现有物料浓度方面有着广泛的应用。RTD模型的主要应用是观察入口/上游单元操作中波动和扰动的影响。系统RTD的精确模型的开发将使实验者能够建立合适的网络控制器，以减少干扰输入并将操作趋向于整体的QbD方法，而不是传统的质量源于测试（QbT）的方法。使用拉普拉斯（Lalace）变换，RTD函数 $E(t)$ 的输出脉冲响应可以转换为过程控制变量"s"域中的传递函数，并且可以在将其与控制器模型链接之后研究其效果。RTD模型通过优化模型参数以减少工艺模型CQA（颗粒PSD、RTD分布图等）与目标/实验值之间的相对误差的方式，在过程优化中进一步发挥作用。接下来描述了可用于表征湿法制粒系统的最常见RTD模型。

RTD模型已广泛用于连续流动反应器的开发，如连续搅拌反应器（CSTR）和活塞流反应器（PFR）。这些模型适用于不同行业的实验数据的非化反应系统，如食品、石化、制药，甚至环境工程应用[17-19]。然而，为特定系统开发的模型需要针对不同的设备和/或不同的配方重新验证（并且通常需要重新计算其参数）。通常，涉及湿粉体流动行为的过程需要仔细检查。因此，在该领域工作的研究人员的总体目标是开发机械模型，考虑所选容器的几何形状（螺纹长度、螺纹间距、螺纹配置），其操作参数（螺纹转速和螺纹的旋转方向）和工艺参数（物料进料速率和液体加入速率）。

多罐串联（TIS）模型由单流的连续搅拌反应器（CSTR，全部等体积）彼此串联组成。图6.3（a）显示了相同的图示。

TIS模型脉冲输入的RTD函数 $E(t)$ 如下：

$$E(t) = \frac{n^n \theta^{n-1} e^{-\theta}}{t_m(n-1)!}$$
$$\theta = \frac{t}{t_m}$$

（6.1）

式中，t表示时间；t_m是系统的平均停留时间；n是连续搅拌反应器的数量；θ是相对于整个系统平均停留时间的无量纲时间。

随后在图6.3（b）中描述了并行流模型中每个流[20]中的一个连续搅拌反应器。

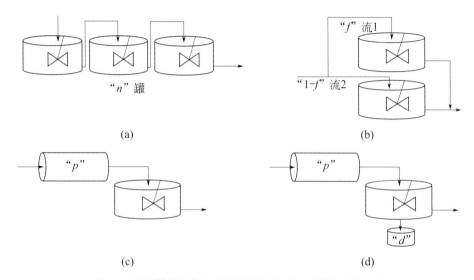

图6.3　用于模拟制粒流停留时间的各种反应器方案的示意

（a）串联连接的"n"有限等体积搅拌罐示意图；（b）两个等体积搅拌罐的示意图分别与进入每个罐"f和（1−f）的材料部分平行连接；（c）与搅拌罐串联的总系统体积的体积分数"p"的塞流容器的示意图；（d）在PFR-CSTR示意图中添加具有分数"d"的静体积

脉冲输入的RTD函数如下：

$$E(t) = \frac{f\beta}{t_m} e^{-f\beta\theta} + \frac{(1-f)\beta}{t_m\alpha} e^{-\frac{(1-f)\beta}{\alpha}\theta}$$
$$\beta = f + (1-f)\alpha$$

（6.2）

式中，f是进入第一支流的材料的分数；α是支流2中的平均停留时间MRT与支流1中的平均停留时间MRT的比率。

图6.3（c）显示了与一个连续搅拌反应器（CSTR）串联的活塞流反应器（PFR）图。系统的脉冲停留时间分布描述如下：

$$E(t) = \frac{(\theta-p)e^{-\frac{(\theta-p)}{(1-p)}}}{t_m(1-p)}$$

（6.3）

式中，p是反应器方案中活塞流反应器体积的分数。活塞流反应器与一个连续搅拌反应器以及静体积分数关联的示意图如图6.3（d）所示。

RTD脉冲响应函数如下：

$$E(t) = \frac{(\theta-p)\mathrm{e}^{-\frac{(\theta-p)}{(1-p)(1-d)}}}{t_\mathrm{m}(1-p)(1-d)} \tag{6.4}$$

式中，d 是 CSTR 中静体积的分数。

可以将上述模型组合以模拟两个反应器支流，每个反应器支流包含塞流反应器（PFR）分数和连续搅拌反应器（CSTR）的静体积分数。总体最终方案如图 6.4 所示。这种模型的 RTD 功能如下。

$$\begin{aligned} E(t) = {} & \frac{f\beta}{t_\mathrm{m}(n-1)!} \frac{(\theta-p)^n}{(1-p)(1-d)} \mathrm{e}^{-f\beta\frac{(\theta-p)}{(1-p)(1-d)}} \\ & + \frac{(1-f)\beta}{t_\mathrm{m}\alpha(m-1)!} \frac{(\theta-q)}{(1-q)(1-h)} \mathrm{e}^{-\frac{(1-f)\beta}{\alpha}\frac{(\theta-q)}{(1-q)(1-h)}} \end{aligned} \tag{6.5}$$

式中，n、m、p、q、d、h、α 和 f 的物理意义参见先前模型中的表述。调整参数变量可以针对每个数据运行而变化，并且将分别使用模型方程获得唯一的 $E(t)$ 函数。Kumar 等[21] 开发了一种用于双螺旋制粒过程的停留时间分布（RTD）模型，该模型使用稳态表达式来描述示踪剂出料时段的分布曲线，而不是微分方程。作者观察到稳态结果在预测实验趋势方面相当不错。作者从实验和拟合结果推断，适量的进料量和输送速率对于粉体混合物的良好轴向混合和制粒机静体积的减少是必需的。

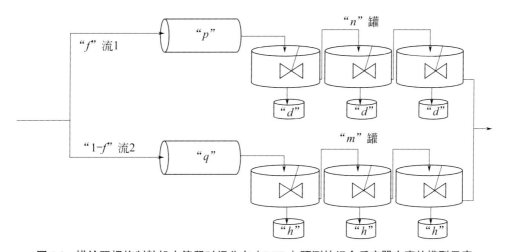

图 6.4 描绘双螺旋制粒机中停留时间分布（RTD）预测的组合反应器方案的模型示意

6.3 工艺建模

进行全面的实验是耗时且需要大量资源的。在早期开发过程中，活性成分很少，这妨碍了集中深入的实验研究。作为系统代表的成熟模型可以减少对实验的需求，并为从业者提供类似实验的数据。在制粒中，与其他制药单元操作一样，建模和模拟工具已成功用于预测和验证颗粒性质。对于其他系统，PSD 会根据工艺条件而变化，因此群体平衡模型（PBM）一直是用于建模批次和连续制粒工艺的最流行的方法。在 PBM 中，颗粒根据其关键属性分组，例如粒度、液体含量、孔隙率和空间位置。总体平衡方程被公式化为一阶偏微分方程，其中每个颗粒类别的生长/死亡速率是该类别和其他类别（例如形成的颗粒）当前可用的颗粒数量的函数。PBM 的通用表达式如下：

$$\frac{\partial N(x,s,l,g,t)}{\partial t} + \frac{\partial N(x,s,l,g,t)}{\partial x}\frac{\partial x}{\partial t} + \frac{\partial N(x,s,l,g,t)}{\partial s}\frac{\partial s}{\partial t} + \frac{\partial N(x,s,l,g,t)}{\partial l}\frac{\partial l}{\partial t}$$
$$+ \frac{\partial N(x,s,l,g,t)}{\partial g}\frac{\partial g}{\partial t} = R_{\text{Aggregation}} + R_{\text{Breakage}} + R_{\text{Nucleation}} \tag{6.6}$$

对于连续制粒系统，等式左侧表示时间变化率、制粒机中的轴向位置、颗粒中的固体含量、水分含量和气体孔隙度。等式右侧的项表示聚集、破碎和成核等速率过程。在速率表达式中有几个经验参数。不同的理论和模型变体以不同的方式表达这些速率过程，最终目标是实现速率过程的完全机械表示。

PBM 已得到广泛发展，目前仍在研究和更新中，以全面准确地描述连续湿法制粒过程[22,23]。

Ramachandran 和 Chaudhury[24] 开发了一个模型来设计和控制连续筒式制粒过程。该研究提出了一个分区 PBM 用于中试工厂规模的模拟。模拟结果表明，通过控制液体黏合剂的喷嘴喷雾速率和流入固体粉体混合物的进料速率，可以控制出口颗粒的平均直径、含水量和堆密度。开发了一种模型来控制颗粒的 PSD，其中黏合剂分布在制粒机中的粉体颗粒上作为新的操纵变量。

Barrasso 等[25] 提出了一种连续的 PBM，模拟了双组分体系（API 和辅料）、液体黏合剂含量和颗粒孔隙率的 PSD 和成分构成的差异。结果表明与实验趋势吻合良好。在 Barrasso 等[26] 的后续工作中，开发了校准和验证的 PBM，其中使用实验数据确定经验速率常数和参数。

Kumar 等[27] 提出了一种一维 PBM，其中包括双螺杆制粒工艺的聚集和断裂过程。使用实验测量的 PSD 估计模型参数及其各自的 95% 置信范围。该模型相应地用于预测实验设计空间内的制粒结果。此外，确定了操作条件，其中不同的制粒机制方案可以在制粒机中的不同隔室中分离，这将使人们能够相应地控制每种机制并根据需要影响颗粒粒度分布。

当模型中的速率常数是经验值，且开发统计数据或 PBM 的试验数据有限时，通常使用另一种建模工具，离散元素建模（DEM）。该方法基于求解颗粒系统的牛顿运动方程，以及颗粒和腔室几何之间的相互作用。通用 DEM 方程可以写成：

$$m\frac{\mathrm{d}^2x}{\mathrm{d}t^2} = \sum F_{\text{ext}} \tag{6.7}$$

其中任何颗粒的质量和净加速度的乘积由作用在颗粒上的净外力给出。在DEM模拟中，基于颗粒特性和工艺条件，将几个表达式形式化以近似作用在颗粒上的力。

首先，为了构建用于单元操作的DEM，可以在CAD软件中构造设备几何形状，然后将其导入DEM软件。一些常见的DEM平台包括EDEM、LIGGHTS和STARCCM+。在DEM模拟中，输入颗粒的属性，并计算它们各自的相互作用以获得碰撞频率和颗粒轨迹。根据碰撞频率和聚集/破裂速率，可以估计出PBM中速率常数的经验参数。将DEM模拟与PBM相结合对于制粒过程[28]比单独使用任一平台更成功。值得注意的是，在DEM中，每个颗粒都被单独处理，并且不会与相同大小、位置和属性类中的其他颗粒类似。建立模拟数十亿个颗粒的大规模模型，计算成本很高。因此，首先通过在相似的几何尺寸中放大颗粒的尺寸来缩小颗粒的数量。给出颗粒的初始位置，根据处理条件和后续位置的速率坐标，并通过观察它们的相互作用来计算速率。

必须注意的是，PBM和DEM这两个过程的模拟时间尺度差异很大。在需要耦合研究的情况下，这两个模块通常在它们之间来回传输必要信息之后间歇运行，或者针对不同条件运行DEM模拟，用于小时间跨度，将数据近似为假稳定状态条件。然后将DEM数据传输到PBM模块以进行进一步的模拟。通过采用计算流体动力学可以更好地理解固相和液相之间相互作用的动力学。

Barrasso等[29]开发了一种双螺杆制粒工艺的多尺度模型，该模型结合了PBM和DEM技术来预测设备设计、物料特性和工艺参数对制粒产品关键质量属性（CQA）的影响。模型结果与实验趋势一致，发现螺纹元件配置对最终产品属性有很大影响。结果表明，混合元件而不是输送元件导致更多的聚集、破碎和固结，从而导致更大和更致密的颗粒。

Barrasso和Ramachandran[30]进一步验证了这一事实，并补充说明制粒机中捏合元件的偏移角影响了材料的停留时间，前向角赋予移动颗粒更多的输送特性。

Kulju等[31]通过进一步的DEM-PBM研究表明，轴转速是高剪切制粒机的关键工艺参数。模拟表明，较低的转速导致制粒物料在喷雾区域中的停留时间增加。RTD增加导致润湿、成核和生长增加，这三点是颗粒形成的关键速率过程，从而导致形成更大的颗粒。

在Boukouvala等[32]的工作中，模拟了由粉体进料器、搅拌器、湿法制粒机和干燥器、研磨单元、片剂压实和溶出测试单元组成的集成连续湿法制粒配置（图6.5）。这项工作在展示连续粉体输入和片剂输出组成的连续工艺模型方面是新颖的。它捕获了每个单元操作中的干扰影响，例如材料的进料速率和关键性能参数的阶跃变化，黏合剂添加和研磨速率。然而，作者承认，用实验数据验证整个生产线模型存在挑战。

Singh等[33]通过添加单回路和级联反馈PID控制器，进一步扩展了湿法制粒流程图的控制模型。这项工作模拟了整个流程图模型以及与DeltaV过程控制软件集成的GPROM软件中的控制模型（图6.6）。

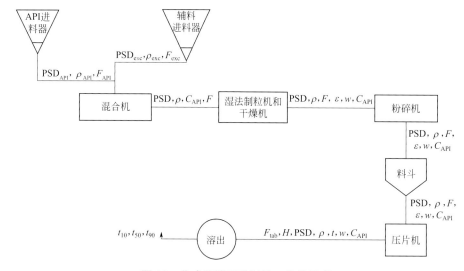

图6.5　集成连续湿法制粒工艺的示意

改编自Boukouvala F，Chaudhury A，Sen M，Zhou R，Mioduszewski L，Ierapetritou M G，Ramachandran R.Computer-aided flowsheet simulation of a pharmaceutical tablet manufacturing process incorporating wet granulation. J Pharm Innov, 2013,8（1）：11-27.

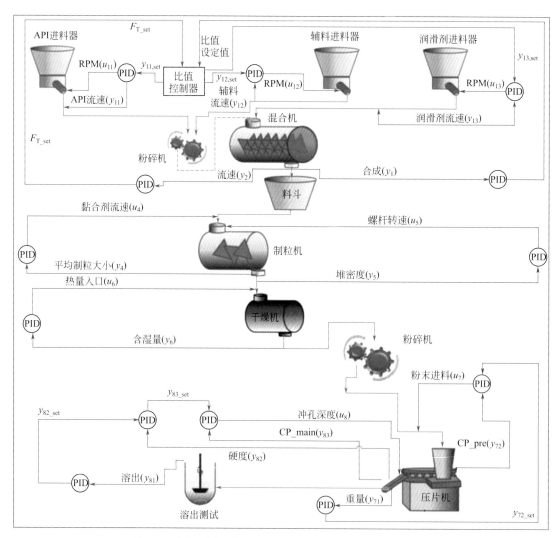

图6.6　流程图模型中实施的连续片剂制造过程的控制系统

改编自Singh R，Dana B，Chaudhury A，Sen M，Ierapetritou M，Ramachandran R.Closed-loop feedback control of a continuous pharmaceutical tablet manufacturing process via wet granulation.J Pharm Innov;2014,9（1）：16-37.

6.4 案例研究

6.4.1 双螺杆制粒机

Thermo Pharma 11 TSG（双螺杆制粒机）由两个旋转轴组成，两个旋转轴具有安装在轴上的各种螺纹输送、混合和捏合元件。轴上元件的布置是模块化的，并且可以根据设计需要以任何方式进行布置。整个设置包含在温度控制的外壳（机筒）内。作者在Thermo Pharma 11 TSG（双螺杆制粒机）设备上进行了脉冲示踪技术实验。在所提出的工作中，使用的API是无水咖啡因，辅料是微晶纤维素（MCC）PH101（Avicel PH101，FMC Corporation，USA）和乳糖一水合物（Foremost Corporation，USA），使用的黏合剂是聚乙烯吡咯烷酮（PVP）（Acros Organics，USA）。使用在线NIR技术在制粒机出口处测量API的含量。为了在线和实时测量和预测API的含量，先前建立了NIR校准。在LabRam Acoustic混合机中制备校准混合物。运行RTD脉冲实验的主要混合物和用于校准NIR的主要混合物的细节如表6.1所示。

通过脉冲输入实验研究了粉体进料速率、L/S和螺杆转速对RTD的影响。设计变量选择如下：制粒机中粉体的进料速率为0.4kg/h、0.8 kg/h和1.2kg/h；系统的L/S（泵入液态水到固体粉体物料中）为0.35、0.45和0.55；制粒机螺杆轴转速为350r/min、500r/min和650r/min。实验在立方中心（CC）设计的参数范围内进行。

表6.1 用于建立NIR校准模型的混合物成分

混合物序号	咖啡因/%	微晶纤维素/%	乳糖/%	黏合剂/%	总计/%
1	11.60	43.91	40.20	4.29	100
2	10.40	37.11	49.49	3.00	100
3	9.20	48.78	39.02	3.00	100
4	8.00	44.00	44.00	4.00	100
5	6.80	38.66	51.54	3.00	100
6	5.60	39.17	52.23	3.00	100
7	4.40	50.33	40.27	5.00	100

表6.2说明了实验设计。

图6.7说明了粉体进料速率对系统MRT的影响。x轴为粉体进料速率的值，单位为kg/h。y轴为该运行的MRT值，以s为单位。

表6.2 Pharma11双螺杆制粒机停留时间分布实验的中心复合实验设计

运行序号	产量/（kg/h）	液体与固体比例	转速/（r/min）	液体添加速率/（kg/h）	总量/（kg/h）
1	0.4	0.35	350	0.14	0.54
2	1.2	0.35	350	0.42	1.62
3	0.8	0.45	350	0.36	1.16
4	0.4	0.55	350	0.22	0.62
5	1.2	0.55	350	0.66	1.86
6	0.8	0.35	500	0.28	1.08
7	0.4	0.45	500	0.18	0.58
8,9,10	0.8	0.45	500	0.36	1.16
11	1.2	0.45	500	0.54	1.74
12	0.8	0.55	500	0.44	1.24
13	0.4	0.35	650	0.14	0.54
14	1.2	0.35	650	0.42	1.62
15	0.8	0.45	650	0.36	1.16
16	0.4	0.55	650	0.22	0.62
17	1.2	0.55	650	0.66	1.86

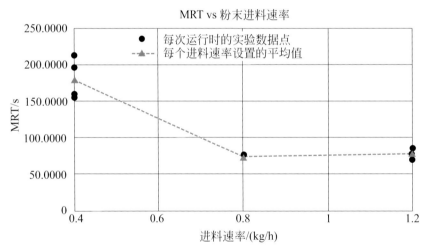

图6.7 粉体进料速率对工艺流平均停留时间（MRT）的影响

人们观察到，对于中等和高粉体进料速率，MRT变化不大，平均约75s。然而，在0.4kg/h的低粉体进料速率下观察到的MRT更高。这种现象的合理原因是，对于超过截止值的粉体进料速率，形成和离开设备的颗粒粒度和质量比未形成颗粒粉体和细粉的数量更多。较大的颗粒更可能填满螺纹中的有效容积，因此更容易出来。另外，较小的颗粒和未被制粒的细粉将更少地填充螺纹有效容积，因此它们在螺纹内穿过较大距离而导致更大的MRT。

还观察到，在0.4kg/h的低粉体进料速率下MRT值的跨度（约60s）远高于在1.2kg/h的高粉体进料速率下的MRT值的跨度（约20s）。当L/S和RPM同时处于最低设置（0.35，350）或最高设置（0.55，650）时，MRT处于跨度的高端。当L/S和轴转速都很低时，MRT很高，因为粉体/细颗粒在穿过螺纹时需要更多时间离开设备。在较高的轴转速（650r/min）和较高的L/S（0.55）下，L/S在材料的流动行为上影响更加显著，导致更多的滞留。结果与Dhenge等[34]提出的结果一致，其中在TSG设备上观察到L/S对湿法制粒期间MRT的影响。据推测，随着液体流速的增加，物料变得更像糊状，从而导致更长的停留时间。

6.4.2　高剪切制粒机

CM-5 Lödige高剪切制粒机（HSG）由单个旋转轴组成，末端有两个叶片，混合元件安装在其上。整个设置都包含在圆柱壳中。脉冲示踪技术实验在CM-5 Lödige设备上进行。使用的API是超细对乙酰氨基酚（APAP）（Mallinckrodt Inc.USA），辅料是Avicel PH101（FMC Corporation，USA）和乳糖一水合物（Foremost Corporation，USA），使用的黏合剂是PVP（Acros Organics，USA），使用的示踪剂黑色素（Sigma-Aldrich，USA）是水溶性的。在CM-5 Lödige上进行实验之前，制备由2.5%PVP、8%APAP、44.75%MCC和44.75%乳糖组成的需要制粒成分的预混合物。预混合物在Glatt 40L双轴搅拌器中制备。在每次运行中，制备6.7kg混合物，并将搅拌器以100r/min运行30min。研究了三个参数对RTD的影响，即粉体进料速率、L/S和轴转速。设计变量的值如下：制粒机中粉体的进料速率为10kg/h、15kg/h和20kg/h；系统的L/S（泵入液态水到固体粉体物料中）为0.35、0.45和0.55；制粒机轴的转速分别为1000r/min、2000r/min和3000r/min。HSG实验是在立方中心（CC）设计中进行的，就像TSG的情况一样，尽管没有重复中心点。

表6.3展示了完整的设计。从图6.8可以看出，MRT随着RPM的增加而降低。而且，这种趋势完全符合线性关系。观察的理由是，随着轴速的增加，材料更快地通过制粒机输送，从而减少了设备中的停滞。从图6.9可以看出，MRT随着L/S的增加而增加。合理推理是制粒机中随着液体流速的增加导致滞留物料的体积增加，从而导致物料在内部的停留时间更长。

表6.3　在Lödige HSG设备上关于停留时间分布的脉冲实验设计

运行名称	产量/（kg/h）	液体与固体比例	转速/（r/min）
A	10	0.35	1000
B	20	0.35	1000
C	15	0.45	1000
D	10	0.55	1000
E	20	0.55	1000
F	15	0.35	2000
G	10	0.45	2000
H	15	0.45	2000
I	20	0.45	2000

运行名称	产量/（kg/h）	液体与固体比例	转速/（r/min）
J	15	0.55	2000
K	10	0.35	3000
L	20	0.35	3000
M	15	0.45	3000
N	10	0.55	3000
O	20	0.55	3000

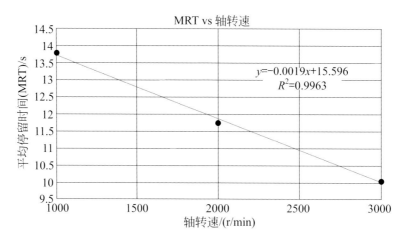

图6.8 轴转速对工艺流程平均停留时间（MRT）的影响

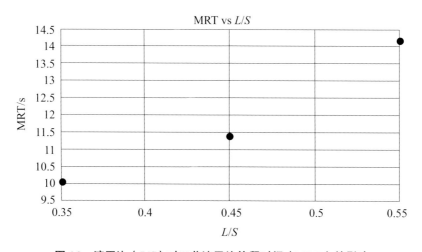

图6.9 液固比（L/S）对工艺流平均停留时间（MRT）的影响

由图6.10可知，MRT随粉体通量的增加而减小。与TSG的情况一样，在各自DoE的低进料量下，MRT非常高，中间流量与高流量之间的差异较小。从图6.11的结果可以看出，有一些运行（C、F、L），RTD显示出明显的多峰。这些结果验证了在开发的RTD模型中加入了并行流（6.2节，图6.4）。因此，可以得出结论，具有死体积和塞流分量的平行流模型在预测连续造粒系统的RTD方面具有一定前景。其目的是将这项工作扩展到其他系统，并开发可直接纳入其他连续造粒模型的全机械式RTD，作为估计由工艺参数或操作设置的变化而引起的浓度变化的预测工具。

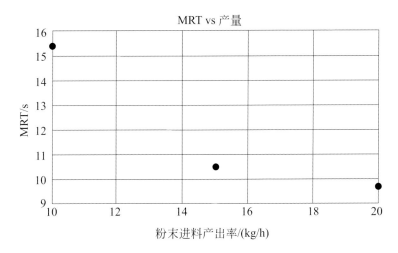

图6.10 粉体进料速率对工艺流平均停留时间（MRT）的影响

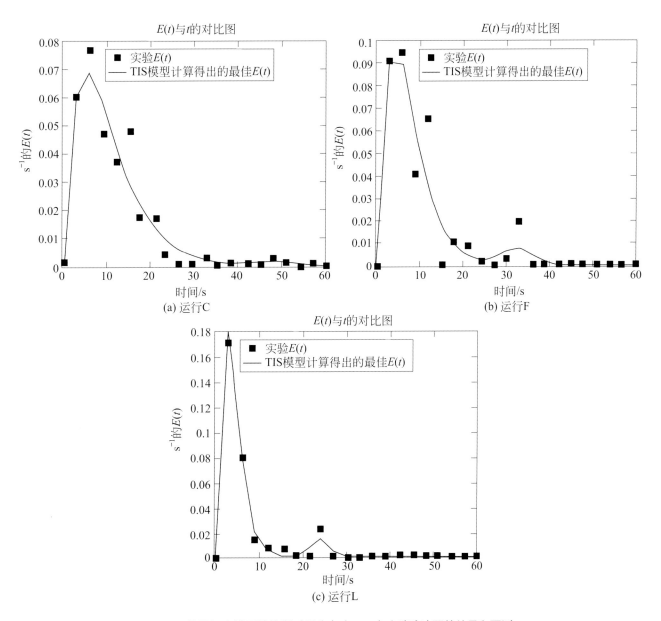

图6.11 使用组合模型的停留时间分布（RTD）实验脉冲图的结果和预测

6.5 结语

本章首先解释制粒现象和导致颗粒形成的各种机制。简要讨论了监管机构推动药品连续制造模式的原因。回顾了各种实验和建模技术的概述，重点介绍了连续湿法制粒单元操作的RTD特性。由于使用RTD模型研究多组分颗粒中颗粒的含量均匀性的潜力，特别强调了在连续湿法制粒领域已经完成的RTD实验工作和建模。在表征颗粒沿着制粒容器的轮廓动态生长趋势的背景下，简要描述了PBM、DEM及其耦合方法的使用。此外，解释了先前发表的文献中上述PBM和DEM的实验结果和模拟结果。特别强调了高剪切混合制粒机和双螺杆制粒机（TSG）的研究，因为这些是迄今为止连续制粒机制中最常用的装置。在这些小节中，作者介绍了一些内部结果，并简要介绍了主要趋势。因此，希望并推荐开始从事该领域研究的学生对这一回顾性章节的内容进行研究，同时也希望学术界和工业界的资深研究人员对此进行研究，以寻找关于连续湿法制粒的简明快速的参考指南。

参考文献

[1] Iveson SM, Litster JD, Hapgood K, Ennis BJ. Nucleation, growth and breakage phenomena in agitated wet granulation processes: a review. Powder Technol 2001;117(1):3−39.

[2] Kinoshita R, Ohta T, Koji S, Higashi K, Moribe K. Effects of wet-granulation process parameters on the dissolution and physical stability of a solid dispersion. Int J Pharm 2017;524(1):304−11.

[3] Morkhade DM. Comparative impact of different binder addition methods, binders and diluents on resulting granule and tablet attributes via high shear wet granulation. Powder Technol 2017;320:114−24.

[4] Nie H, Xu W, Lynne S, Taylor PJM, Byrn SR. Crystalline solid dispersion- a strategy to slowdown salt disproportionation in solid-state formulations during storage and wet granulation. Int J Pharm 2017;517(1):203−15.

[5] Oka S, Smrčka D, Kataria A, Emady H, Muzzio F, Štěpánek F, et al. Analysis of the origins of content non-uniformity in high-shear wet granulation. Int J Pharm 2017;528(1−2):578−85.

[6] Chaturbedi A, Bandi CK, Reddy D, Pandey P, Narang A, Bindra D, et al. Compartment based population balance model development of high shear wet granulation process via dry and wet binder addition. Chem Eng Res Des 2017;123:187−200.

[7] Jia D, Staufenbiel S, Hao S, Wang B, Dashevskiy A, Bodmeier R. Development of a discriminative biphasic in vitro dissolution test and correlation with in vivo pharmacokinetic studies for differently formulated racecadotril granules. J Control Release 2017;255:202−9.

[8] Chaudhury A, Tamrakar A, Schongut M, Smrcka D, Stepanek F, Ramachandran R. Multidimensional population balance model development and validation of a reactive detergent granulation process. Ind Eng Chem Res 2015;54(3):842−57.

[9] Sangshetti JN, Deshpande M, Zaheer Z, Shinde DB, Arote R. Quality by design approach: regulatory need. Arab J Chem 2017;10:S3412−25.

[10] Djuric D, Kleinebudde P. Impact of screw elements on continuous granulation with a twin-screw extruder. J Pharm Sci November 1, 2008;97(11):4934−42.

[11] Granberg RA, Rasmuson ÅC. Solubility of paracetamol in pure solvents. J Chem Eng Data November 11, 1999;44(6):1391−5.

[12] Kašpar O, Tokárová V, Oka S, Sowrirajan K, Ramachandran R, Štěpánek F. Combined UV/vis and micro-tomography investigation of acetaminophen dissolution from granules. Int J Pharm December 31, 2013;458(2):272−81.

[13] Oka S, Kašpar O, Tokárová V, Sowrirajan K, Wu H, Khan M, Muzzio F, Štěpánek F, Ramachandran R. A quantitative study of the effect of process parameters on key granule characteristics in a high shear wet granulation process involving a two component pharmaceutical blend. Adv Powder Technol January 1, 2015;26(1):315−22.

[14] Kumar A, Dhondt J, Vercruysse J, De Leersnyder F, Vanhoorne V, Vervaet C, Paul Remon J, Gernaey KV, De Beer T, Nopens I. Development of a process map: a step towards a regime map for steady-state high shear wet twin screw granulation. Powder Technol 2016;300:73−82.

[15] Meng W, Kotamarthy L, Panikar S, Sen M, Pradhan S, Marc M, et al. Statistical analysis and comparison of a continuous high shear granulator with a twin screw granulator: effect of process parameters on critical granule attributes and granulation mechanisms. Int J Pharm 2016;513(1−2):357−75.

[16] Meng W, Oka S, Liu X, Omer T, Ramachandran R, Fernando J. Muzzio. Effects of process and design parameters on granule size distribution in a continuous high shear granulation process. J Pharm Innov 2017;12(4):283−95.

[17] Effects of wetland depth and flow rate on residence time distribution characteristics. Ecol Eng 2004;23(3):189−203.

[18] Kumar A, Ganjyal GM, Jones DD, Hanna MA. Modelling residence time distribution in a twin-screw extruder as a series of ideal steady-state flow reactors. J Food Eng 2008;84(3):441−8.

[19] Yeh A-I, Jaw Y-M. Predicting residence time distributions in a single-screw extruder from operating conditions. J Food Eng 1999;39(1):81−9.

[20] Himmelblau DM, Bischoff KB. Process analysis and simulation. deterministic systems; 1968.

[21] Kumar A, Vercruysse J, Vanhoorne V, Toiviainen M, Panouillot P-E, Juuti M, et al. Conceptual framework for model based analysis of residence time distribution in twin-screw granulation. Eur J Pharm Sci 2015;71:25−34.

[22] Chaudhury A, Kapadia A, Prakash AV, Dana B, Ramachandran R. An extended cell-average technique for a multi-dimensional population balance of granulation describing aggregation and breakage. Adv Powder Technol 2013;24(6):962−71.

[23] Chaudhury A, Ramachandran R. Integrated population balance model development and validation of a granulation process. Part Sci Technol 2013;31(4):407−18.

[24] Ramachandran R, Chaudhury A. Model-based design and control of a continuous drum granulation process. Chem Eng Res Des 2012;90(8):1063−73.

[25] Dana B, Walia S, Ramachandran R. Multi-component population balance modelling of continuous granulation processes: a parametric study and comparison with experimental trends. Powder Technol 2013;241:85−97.

[26] Barrasso D, Hagrasy A El, Litster JD, Ramachandran R. Multi-dimensional population balance model development and validation for a twin screw granulation process. Powder Technol 2015;270 B:612−21.

[27] Kumar A, Vercruysse J, Séverine T, Mortier FC, Vervaet C, Paul Remon J, Gernaey KV, et al. Model-based analysis of a twin-screw wet granulation system for continuous solid dosage manufacturing. Comput Chem Eng 2016;89(9):62−70.

[28] Gantt JA, Cameron IT, Litster JD, Gatzke EP. Determination of coalescence kernels for high-shear granulation using DEM simulations. Powder Technol 2006;170(2):53−63.

[29] Dana B, Eppinger T, Pereira FE, Aglave R, Debuse K, Bermingham SK, Ramachandran R. A multi-scale, mechanistic model of a wet granulation process using a novel bi-directional PBM−DEM coupling algorithm. Chem Eng Sci 2015;123:500−13.

[30] Dana B, Ramachandran R. Multi-scale modeling of granulation processes: Bi-directional coupling of PBM with DEM via collision frequencies. Chem Eng Res Des 2015;93:304−17.

[31] Kulju T, Paavola M, Spittka H, Keiski RL, Juuso E, Leiviskä K, Muurinen E. Modeling continuous high-shear wet granulation with DEM-PB. Chem Eng Sci 2016;142:19−200.

[32] Boukouvala F, Chaudhury A, Sen M, Zhou R, Mioduszewski L, Ierapetritou MG, Ramachandran R. Computer-aided flowsheet simulation of a pharmaceutical tablet manufacturing process incorporating wet granulation. J Pharm Innov 2013;8(1):11−27.

[33] Singh R, Dana B, Chaudhury A, Sen M, Ierapetritou M, Ramachandran R. Closed-loop feedback control of a continuous pharmaceutical tablet manufacturing process via wet granulation. J Pharm Innov 2014;9(1):16−37.

[34] Dhenge RM, Cartwright JJ, Hounslow MJ, Salman AD. Twin screw wet granulation: effects of properties of granulation liquid. Powder Technol October 1, 2012;229:126−36.

第 7 章

连续流化床工艺

Stephen Sirabian

7.1 引言

连续制造工艺被称为"制药生产的未来"，并且这种共识在撰写本文时已得到广泛接受，并已得到充分确立。为了了解未来，必须要了解过去。通过口服固体制剂工艺的产生，我们可以看到连续制造工艺是如何进化的，并借鉴其他行业中已有的技术。

7.2 流化床基本知识

流化床设备是使一种气体（如空气）通过固体物料的设备。根据气体速率不同，可以达到不同的流化状态，并进一步达到不同的工艺性能。图7.1中对流化床的不同表现进行了图示说明。

假设一种粒度分布非常窄的物料被加入设备中。设备底部有一块多孔的筛板，被称为底部筛网。气体进入设备后，通过底部筛网向上运动。在低流速下，物料在底部筛网上不会有任何动作。这就是固定床的状态。

当气体流速逐渐增加，就会达到最低流化状态所需的气体流速。这种状态是物料开始脱离底部筛板运动，并且物料的表象也不再是固体形式。这种程度的运动代表着流化状态的开始 [图7.1（a）]。

随着气体流速的增加，颗粒的运动剧烈程度也在增加，并且颗粒移动的速度变化剧烈。与最低流化状态下气体消耗量相比，额外的气体以气泡的形式穿过流化床。这些气泡代表着设备内的产品（颗粒）有着良好的混合效果 [图7.1（b）]。这种混合效果是保证最终产品质量均一的基础。

最大气体流量是由流化物料的终态决定的。在最大流量下，物料会受到气体的推动从设备顶部逃逸出来。

在典型的生产操作中，流化床中的起始物料通常有着比较宽的粒度分布（粉末或颗粒）。但是，在流化床中的可调节湍流形式可以保证有效的物料混合，从而确保良好的热质交换。这种特性使得流化床工艺在干燥方面效率非常高，并且在物料中通过喷枪加入浆液时，流化床也能够成为一台高效的、粒度分布可控的制粒机。

通常，流化床腔室内会有一些粉尘的产生，这些粉尘是由原材料和颗粒的破损后产生

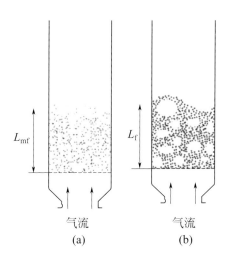

图7.1 （a）最低流化状态；（b）流化床中气泡的形式对颗粒混合效果的影响

的。这些粉尘会随着气体向上运动。因此，除尘设备是流化床工艺中必要的。在多数情况下，在流化床的扩展腔或者制粒区域的上方会集成过滤系统；但是在下游的冷却区域上方并不会有过滤系统，因为在这些区域内，并不会有颗粒产生。

7.3 干燥的背景和理论

根据目的，干燥过程可被定义为从物料的密集的颗粒床中把水分移除的过程。这一移除过程包含了两种机制：物质转移和热量转移。在流化床工艺中，是通过热空气向上流动到物料中得以实现的。气流使得物料处于悬浮状态并且将所有表面都暴露出来。气体能够高效地加热湿气使其从固体中分离出来，并且用物理方式来将已释放的湿气从干燥腔中分离出来。

湿气，无论是有机溶剂或者水分，通常认为是处于自由态或者结合态。

自由态湿气通常位于颗粒表面，并且在特定温度和湿度下会非常快速地蒸发出来。在毛细管结构中的湿气也被认为是自由态的，但是其干燥的速率更多地取决于其在颗粒内部的扩散速率，而不是气体干燥的能力。结合态湿气通常发生在分子层面，当水分子与颗粒中物料的分子结合，结合水只能够在有足够的能力来克服结合能的情况下去除。这种能量等级通常通过温度来进行检测。例如，在85℃下，乳糖的结合水不能够去除，但是在105℃下可以。在使用更高的温度克服结合能来进行干燥过程中需要进行一些额外的考量；实际中的温度可能会受到高温易降解物料的特性的限制。

内部干燥机制的简要总结如下：

① 毛细管流。水分保持在固体表面或颗粒腔内的空隙中。液体流动由高于大气压力下平衡含水量的蒸气压驱动。

② 蒸发扩散。在热空气温度梯度的驱动下，水分在固体中运动，形成蒸气压差梯度。

③ 液体扩散。这一过程与干燥过程后期最为相关，在干燥后期，液体运动受到平衡含水量低于大气饱和点的限制。

实际上，在制药工艺所使用的流化床操作中，采用加热的净化空气作为传热介质，同时也作为传质介质。由于液体蒸发速率取决于干燥腔内的蒸气压浓度，因此进风温度、湿度与进风流量都称为关键参数。

干燥曲线 绘制了水分含量随时间的变化，通常用于描述批次干燥特性，但也可用于连续制造的过程。二者的区别在于，一旦达到工艺稳定平衡点后，在干燥腔内不同区域会有不同的干燥状态，这种状态与时间是相互独立的。批次操作是在同一干燥腔室内，但是随着时间变化会有不同的干燥阶段。进风温度与物料温度的区别能够代表不同的干燥速率，因此在连续流化床干燥中，确定不同点位的相关温度能够确定该点位的干燥速率。

流化床干燥工艺中，干燥曲线有4个不同的区域。图7.2为干燥曲线的示例。预热区间是干燥的初始阶段，在这一阶段中，随着进风逐渐对物料加热，干燥速率逐渐增加。然后来到恒定速率阶段，在这一阶段中，物料表面持续处于饱和状态，从而使得热质交换达到平衡。随着足量的水分被从物料中移除，颗粒表面不再处于饱和状态，干燥速率随之下降。这代表着降速阶段的开始，即颗粒表面处于不饱和状态。由于颗粒表面的蒸发量降低，热空气中剩余的热量会加热颗粒本身，提高物料温度。随之而来的是，在第二个降速阶段会有内部水分移动的现象。

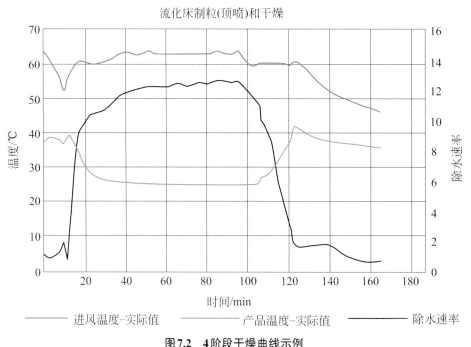

图7.2 4阶段干燥曲线示例

这一最终阶段的持续时间会决定最终产品的水分含量。在这一阶段增加进风温度并不会提高干燥速率。

7.4 造粒后干燥的背景和理论

制粒过程是指两种或两种以上的材料聚集在一起形成一个集合体。在制药行业中，"制粒"这一术语广泛应用于这种单元操作中，并且涉及多种物料，例如活性药物成分（API）、辅料、填充剂，以及其他所需物料，甚至是第二种API。制粒后颗粒的关键指标为粒度、孔隙率/密度以及强度。

制粒过程通常被用于固体粉末的粒度增长、除尘、改善溶出度和分散度中。在流化床制粒工艺中，液体或液体黏合剂被加入流化状态的原料中。这些液体润湿颗粒表面或者使用黏合剂将颗粒黏结到一起。二流体喷嘴被用于将液体均匀分布在物料中，喷嘴中的雾化效果是由压缩空气实现的。液体喷洒的形式可以是从顶部向下喷洒至物料中（顶喷形式）；或者是从底部向上喷洒至流化状态的物料中（底喷形式）；亦或是从侧面以切线形式喷洒至物料中（侧喷形式）。批次流化床制粒通常采用顶喷形式，但是连续流化床制粒工艺可以采用顶喷或者底喷的形式。

流化床喷浆区域内的物料（粉末或者已经形成的颗粒）的剧烈混合状态确保了颗粒之间的不断物质交换。这种交换也保证了固体颗粒表面的浆液均匀性，使得颗粒粒度不断增长。

将流化气体预处理至规定的温度和湿度，并确定气体流速，从而精确控制流化气体、固体颗粒和雾化黏合剂液体之间的传质传热。雾化后的液体在接触到颗粒表面后，随着水分被流化气体蒸发并带走，从而形成了新的颗粒。这一过程会反复多次——取决于停留时间（颗粒停留在流化床腔室内的时间），在颗粒增长到目标粒度后，将从工艺腔室内移出。

颗粒的互相结合是受到4种机制的影响，分别在图7.3中说明。所有过程起始阶段都是

制粒

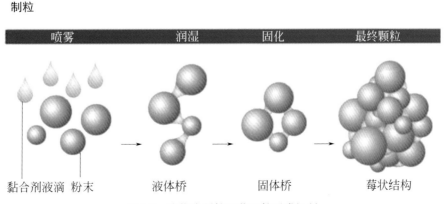

图7.3　流化床制粒工艺颗粒形成机制

由Glatt集团提供

从流化工艺开始，基础工作原理已经在之前予以说明。使用喷嘴将黏合剂喷洒到颗粒表面，并随着颗粒之间的相互碰撞和黏附从而形成更大的颗粒。液体刚被喷洒入流化床中的过程称为润湿阶段，在这一阶段中，物料的整体湿度开始增加。润湿的初始颗粒（也被称为粒子核）相互碰撞，两个颗粒互相黏合到一起。粒子核的相互碰撞形成颗粒，也被称为增长阶段。最终，随着密度的增加和流化时运动产生的挤压力作用到颗粒上，会来到最终的固化阶段。使用流化床进行制粒的优势在于，可以通过控制进风温度、进风湿度、进风量、进风速度以及喷液速率、液滴大小，从而更加精确控制最终产品参数。

7.5 商业化应用

如今，与很多制造业一样，批次生产流化床工艺在20世纪50年代应用在口服固体制剂领域中后，在战后得到了蓬勃发展。大约在1954年，在制药行业生产中，从颗粒中去除水分的操作设备就被定义为关键操作单元。虽然烘箱干燥为当时的默认干燥技术，但是其加热速率缓慢、工艺低效，并伴随着最终产品湿度的不均一以及可能会出现的其他影响因素。为了解决这些问题，与其将物料铺洒到硬质托盘中，新型的圆柱形带有冲孔/筛网板的反应器被制造出来，并使用风机将热空气引入腔体内。第一种采用对流形式的烘箱被称为盒式干燥箱，并且极大地改善了干燥的效果。

将物料放置于密闭盒中的方式很快得到了改进，在物料容器上方增加了一个更高的带有风机的圆柱形腔室，将100%的热空气通过湿物料进行干燥。通过将所有热风通过湿物料，大大提高了干燥的效率，但是仍有可改进的空间。在生产中发现，当热风通过底部分布板上的物料的时候，风速达到特定值后，物料会被空气吹离底板，并直到重力克服向上运动的趋势后才会重新掉落到底板上，直至再次被热空气吹扫起来。这种粉末的循环运动类似于液体流动，因此得名"流化床干燥"。由于在流化过程中，四周都被热空气包围，因此干燥过程非常快速和高效，并且最终产物水分含量非常均一。

受到生产效率需求的驱动，将制粒和干燥合并到一个操作单元的概念由此提出。与其在其他单独步骤中进行制粒，将干燥和制粒都在流化床干燥器中进行的方式更受青睐，并得名流化床制粒。流化床制粒工艺得益于在腔体内悬浮的颗粒，并且使用高压空气对制粒黏合剂进行雾化后喷入物料中。当雾化后的液体接触到悬浮的颗粒时，随着颗粒在流化过程中的碰撞，从而在多个颗粒之间形成液体桥。除了能够同时满足双重功能的益处，使用者还发现最终产品质量的均一性、密度以及可控性都得到了改善。

7.6 采用批次制造的原因

一开始采用批次制造更多是出于默认而不是特意的设计。批次制造实践的最早记录可以追溯到公元前2600年古巴比伦的药店。配方药剂在药店的桌子上使用研钵和杵混合到一起。使用批次制造的方式将不同组分混合在一起的基本理念在20世纪非常盛行。批次制造的优点有很多，但是其中最多被提及的是其简单性和可控性。正是这两个问题，推动了美国在21世纪第一个十年真正开始的连续固体制剂加工。

批次的配料方法使得药剂师们能够按照他们所需的方式进行调整配方。即使在今天，自动化的配方驱动的药品生产中，产品特性也可以在整个批次中随时采样，作为质量保证的手段，并允许进行调整，以确保最终批次参数符合质量规范。当然，调整配方和工艺参数的界限是在研发阶段确定的，但是这些工艺和配方在转移给生产时还是以批次的方式。在此以干燥作为最简单的举例，在整个干燥过程中都可以进行采样来确定产品水分，当其没有满足最终标准时，还是可以对很多参数进行调整以确保产品质量，例如，提高进风温度、延长干燥时间或者增加进风量。因此，通常都会存在一种能够"拯救"批次的方式，而不是将物料废弃。

尽管如此，连续制造的潜在效率在21世纪的第一个十年激发了人们的兴趣，这使得人们提出了一些混合解决方案。一个最基本的形式就是将多个批次制造设备连接起来形成一个总的单独生产单元。这种方法被称为批次连续制造，这种方法使得工艺还是在批次制造设备中进行，但是通过将多个设备连接在一起，并加上连续的进料，能够持续地产出产品。另一种方法是快速批次工艺循环，使用快速的自动化物料转移系统在操作单元中快速地进出，从而达到在一天之中设备大部分时间处于工作状态。但是，对真正的连续制造的需求依然存在，并且技术也在不断地进步。

现在越来越明确的是，虽然起初对于连续制造当中存在明显的顾虑，例如批次定义和质量控制，但是这些都已经由FDA和业界成功地给出了解答。在2019年，已经有5种药物以使用连续制造的方式得以上市，并且这些技术上的问题已经得到解决。没有人会否定批次制造会向连续制造进行过渡的共识，现在连续制造已经成为越来越多制药企业首选的生产方式。

7.7 其他行业中的连续制造

虽然对于制药行业来说，连续制造是全新的概念，但是在化工和食品领域，连续制造早已成熟应用，特别是洗涤剂、酶、化肥和食品配料。由于其生产规模早已超出一般的批量，因此使得使用批次制造设备变得既不经济也不可行。例如，对于一个大型的批次制粒机，虽然其容积可达2000L，但是连续制造生产每小时所需要处理的物料高达几千升。更甚的是，诸如回转煅烧窑这一广泛应用在建设、矿业以及石化工业的设备，可能每小时需要处理上百吨物料。这些制药行业之外所使用的连续制造设备已经运行了几十年，并且有很多的专家精通此道。

对于制药行业而言，小批量需求并且高度定型化的研发导致了同样原理的连续制造的应用有着不同的形式。不仅仅是产能非常小，并且能够将单独的生产单元分割开，这种形式是设计当中的关键因素，以便于能够控制和确认不同阶段的产品质量。过程分析技术（PAT）的优势以及对质量源于设计（QbD）理念的接受程度解决了这些问题。并且，与高效的实时放行以及FDA明确的对连续制造的支持，就可以克服这项技术中长期存在的困难。

7.8 传统连续流化床设计

图7.4展示了带有原料进料以及物料出料的连续流化床制粒的流程。在图中，螺杆计量装置将固体原料（如API）加入制粒机中。固定转速的旋转给料阀确保了流化床内的压力与外界压力的隔离。连续的物料出料是通过一个安装在出料管路上的可调转速的旋转阀进行出料速率控制。出料旋转阀可以根据进料速率以及加液速率进行出料的体积计量以达到质量平衡。

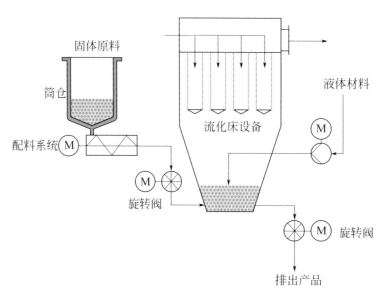

图7.4 带有原料进料以及物料出料的连续流化床制粒流程

为了保证制粒机内恒定的料层高度，使用了多种形式的溢流设计。图7.5展示的两个示例中，固定转速旋转阀都用来隔离大气压力或者与下游设备分离开。左侧的示意图展示了一种卧式矩形流化床的典型形式。在设备的出料一侧，一个末端溢流堰用于将流化床的操作区和出料区分离。

当流化床的料层高度增加,例如当进料速率增加时,固体产品就会溢流出来进入出料区,从而使得出料速率增加。但是还需要考虑到当流化气体速率增加时,物料层高也会随之增加。这意味着流化床内的停留物料质量与物料的流化状态之间存在一定的关系。

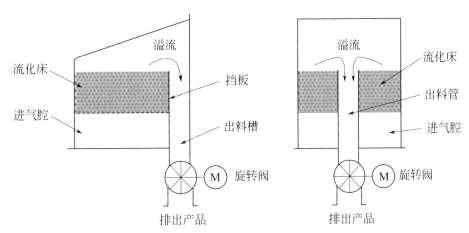

图7.5 确保流化床层高度的溢流设计

在图7.5中显示的出料原理是将所有粒度的物料都转移出来。因此,在制粒过程中产生的所有轻粉或者小粒径颗粒都会脱离设备。这些部分可以回用至制粒机/干燥器中来维持一个非常高的收率,这在很多非制药行业中应用非常普遍。为了对制粒工艺中这方面进行控制,通常会在产品出口应用粒度分类系统。在制药行业之外,低粒度颗粒与粉碎过后的高粒度颗粒通常都会经过粒度分类系统回用至流化床制粒机中。但是,在制药行业中,出于质量和物料追溯性方面的考虑,通常不允许这种回用措施,因此这就使得设备的未回用产品收率对工艺效率和经济性非常关键。

传统上来说,水平流化床通常是采用矩形的工艺腔室设计。如下所述,流化床现在可以使用圆形腔室设计,并当应用到制药行业的研发和中试生产中时会带来一些明显的优势。

在图7.6中,展示了一种水平流化床的典型布置。在这个示例中,一个简单的进料漏斗用来给连续制造工艺的流化床进行进料。一个旋转阀用来将上游工艺步骤与下游进行隔断。产品的出料是用配置了可调转速旋转阀的出料漏斗完成的。底喷或顶喷的加浆方式都可用于制粒或液体加料。内部过滤系统是用来将粉尘或者细粉隔离至设备内部,以减少外部处理废弃所需的设备种类,但是在某些特殊用途中,还是会使用到一些额外的外部废弃处理装置。

虽然可以使用一个进风管路来供给所有的工艺区域,但是多进风管路也可以应用在这种不同工艺区域之间的独立进风。多进风管路中,每路进风的相关参数都可独立定义和控制(如温度、流速以及湿度)。因此,这使得不同的加工工艺区域可以在一个设备中进行。例如,喷浆制粒可以在设备的上游部分进行,后续为干燥或者冷却工段。此外,单独的区域工艺可以通过调整进风的风量、温湿度以及喷液流速来进行优化。

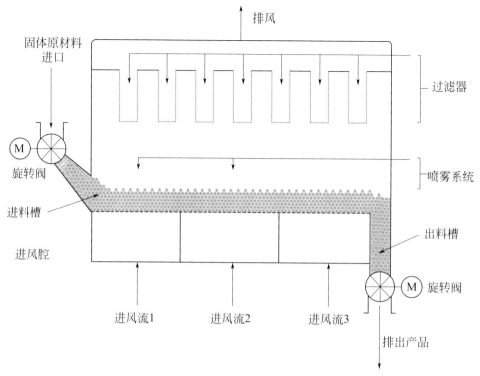

图7.6 水平连续流化床的布局

在圆形腔室流化床中的物料动态表现与矩形腔室中存在着差异。矩形流化床（图7.6）可以通过调整不同的筛网参数（长度和宽度）、产品产出速率以及设备内物料质量来预先确定停留时间分布。水平流化床中的物料流型更接近于柱塞流的现象，而不是在圆形流化床中更多见的混合良好的"连续混合罐"的形式。第6章中提供了在连续制造设备中物料的停留时间分布的详细描述。

非常典型的是，下游设备中外部过滤器、旋风分离器或者吸收塔是用来处理流化床排出的废气，并且外部过滤器、旋风分离器中收集的粉尘和轻粉可以在某些非制药行业中回用至设备内来充当制粒的粒子核。

7.9 制药工艺的调整

在制药行业中，由于进料速率远低于其他行业，因此在设备设计中要有不同的考量。作为最新的技术，最初的兴趣集中在研发领域，因此设备占地空间通常是设备研发的一个考虑，以及由于受到新API的产能和价格因素限制，设备的低物料使用量也是在设备设计中需要进行的考量。因此，这种之前提到的矩形截面的流化床通常会变成圆形形式，详见图7.7。这种设计更加节省空间，并使得进料量可从1kg/h提升到50kg/h，同时兼顾研发与中试型生产要求。在图7.7中展示的进料以及在图7.6中的出料部分应能够在圆形流化床中得以应用，并获得柱塞流形式的物料运动模型。

图7.7　连续工艺中的圆形流化床

　　另一个圆形流化床的优势在于其外观尺寸与批次流化床的外形相似（尤其是研发型、中试型流化床），因此这种流化床既可作为批次流化床使用，也可作为连续流化床进行生产。这样可以对现有的批次流化床结构进行改造，来获得一个连续式流化床，从而节省空间及资金。通常来说，过渡到需要使用矩形流化床的形式通常发生在50～100kg/h的批量时。

　　工艺腔室中的挡板可以是静态或者是动态的。静态的挡板依赖于物料轴向的运动，当物料从挡板底部穿过时，这样可以获得更加均一的物料停留时间。动态挡板（图7.8）通过旋转来与流化床底部进行密封，这使得可以强制获得预设的停留时间（非常接近柱塞流的运动形式）。

图7.8　用于连续流化床干燥工艺的旋转式干燥腔

　　其他的设计细节通常对整个系统的完整性有着一定的影响。在本书中的很多部分都对此有所涉及，因此本章主要揭示其在流化床工艺中的应用来获得对整体系统的理解。图7.9中展示了一个可以达到50kg/h出料速率的系统，开始于图片左上角的进料器，物料从连续混合机中进入进料器。在本例中，混合后的物料首先进入双螺杆挤出机进行高剪切制粒，然后进入流化床进行干燥并整粒，最终进入带有一体式除尘器的压片机的开放式进料口中。选择这个工艺的目的是凸显在连续制造操作中不同的单元操作需要的不同接口配合方式。在批次生产操作中，单元操作都是相互独立的，但是在连续工艺中必须要有个主控系统来确保不同的操作之间的协调，并且它们必须要同时进行操作以及拥有相同的物料流量。另外，在连续制造中，至少需要1个或者多个PAT设备，例如图7.9中显示的在干燥器出口的用来检测物料粒度和粒度分布的设备。有效的PAT整合，是一个控制逻辑中的基本，并且是能够实时放行的关键。

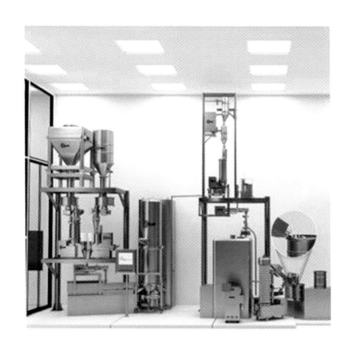

图7.9 开放式物料转移下的中试连续制粒工艺

7.10 追溯性

出于监管下行业对控制系统的要求，连续制造的控制系统能够对物料进行实时追踪。在批次制造中，有着其固有的对批次的组成定义，但是在连续制造中，需要定义其自己的批次。应当注意到，在FDA对批次的定义中通常是指确定数量的药品，在与其他物料的组合中，这通常是要求物料的质量和特性在特定数量中保持一致。不同批次定义的细节和考量可以在第16章中找到。定义连续制造中的批次可以使用多种方法，包括运行时间、物料体积、API批次等。由于不同的物料的使用量不同，一个最终批次中可能包含了主辅料的不同批次。这时物料的追溯性就变成了控制系统的一个主要的考量。图7.10中展示了一个追踪相同API的不同批次（批次A和批次B）的示例。

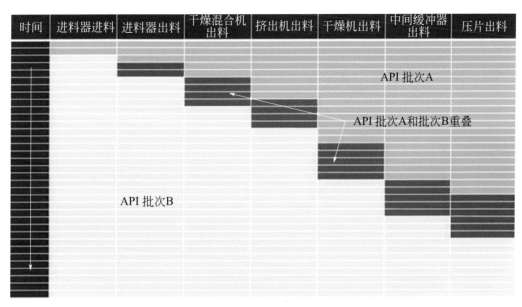

时间	进料器进料	进料器出料	干燥混合机出料	挤出机出料	干燥机出料	中间缓冲器出料	压片出料

API 批次A

API 批次A和批次B重叠

API 批次B

图7.10　由控制系统执行的追溯能够识别构成最终产品的批次

追溯性的关键是利用停留时间分布（RTD）来追踪系统中的物料流。换句话说，系统必须明确指明在何时，对于指定批次的物料已经完成生产，新的批次的物料开始进入系统。当追踪原料和最终批时，重要的是进行双向的了解。即，对于给定原料批已知，应当能够确定何时其对应的最终批次完成生产，但是如果已知的是最终产品批次，应当能够确定何时其对应的原料进入生产中。

控制系统所负责的另一项重要的任务是进行超标（OOS）物料的检测和管理。这需要定义不同操作单元的关键工艺参数（CPP）并对CPP以及PAT信息进行监控。一旦操作进入一个稳定的可控状态下，最终目标就是保持系统在这种可控状态下的运行，并防止由OOS事件造成的系统停机。在上述情况下，一个OOS物料出口通常被标记为废料或需转移物料。追踪最终产品中的2种不同辅料批次（A和B）以及单API批次和废料口批次的方法在图7.11中进行了展示。

PAT在任何或者所有废弃批次中起到了非常关键的作用。不同PAT的选择和技术在第12章中进行了说明，但是针对制粒工艺的讨论都需要明确PAT在任何连续制粒工艺的控制策略中都扮演了基石的作用。

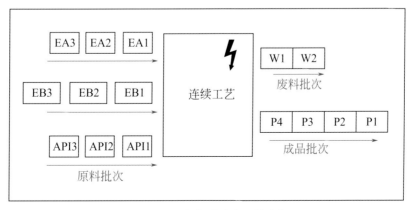

图7.11　原料与最终产品的追溯

7.11 其他连续制粒方法

虽然本章目前为止只讨论了连续流化床制粒，但是在制药行业中其他的制粒方式也得到了成功的应用。最常见的是使用双螺杆挤出机进行的湿法制粒。这一技术以及干法制粒本身就是连续制造操作。这两种技术在制药行业中已经使用多年，即使是在整合到连续制造工艺之前。双螺杆制粒（图7.12）（参见第6章）以及干法制粒工艺（参见第5章）都在本书中的其他部分进行了探讨。

图7.12　研发型双螺杆挤出制粒机搭配单腔流化床干燥器

挤出制粒本质上是一种高剪切湿法制粒工艺，通常其产品的密度比流化床制粒密度要大，但是低于传统高剪切制粒机的产品。挤出制粒后的产品首先经过流化床干燥，以获得目标湿度，然后进入下游操作，例如，粉碎、混合和压片。干燥后的颗粒也可用于胶囊填充。啮合型双螺杆是这些应用中最常见的形式。挤出机（图7.13）使用两个同向旋转的轴，并搭配不同的螺纹组件，例如输送、混合和啮合，来调整剪切力的特性以得到不同颗粒属性的产品。另外，可以选择不同的 L/D 数值（螺杆长度与其直径的比值），这对停留时间有着直接的影响，并且能够影响剪切力的参数，因此最终影响产品的特性。

物料是通过进料装置（例如进料器、混合机或者磨等）进入挤出机中，液体物料是通过工艺中途的进料口与固体物料（若需要）加入至设备内。当物料在设备腔体内运动，与黏合剂和其他外加辅料一起，在受到不同螺杆配置下的机械力作用下形成设定的颗粒特性。

干法制粒是另一种高剪切制粒工艺，其挤压力是在物料通过两个压辊时产生的。整个操作过程是干式的，意味着并不会使用液体黏合剂，适用于对水分敏感的物料。对干法制粒工艺的描述在第5章中进行了讨论。

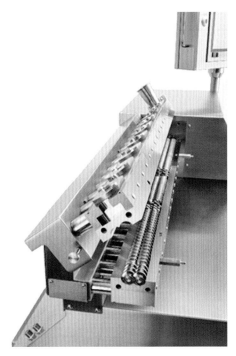

图 7.13　双螺杆挤出机/制粒机内部结构显示不同的制粒螺纹组件

7.12 结语

　　在跨越到连续制造领域后，制粒的科学理论并未发生改变。黏合剂与颗粒之间的反应以及颗粒增长的现象无论在批次或是连续制造中都会发生。不同之处在于将材料引入每个单元操作的辅助过程，以及通过整个工艺流程转移材料，重点是停留时间。此外，连续制粒必须在使PAT成为关键部件的规范范围内持续运行，与批次生产开发过程不同，批次的生产中更多的是依赖手动控制来达到不同的产品质量。

　　典型的是，通常在连续制造中，在给定时间内，设备内的物料数量相比于同样批量的批次制造设备要少得多，并且设备占地面积也要少，即便是将所有相关设备纳入比较中依然如此。另外，在产品的批量和体积调整中，连续制造也有着非常大的灵活性，这使得中试生产和商业化生产能够在同一设备上进行。最后，由于PAT在连续制造中的必要性，并且由于连续制造的控制系统能够动态地调整工艺操作参数以使得系统处于预设控制范围内，因此当考虑到对药品质量的监管合规要求，这些系统固有的过程控制和质量水平的提高，其带来的收益是显而易见的。

　　毫无疑问，制药应用的连续制造已经进入技术成熟期。不仅有几种已经商业化产品正在以这种方式制造（预计未来几年将有更多的产品），而且还有许多设备和技术制造商提供可行的系统。

第8章

连续压片

Sonia M.Razavi,Bereket Yohannes Ravendra Singh,
Marcial Gonzalez,Hwahsiung P.Lee,
Fernando J.Muzzio,Alberto M.Cuitiño

8.1 压片的基本原理

压片是包衣前片剂制造的阶段。如果不需要包衣，压实是制造片剂的最后阶段。使用旋转压片机可以最好地实现高速压片生产。旋转压片机由具有可变数量冲头和模具的旋转转台组成。最终产品（即片剂）的性质非常重要，并且与粉末本来的性质和在该阶段之前和期间的加工影响直接相关。

片剂压实从模具填充阶段开始，其中涉及复杂的粉末流动现象[1]。重力进料和强制进料是两种最常用的模孔填充方法。在最常见的连续强制进料选项中，粉末混合物通过管道传输至连接到饲料器的料斗。然后，饲料器使用旋转桨迫使粉末进入模具中，因其自身动力学，饲料器可以视为单独的单元操作。饲料器对粉末特性产生单独的影响，桨叶表现出不同设计（如桨轮的数量、尺寸和形状），饲料器所安装的腔室也有所不同（如形状和体积）[2]。料斗设计也是如此，已经证明料斗的形状和尺寸是影响粉末流动和排放速率的重要设计参数[3]。然而，料斗和饲料器通常被认为是压片机操作单元的一部分，因为大多数市售压片机提供固定设计的饲料器。操作员可以优化饲料器速度并保持固定料斗中的填充水平以避免差异。

模具填充阶段的变化是影响含量均一性、片剂硬度和溶出度等质量问题的主要来源，可能与粉末性质有关，例如内聚力、堆密度、粒度和形状和/或工艺参数（例如转台速度、饲料器速度和模具尺寸）[4-6]。粉末在饲料器中的停留时间是粉末密度、饲料器尺寸和速度以及转台速度[7]的函数，赋予粉末的剪切力将影响药片的硬度和溶出速率[2]。

在填充阶段之后，通过改变模具体积来调节粉末的质量。填充凸轮将过量的粉末推出模具，这是一个简短的计量阶段。接下来是压缩阶段，通常由两个步骤组成：预压缩和主压缩。在预压缩步骤中，对粉末施加低压缩力以释放粉末颗粒之间存在的空气。在主压缩阶段，冲头靠得越近粉末床的厚度越小，直到它达到其最小值，这时施加最大压实压力。当释放力时，卸载阶段开始，并且随着片剂的膨胀（主要是轴向上），一些机械能被收回。

主要有两种旋转压片机：行程控制和压力控制。在行程控制的压力机中，可以控制冲头之间的间隙，并将粉末压缩至恒定的目标厚度。在压力控制的压力机中，施加在粉末上的力可以通过空气补偿器提供的液压来控制。控制工艺参数会发生变化，取决于使用哪种压片机。关于行程控制压片机，可调节的工艺参数有转台速度、饲料器速度、填充深度、预压缩行程、主压缩阶段行程和模具几何形状，这些都需要在操作前固定好。在一些压片机中，对于黏性共混物，观察到进料滑槽中粉末柱的高度也起一定的作用。

关键参数识别、实验设计的简化和压实阶段的优化都是值得在连续压片中探索的领域。压实建模在实现这些目标中起着重要作用，这有助于我们理解粉末压实现象及其背后的物理特性及其对工艺的影响。

8.2 压实的现象学模型

将封闭在刚性模具内的粉末床转化为压缩固体，仅施加压实压力就涉及多种物理机制。通常，该过程的初始阶段的特征在于颗粒重排，其导致形成紧密堆积的系统。在随后的阶段，随着施加更高的压力，通过颗粒重排不能进一步降低孔隙率，因此颗粒经历脆性断裂、塑性变形或两种情况都有[8,9]。这些耗散和不可逆的粉末床体积减小的过程，致使形成固体片剂。具体而言，断裂和永久变形产生颗粒与颗粒的接触表面，因此形成结合的机会，并且在大变形下，固体桥接形成的机会由诸如烧结、熔化、无定形固体结晶或化学反应的工艺驱动[10]。粒度、形状和粗糙度影响压实的初始阶段，但断裂和塑性变形主导着许多药物混合物的高密度压实体的形成[11]。

颗粒级别压实的现象学描述需要开发具有固体桥接形成的弹塑性颗粒加载-卸载接触定律。Storakers及其同事开发了弹塑性领域的加载接触定律[12,13]。弹塑性领域的这些接触定律成功地模拟了药用辅料的变形，例如微晶纤维素和乳糖一水合物[14,15]。Mesarovic和Johnson[16]开发了具有黏合强度或黏合力的弹塑性领域的卸载接触定律。当颗粒在塑性变形期间形成固体桥接时，该公式在卸载开始时表现出不连续性，已经通过引入正则化项[17]克服了限制。具体而言，该广义接触定律考虑两个弹塑性球形颗粒的半径R、杨氏模量E、泊松比n、塑性刚度k和塑性定律指数m，其在加载下塑性变形并且卸载下弹性松弛。位于相对位置γ的颗粒的接触半径a由下式给出：

$$a^2 = \begin{cases} c^2 R\gamma = a_P^2 & \text{塑性负载} \\ \left[a_P^2 - \left(\frac{2E(\gamma_P-\gamma)}{3(1-v^2)n_P a_P^{1/m}} \right)^2 \right]_+ & \text{弹性负载} \end{cases}$$

式中，$n_P=\pi k R^{-1/m}\kappa$，$a_P^2=c^2 R\gamma_P$，$k=3\times 6^{-1/m}$，$c^2=1.43\mathrm{e}^{-0.97/m}$，$[\cdot]_+ = \max\{\cdot, 0\}$。弹塑性球形颗粒能够形成以断裂韧性为特征的实心桥，断裂韧性$K_{Ic}=\sqrt{\omega E(1-v^2)}$，其中$\omega$为界面断裂能。因此，弹性、塑性负载力定义如下：

$$P = \begin{cases} n_P a^{2+1/m} & \text{塑性负载} \\ \frac{2n_P}{\pi} a_P^{2+1/m} \left[\arcsin\left(\frac{a}{a_P}\right) - \frac{a}{a_P}\sqrt{1-\left(\frac{a}{a_P}\right)^2} \right] \\ -2K_{Ic}\pi^{1/2}a^{3/2}\frac{(1+\xi_B)^2[a_B-a]_+}{(1+\xi_B)a_B-a} & \text{弹性负载} \end{cases}$$

式中，ξ_B是正则化参数；a_B是结合区域或固体桥接的半径，如果形成固体桥接则半径等于a_P，如果固体桥接断裂则等于零。正则化项[17]赋予接触定律在形成固体桥接后卸载开始时以及在固体桥接或结合表面破裂后开始塑性加载时连续的性质（图8.1）。

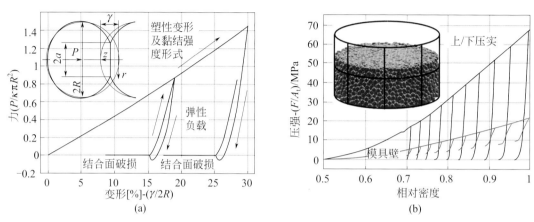

图8.1 （a）具有黏合强度的弹塑性领域的广义加载－卸载接触定律；（b）压片过程中冲头和模具壁压强与相对密度的函数关系的颗粒力学结果

模拟中采用了ξ_B=0.01的正则化参数[17]

片剂的现象学建模还需要开发能够描述粉末床中的每个单独颗粒的计算建模方法以及压实样品中颗粒的集体重排和变形。为此，开发了高限制条件下颗粒系统的粒子力学方法[18,19]，并已用于有效预测弹性球形颗粒在模具中压实过程中的微观结构演变，直至相对密度接近1[14, 15, 20, 21]。图8.1显示了具有黏合强度的弹塑性粉末的模具中压实、卸载和顶出的三维粒子力学静态计算。

8.3 压实操作的表征

通常，压实操作的表征需要大量的尝试来寻找施加的压实压力和速率之间的关系，找到片剂密度以及压实压力和片剂拉伸强度之间的关系。因此，有必要制定一种标准程序，以尽量减少这方面的工作。使用配备了仪表的压片机，并配合机械建模和材料数据库可以显著减少压实表征过程。压实模拟器（例如MCC's Presster, MCC, East Hanover,NJ）和最近推出的单冲压台式压片机（Gamlen GTP-1, Gamlen Tableting, United Kingdom）是用于小规模生产和研究的良好候选者。此外，8.2节讨论的机械模型可用于开发表征粉末压实的稳定程序。

对于粉末压实应用，通常基于相对密度测量压实水平。因此，希望得到压实压力和相对密度（即可压缩性）之间的关系。更重要的是，对于给定的物料，在施加压实压力期间的应力路径（应力-应变关系）是唯一的。

因此，通过精确地读取冲头压力和位移，可以更有效地表征压缩过程。这可以通过将应变计放置在压辊销上以测量力和连接到每个冲头的线性位移传感器来实现测量相对于平台的位移。基于测得的力和位移读数，可以绘制压实过程中的力-粉末床厚度曲线，其包括加载和卸载阶段。通过研究粉末压实曲线可以获得大量信息。例如，可以通过计算力-位移曲线下的面积来直接计算压缩粉末所做的功。

由于给定粉末床的加载路径相同，单个压实曲线足以建立相对密度和压实压力❶之间的关系。如果将用于表征相对密度接近1（即零孔隙率）的压实过程，则优选该压实曲线。图8.2显示了乳糖粉末（结晶和无定形乳糖的喷雾干燥混合物，Foremost Farms,Baraboo,WI）的不同压实水平的压实压力与相对密度的关系。较高压实水平的压实曲线包括加载阶段较低压实水平的整个压实曲线。在这种情况下，较高压实水平的压实曲线是唯一可以评估以确定物料性能的曲线。

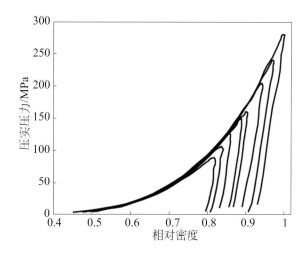

图8.2　乳糖粉末的压实压力与相对密度的关系

一旦从实验中获得压实曲线，就可以基于压实方程确定机械参数，例如Kawakita模型[22]或8.2节中讨论的机械模型。Kawakita模型只需要拟合压实曲线来确定模型参数。虽然提取Kawakita参数比机械模型容易且快得多，但Kawakita模型仅适用于加载阶段。以前，Yohannes等[14]已经表明，加载阶段主要受颗粒塑性的影响，而卸载阶段受颗粒的弹性和表面结合性质的影响。因此，Kawakita模型的参数主要与粉末的塑性特性有关。因此，建议使用机械模型[14,15]来表征压实过程，因为它可以提供有关颗粒特性的更多信息。

使用机械模型确定与粉末压实相关的机械性能涉及两个主要步骤[14]。第一步是基于一条实验压实曲线确定塑性。由于塑性不是先知的，因此最初的塑性是猜测的。从模拟中，将压实压力与相对密度图和实验进行比较。如果曲线不相似，第一次试验的情况大多如此，则调整塑性并进行第二次模拟。重复模拟，直到模拟的压缩曲线足够接近实验的压缩曲线。图8.3显示了几个试图获得乳糖粉末（结晶和无定形乳糖的喷雾干燥混合物，Foremost Farms,Baraboo,WI）的压实曲线模拟。进行若干模拟以确定一种粉末的塑性参数似乎是乏味

---

❶ 压实压力英文compaction pressure，单位MPa，行业习称"压实压力"——译者注。

的，特别是如果打算表征几种粉末的性质。然而，所有模拟的结果（压实压力与相对密度数据）可以存储并在将来用于快速评估其他物料的性质。有了早期模拟获得足够的数据，只需要几个额外的模拟来确定粉末的塑性。

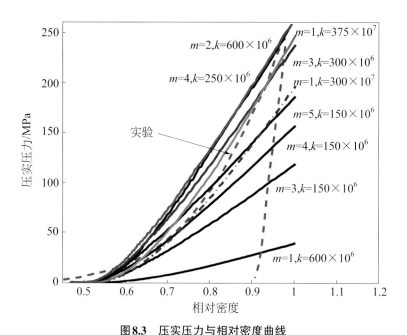

图8.3   压实压力与相对密度曲线
进行了几次模拟以确定乳糖粉末的塑性参数。最小二乘法用于确定最佳拟合塑性参数[14]

表征技术的第二步是确定粉末的弹性和黏合性能。和第一步一样，这需要几个模拟。在加载阶段确定的塑性用于卸载模拟。使用与第一步类似的程序确定最佳拟合的弹性和黏合性能。图8.4显示了卸载阶段的模拟和实验的比较。可以将模拟结果保存到数据库中，用于确定其他粉末的弹性和黏合性能。

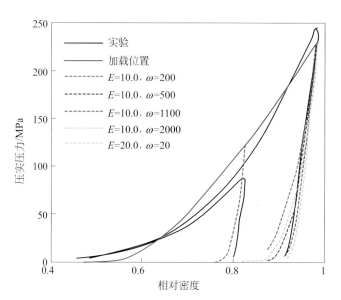

图8.4   实验和模拟的压实曲线，用于确定粉末的弹性和黏合性能
使用最小二乘法确定最佳拟合的弹性和黏合性能。一旦确定了高压实压力下的塑性、弹性和黏结参数，
模拟就可以预测在较低压实压力下的加载和卸载[14]

如图8.4所示，基于在高压实压力下的模拟确定的塑性、弹性和黏合性能可用于预测在较低压实压力下的加载和卸载。该方法的益处进一步证明了其适用于预测片剂的拉伸强度[14]。因此，如果数据库中有几个模拟可用，则可以快速且容易地确定片剂的压实特性和拉伸强度。总体而言，如第3章所述，用4个参数（m、k、E和w）描述粉末的可压缩特性，可以添加到物料表征数据库中。此外，可以通过添加其他物料特性，例如摩擦和黏度来扩展数据库，以分别说明润滑和速率相关特性。

8.4　连续制造中片剂的表征

在药片投放市场之前，它需要满足美国食品药品管理局（FDA）强调的称为关键质量属性（CQA）的某些预定义的规格[23]。药片的CQA通常定义为其重量、硬度、药物效力和效力变异性（分别为"含量"和"含量均匀性"），以及溶出曲线。因此，药片通常从批次中采样并进行一组测试以测量这些CQA中的每一项指标。传统上，并且仍然经常如此，在包含台式设备的分析实验室中，少量片剂被离线采样并测试其CQA。近年来，出现了可以实施大部分检测项目的近线❶检测设备。这种设备可以完全集成到过程控制系统中。诸如来自Bruker的TANDEM、来自SOTAX的AT-4和HT-100，以及来自Fette的Checkmaster等设备对药片进行以下部分或全部测试：重量、硬度、厚度、直径或长度以及使用近红外（NIR）光谱测试化学成分。片剂的近线检测已被证明是连续制造和实时放行检测的推动者。

十多年前，探索和研究了诸如NIR光谱、NIR化学成像、拉曼光谱、超声（US）和光声测量，以及太赫兹脉冲成像等非破坏性技术以预测CQA。由于存在药片与药片之间固有概率的差异性（即使是连续制造的药片），使用非破坏性方法允许收集关于单个药片上的所有CQA的信息。这有助于检查不同测量之间的关系并改进现有模型，然后可以将其用作某些相同CQA的软传感器。在所有上述装置中，硬度测试涉及计算断裂力，这不可避免地导致药片被破坏，如果需要，导致其不能用于任何其他的测试。另外，也导致它不能用于药片溶出度的最终属性测量，这也是破坏性的。因此，非常需要避免破坏片剂的硬度和溶出度检测的替代方法。

此外，在实时放行（RTR）检测中，甚至对于连续过程控制而言，快速测量或预测片剂的CQA是至关重要。更快的数据收集允许测试更多数量的药片，从而提高质量保证。药片在现有近线设备中进行所有指定测试所花费的时间约为几分钟，这不适合在线监控过程。收集有关药片CQA的信息有不同的方法：直接测量、间接测量或压片机响应参数的控制。有一些简单的测量技术可用于直接测量关注的属性。例如，激光三角测量是直接测量药片厚度和直径

---

❶ 近线（at-line）：在接近工艺流程的位置，将样品取出、分离并进行分析的测量方法——译者注。

的快速、非接触且易于使用的方法。对于某些CQA，例如片重，考虑到压片机读数的预压压力或预压厚度与片重之间存在显著的关系，因此可能不需要使用任何测量工具[24]。所有涉及测量次要属性的其他检测都需要通过转换为关注的主要属性参数。因此，预测建模是质量控制策略中的一个重要领域。在接下来的部分中，将简要讨论预测化学成分、硬度和溶出曲线的模型。

8.4.1　成分模型

NIR光谱可用于确定药片的成分。多变量数据分析工具用于将原始光谱数据转换为可量化值。这种转变将包括建立统计模型以获得制剂中部分或全部成分的量。这些模型应该离线构建并使用众所周知的指标进行评估，然后再作为近线或在线测量系统应用。通常，将NIR传感器放置在连接到压片机的管路上，测量在进入压片机的饲料器之前粉末混合物。因此，如果片剂组成不一致，应在压片机中检查原因，例如，在饲料器中是否发生分层[25]。此外，在某些情况下，进料流中的近红外测量可能不准确，要么管壁附近的成分与大部分混合物（远离传感器）不同，要么传感器被混合成分包裹。为了避免这些问题，一些研究人员还将NIR传感器放置在饲料器内，这使得能够在粉末进入药片模孔之前立即测量粉末成分[26,27]。测试结果已被证明其是最终片剂含量均匀性的极好预测方式。

8.4.2　硬度预测模型

8.4.2.1　超声波检测

超声波检测是一种可以获取有关药片微观结构和力学状态信息的快速无损的技术[28-30]。超声波检测可以用作在线压实监测工具[31-33]或作为近线工具来表征药片的力学性能，特别是药片的硬度。对于模具外测量，药片放置在两个直接接触的压电转换器之间。来自脉冲发生器/接收器单元的方形电脉冲被发射到传输转换器中。电信号被转换成超声波并作为机械波在药片中传播，并被另一端的接收转换器接收并通过示波器将其转换为数字化波形。

在超声波检测广泛的应用中，测量在药片中声波传播的飞行时间（ToF）可用于预测其硬度。杨氏模量E可以通过式（8.1）根据测量超声波在已知厚度（D）的药片中传输的纵向声波速率（c）来得出。

$$c=\sqrt{\frac{E}{\rho}}=\frac{D}{\text{ToF}} \tag{8.1}$$

存储每片的ToF、c和E值。需要一个基于超声波数据模型来预测硬度。该模型在用作近线测量工具之前通常准备并评估某种配方。

有限数量的药片（约20片）足以构建硬度模型。首先，进行超声波检测以评估杨氏模量，然后在相同的药片上进行破坏性硬度测量。如果药片的形状相对简单（例如圆柱形药片），则断裂力（硬度）转化为拉伸强度，这是材料的特征。对于一些特殊形状的药片，不存在计算拉伸强度的分析方法，而是使用断裂力值。然而，可以使用数值分析来探索理解药片中相反的应力状态。

上述两个测量结果之间存在一一对应的关系。杨氏模量和拉伸强度都是药片孔隙率的函数，并且这种从属性对于每项都是不同的。实验数据符合式（8.2）[34]和式（8.3）[35]。还有其他现有模型将 E 和 σ_t 描述为它们的零孔隙率值的函数。

$$E=E_0\left[1-\left(\frac{1}{\phi_{c,E}}\right)\phi\right] \tag{8.2}$$

$$\sigma_t=\sigma_0\left[1-\left(\frac{\phi}{\phi_{c,\sigma_t}}\right)e^{(\phi_c-\phi)}\right] \tag{8.3}$$

式中，E_0、σ_0、$\phi_{c,E}$ 和 $\phi_{c,\sigma t}$ 是系数参数；E_0 和 σ_0 分别是零孔隙率下的杨氏模量和拉伸强度，$\phi_{c,E}$ 和 $\phi_{c,\sigma t}$ 是 E 和 σ_t 变为零的关键孔隙率。通过研究不同工艺参数的影响可以改进该模型。例如，润滑剂混合时间或润滑剂浓度影响药片的力学性能[30,36]。每个条件都有不同的 E_0 和 σ_0。为了将这两个属性联系起来，需要阐明 E_0 和 σ_0 之间的模型。

8.4.2.2　红外热成像

从粉末压实成药片总是伴随着机械功不可逆地转化为热量。粉末颗粒、颗粒和模壁之间的摩擦，颗粒的塑性变形，黏合和其他不可逆过程产生热量。得到的温度升高可显著影响片剂性能（如力学性能、崩解时间和药物释放曲线）。

红外辐射（IR）的主要来源是热。通过利用红外热成像作为非破坏性和非接触式工具来采集红外信号，该工具允许在实验室实验中从压片机压片期间实时获取准确的药片温度场。该技术还可以作为在线PAT工具来实现质量控制。

IR技术可以区分在相似的压实压力下生产但经历不同剪切应变条件的相似成分片剂（图8.5）。从IR测量中，发现片剂从压片机排出后的冷却速率、片剂拉伸强度和相对密度之间存在明显的相关性，这可用于预测片剂的拉伸强度[37]。该程序类似于8.4.2.1节中讨论的程序。与超声波检测相比，红外热成像测量和数据采集需要更长的时间。

8.4.2.3　溶出度预测模型

溶出度检测是长期的和烦琐的，因此在连续制造中不可能将它们用于实时控制。药片需要离线进行溶出度检测。然而，最近已经使用NIR的非破坏性方法来预测片剂溶出反应的工作。

该方法涉及离线构建预测模型，但是一旦建立了预测方法，就可以使用近线无损测量来预测片剂的溶出度。这些方法的细节在第10章中讨论。

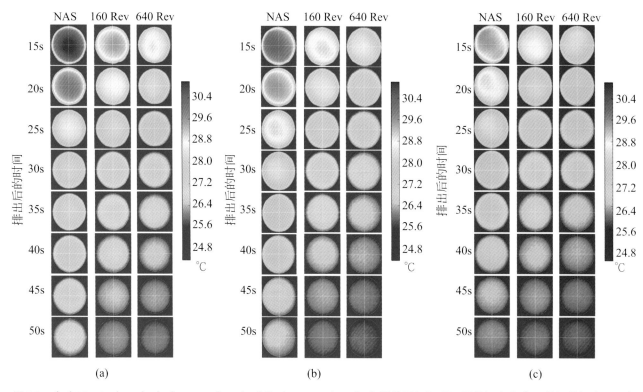

图8.5　在（24±0.5）kN（a）、（20±0.5）kN（b）和（16±0.5）kN（c）压缩下但经受不同剪切应变［无附加剪切（NAS），160转剪切和640转剪切］药片的红外图像

8.5 控制

市售的大多数压片机都是基于主压力的实时反馈控制。通常假定，对于所需的片重和硬度，需要特定的主压力，因此主压力的变化是片重和硬度变化的主要指示。对于许多（但不是全部）制剂，片剂硬度的变化是片剂溶出和崩解时间变化的主要原因之一，因此它影响药物组分的实时释放及其效力。

8.5.1　内置的压片机控制策略

大多数现代商用压片机都包括内置的控制系统。基本控制回路涉及通过操纵填充深度来直接控制主压力。如果药片重量和硬度测量工具可用，则除了前述循环之外，还可以应用另外两个控制循环。第一个通过调整药片厚度和填充深度同时控制药片重量和主压力。第二个是在同时控制药片重量和主压力的同时调整药片的硬度。

这种控制策略通常不考虑被压紧的物料，也不允许用户调整控制器，这可能导致性能不佳。因此，可能更期望实施外部先进的控制系统。以下部分将介绍此措施。

8.5.2 先进模型预测控制系统简述

模型预测控制（MPC）是一种基于闭环优化的控制算法。这是一种有效且经过验证的策略，已广泛应用于炼油、大宗化学品生产和空气动力学等领域[38,39]。MPC优于其他控制器的是可以轻松调整以处理复杂的工艺动态；它可以有效地处理过程变量之间显著的相互作用；它可以很容易地补偿大的工艺空档时间，而且更容易调整[38,40]。一些描述该算法在连续药物制造环境中的开发和实施的文章[41,42]显示了MPC的改进性能。然而，提高的效率是有代价的：与传统的PID（比例、积分、微分）控制器相比，MPC实施在计算上更昂贵和复杂。

8.5.3 压片机先进模型预测控制系统的设计

动态模型在过程动力学和控制中起主要作用。在设计和实施任何工艺的控制策略时，非常希望具有控制相关的模型。这些模型可用于提高对工艺的理解，通过工厂模拟培训个人操作，制定工艺控制策略并优化操作条件[43]。与用于粉末动态模拟的传统模型（如群体平衡模型和离散元模型）相比，工艺控制中使用的模型必须能够代表工艺动态，同时需要相对较低的计算能力，从而能够快速执行模型。在诸如药片压实的操作中，可以容易地掌握变量之间的一般关系，所选择的动态模型通常本质上是半经验的。这类动态模型基于第一原则和基于实验数据的参数拟合的混合。

开发控制相关模型的第一步是确定工艺参数和CQA之间一般的相互作用。这种关系可以从以前的工艺知识和理解、历史工艺数据或整体灵敏度分析中确定，其中改变执行器的应用并观察关键质量属性的变化。一旦理解了这些相互作用，就可以得出模型的整体控制结构。然后进行阶跃变化实验以获得动态工艺数据，然后拟合模型的各个参数。拟合模型根据实验数据进行验证，如果验证成功，模型即可使用。建模过程是一个自适应迭代过程；随着获得新的工艺数据，模型可以总是处于扩展和改进状态。

重要的是要考虑压实过程具有以非线性行为为特征的变量，例如压力。在可能的情况下，非线性应该由控制相关模型捕获，因为它们会严重影响控制器的性能。

模型可以成为控制系统开发中的强大工具，因为它们可以对设计的控制系统进行快速样机研究、调整和评估。如果模型可用，可以进行多项研究，如动态灵敏度分析、不同控制算法和策略之间的比较以及系统稳定性分析。Barros等[42]提出了一个完整的例子，开发的用于控制策略设计和评估模型从模型开发到应用的过程。

控制策略的设计从定义哪些变量需要被控制开始。并非可以同时控制所有变量，因此适当定义受控变量对于控制器性能至关重要。就压片机而言，可控制的变量是预压力和主压力（或位移）、片重和断裂力（硬度）。一旦定义了受控变量，就有必要确定每个控制器变量的执行器。理想情况下，应选择执行器以最小化受控变量之间的相互作用并避免非线性。如果这是不可行的，这些交互可以由控制器本身解决。在图8.6所示的控制上层结构中可以看到可能的控制策略，用于压片压实操作的受控变量/成对执行器的示例。

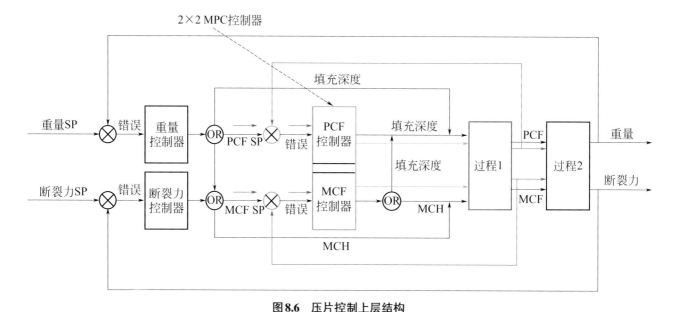

图8.6 压片控制上层结构

来自Liu J F, et al.Real-time in-die compaction monitoring of dry-coated tablets.Int J Pharm 2011, 414 (1-2): 171-178.

控制系统设计的下一步是选择系统中使用的控制算法（PID，比例控制，MPC）。无论实施的控制算法如何，都需要定义操作点（调节控制器的条件）。这对于非线性系统特别重要。完成所有最终步骤后，可以根据动态工艺模型调整控制器。然后控制策略在实际设备中实施，并且可以进行控制器的微调。

设定值跟踪和干扰排除实验被用来挑战设计的控制算法。标准控制器性能指标，如积分平方误差、积分绝对误差和积分时间加权绝对误差，可用于控制器的性能评估。

8.5.4 压片机先进模型预测控制系统的实施

软件和硬件的集成是实现控制系统的第一步。在直接压实的情况下，可以使用各种通信协议将生产过程集成到控制系统中。在这里描述的工作中，压片机使用OPC（OLE过程控制）与控制平台集成。重要的后续步骤是调整所选的控制算法以控制过程。在这种情况下，控制平台上的MPC是通过逐步测试开发和调整的。这些测试是手动生成的，以确保获得足够的数据。MPC模型是使用控制平台自动生成的。

然后将调整后的MPC用于测试控制策略。可以通过检查控制器是否有效地跟踪设定值以及是否通过适当的操作过程参数来拒绝干扰来进行性能评估。图8.6为一个示例，图8.7说明了这种控制策略的性能，其中预压缩力和主压缩力同时受到控制。

操纵变量分别是主要压缩高度和填充深度。该策略依赖于主压力的控制来间接控制片剂的硬度和控制预压力以控制片重。所提出的控制策略的优点之一是它分离了片剂硬度和重量

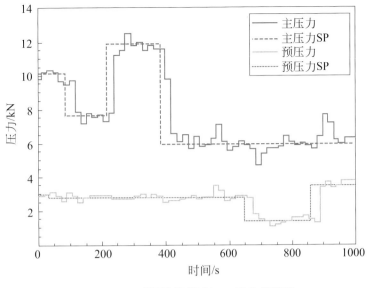

图8.7　2×2模型预测控制——设定值跟踪

控制，因此两个CQA可以（间接）独立控制。如图8.6所示，主压力的设定值已经改变，同时保持预压力设定值恒定。控制器能够控制两个变量接近设定值。随后，在保持主压力设定值恒定的同时改变预压力设定值。结果表明，实施的先进的模型预测控制系统性能良好。在其他地方报告了在压片机中先进的模型预测控制系统及其性能评估实施的进一步细节[41]。

8.5.5　集成压片机的连续制造生产线的监控系统

为了在连续制造过程中将压片机与其余单元操作集成在一起，还需要监控系统。期望的监控系统在第12章中进行了描述。连续制造必不可少的监督控制回路之一是滑槽（输送管）粉末位置控制回路。该控制回路充当整线入口和出口流速之间的桥梁，对于避免压片机过度充满物料或空转的情况至关重要。MPC系统已被实施到粉末位置控制的片剂直压制造过程中[44]。实施过程在第12章中进行描述。

8.6 设计连续式压片的实验计划

在处理新配方时，必须考虑影响集成工艺控制和药片最终性能的物料特性和工艺参数。因此，建立有效的实验设计对于确定重要参数和优化工艺是至关重要的。为了彻底分析，实验计划包括两个阶段。第一阶段，称为筛选实验设计（DoE），是确定影响工艺和产品质量的最重要因素。该DoE由许多因素（例如搅拌器速度、转台速度、饲料器速度、磨粉机筛网尺寸、填充深度等）组成，不是用于构建预测模型，因为每个因素只有两个级别。在第二个阶段中，使用较少数量的因子进行优化DoE，但是使用每个因素额外的级别来研究变量响应和输入参数之间的关系。这些模型经过验证后，可以作为软传感器来预测CQA。理想情况下，依赖于物料特性并需要对每种新配方进行校准的经验模型应随着时间的推移用机械模型和基础原理模型取代。

8.7 结语

本章重点介绍压片集成、使用模拟进行建模和表征、在线/近线药片表征以及用于连续压片阶段的控制系统。压片过程的模拟具有重要价值，有助于理解工艺参数（即模具性能、润滑和压实动力学）对产品性能的影响，从而使产品工程化成为可能。

参考文献

[1] Sinka IC, Schneider LCR, Cocks ACF. Measurement of the flow properties of powders with special reference to die fill. Int J Pharm 2004;280(1−2):27−38.

[2] Mendez R, Muzzio F, Velazquez C. Study of the effects of feed frames on powder blend properties during the filling of tablet press dies. Powder Technol 2010;200(3):105−16.

[3] Ketterhagen WR, Hancock BC. Optimizing the design of eccentric feed hoppers for tablet presses using DEM. Comput Chem Eng 2010;34(7):1072−81.

[4] Mehrotra A, et al. A modeling approach for understanding effects of powder flow properties on tablet weight variability. Powder Technol 2009;188(3):295−300.

[5] Sinka I, et al. The effect of processing parameters on pharmaceutical tablet properties. Powder Technol 2009;189(2):276−84.

[6] Wu C-Y, Cocks A. Flow behaviour of powders during die filling. Powder Metall 2004;47(2):127−36.

[7] Boukouvala FV, Niotis R, Ramachandran FJ, Muzzio, Ierapetritou M. An integrated approach for dynamic flowsheet modeling and sensitivity analysis of a continuous tablet manufacturing process. Comput Chem Eng 2012;42(0):30−47.

[8] Çelik M. Pharmaceutical powder compaction technology. CRC Press; 2016.

[9] Alderborn G, Nystrom C. Pharmaceutical powder compaction technology. Marcel Dekker, Inc; 1996.

[10] Rumpf H. Basic principles and methods of granulation. III. Survey of technical granulation processes. Chem Ing Tech 1958;30:329−36.

[11] Duberg M, Nyström C. Studies on direct compression of tablets XII. The consolidation and bonding properties of some pharmaceutical compounds and their mixtures with Avicel 105. Int J Pharm Tech Prod Manuf 1985;6(2):17−25.

[12] Storåkers B. Local contact behaviour of viscoplastic particles. In: IUTAM symposium on mechanics of granular and porous materials. Springer; 1997.

[13] Storåkers B, Biwa S, Larsson P-L. Similarity analysis of inelastic contact. Int J Solids Struct

1997;34(24):3061−83.

[14] Yohannes B, et al. Evolution of the microstructure during the process of consolidation and bonding in soft granular solids. Int J Pharm 2016;503(1−2):68−77.

[15] Yohannes B, et al. Discrete particle modeling and micromechanical characterization of bilayer tablet compaction. Int J Pharm 2017;529(1−2):597−607.

[16] Mesarovic SD, Johnson K. Adhesive contact of elastic−plastic spheres. J Mech Phys Solids 2000;48(10):2009−33.

[17] Gonzalez M. Generalized loading-unloading contact laws for elasto-plastic spheres with bonding strength. J Mech Phys Solids 2018;122:633−56.

[18] Gonzalez M, Cuitino AM. A nonlocal contact formulation for confined granular systems. J Mech Phys Solids 2012;60(2):333−50.

[19] Gonzalez M, Cuitino AM. Microstructure evolution of compressible granular systems under large deformations. J Mech Phys Solids 2016;93:44−56.

[20] Yohannes B, Gonzalez M, Cuitiño AM. Discrete numerical simulations of the strength and microstructure evolution during compaction of layered granular solids. In: From microstructure investigations to multiscale modeling: bridging the gap; 2017. p. 123−41.

[21] Gonzalez M, et al. Statistical characterization of microstructure evolution during compaction of granular systems composed of spheres with hardening plastic behavior. Mech Res Commun 2018;92:131−6.

[22] Kawakita K, Lüdde K-H. Some considerations on powder compression equations. Powder Technol 1971;4(2):61−8.

[23] ICH. ICH harmonised tripartite guideline pharmaceutical development Q8(R2). 2008. www.ich.org.

[24] GEA. 2015. Available from: https://www.gea.com/en/binaries/pharma-tablet-compression-brochure-2015-05-EN_tcm11-25547.pdf.

[25] Mateo-Ortiz D, Muzzio FJ, Mendez R. Particle size segregation promoted by powder flow in confined space: the die filling process case. Powder Technol 2014;262:215−22.

[26] Mateo-Ortiz D, et al. Analysis of powder phenomena inside a Fette 3090 feed frame using in-line NIR spectroscopy. J Pharm Biomed Anal 2014;100:40−9.

[27] Sierra-Vega NO, et al. *In* line monitoring of the powder flow behavior and drug content in a Fette 3090 feed frame at different operating conditions using Near Infrared spectroscopy. J Pharm Biomed Anal 2018;154:384−96.

[28] Akseli I, Hancock BC, Cetinkaya C. Non-destructive determination of anisotropic mechanical properties of pharmaceutical solid dosage forms. Int J Pharm 2009;377(1−2):35−44.

[29] Simonaho SP, et al. Ultrasound transmission measurements for tensile strength evaluation of tablets. Int J Pharm 2011;409(1−2):104−10.

[30] Razavi SM, et al. Toward predicting tensile strength of pharmaceutical tablets by ultrasound measurement in continuous manufacturing. Int J Pharm 2016;507(1−2):83−9.

[31] Akseli I, Libordi C, Cetinkaya C. Real-time acoustic elastic property monitoring of compacts during compaction. J Pharm Innov 2008;3(2):134−40.

[32] Leskinen JTT, et al. In-line ultrasound measurement system for detecting tablet integrity. Int J Pharm 2010;400(1−2):104−13.

[33] Liu JF, et al. Real-time in-die compaction monitoring of dry-coated tablets. Int J Pharm 2011;414(1−2):171−8.

[34] Rossi R. Prediction of the elastic moduli of composites. J Am Ceram Soc

1968;51(8):433−40.

[35]　Kuentz M, Leuenberger H. A new model for the hardness of a compacted particle system, applied to tablets of pharmaceutical polymers. Powder Technol 2000;111(1−2):145−53.

[36]　Razavi SM, Gonzalez M, Cuitino AM. Quantification of lubrication and particle size distribution effects on tensile strength and stiffness of tablets. Powder Technol 2018;336:360−74.

[37]　Lee HP, Gulak Y, Cuitino AM. Transient temperature monitoring of pharmaceutical tablets during compaction using infrared thermography. AAPS PharmSciTech 2018:1−8.

[38]　Singh R, Ierapetritou M, Ramachandran R. System-wide hybrid MPC-PID control of a continuous pharmaceutical tablet manufacturing process via direct compaction. Eur J Pharm Biopharm 2013;85(3 Pt B):1164−82.

[39]　PhRMA, Seborg D, Edgar T, Mellichamp D. Process Dynamics and Control. 2nd ed. Wiley, 2016; 2004 Retrieved from: http://phrma-docs.phrma.org/sites/default/files/pdf/biopharmaceutical-industry-profile.pdf.

[40]　Garcia CE, Prett DM, Morari M. Model predictive control - theory and practice - a survey. Automatica 1989;25(3):335−48.

[41]　Bhaskar A, Barros FN, Singh R. Development and implementation of an advanced model predictive control system into continuous pharmaceutical tablet compaction process. Int J Pharm 2017;534(1−2):159−78.

[42]　Nunes de Barros F, Bhaskar A, Singh R. A validated model for design and evaluation of control architectures for a continuous tablet compaction process. Processes 2017;5(4):76.

[43]　Seborg D, Edgar T, Mellichamp D. Process dynamics and control. John Wiley & Sons. Inc.; 2004. p. 312−3.

[44]　Singh R. A novel continuous pharmaceutical manufacturing pilot-plant: advanced model predictive control. Pharma 2017;28:58−62.

第 9 章

连续口服固体制剂生产中的
连续薄膜包衣

Oliver Nohynek

薄膜包衣通常是端到端的连续制造（CM）系统中生产片剂的最后一步。在连续薄膜包衣过程中，完成包衣的片剂排出滚筒的同时，未包衣的片进入包衣滚筒。有多种连续包衣系统可供选择，以满足不同应用和工艺要求。本章详细介绍了各种连续包衣应用、所使用的连续包衣系统的类型，以及在选择或设计连续包衣工艺时应考虑的方面。

除了概述连续包衣技术外，本章还重点介绍了确保包衣系统达到药品关键质量属性（CQA）所涉及的关键考虑因素。讨论了在连续包衣工艺中必须考虑的各种关键工艺参数（CPP），以实现这些CQA。根据连续包衣系统的复杂性，CPP可以控制在不同的水平。

为了评估在固体制剂连续制造系统中实施包衣工艺时可能采用的不同方法，本章还讨论了连续包衣与批次包衣的优缺点。虽然连续包衣比批次包衣更复杂，但它具有明显优势。本章概述了这些优势，并展望了随着包衣技术不断发展的未来。

9.1 连续制造中连续包衣的基本原理

自2004年FDA开始鼓励制药行业采用连续制造以来，这一主题已引起大量研究和讨论。FDA CDER的主任Janet Woodcock表示，将连续制造应用于制药行业的目标是为了提高行业的敏捷性和灵活性——如果连续制造使制造商能够更快地满足市场需求——改变产品配方或增加产能[1]，"连续制造将使得产量增加，而不存在当前与扩产相关的问题"并且"可能会有丰厚的回报"。美国总统办公室国家科学技术委员会先进制造小组委员会在2016年曾表达过这一点[2]。过去20年，行业和学术界专业人士提到了在制药行业采用连续制造的附加利益。

- 案例研究和其他演示文稿[2]显示了连续制造的重要且令人信服的优势，包括：
- 集成处理，步骤更少；
- 无须人工操作，提高安全性；
- 处理时间更短；
- 更高的效率；
- 更小的设备和占地面积；
- 减少材料和其他资源的损失；
- 更灵活的操作；
- 减少库存；
- 由于在过程中的工作量减小，资本成本降低；
- 更少的能源需求。

此外，新的电子设备、传感器、过程分析技术（PAT）系统和IT的开发，以及更好的工艺专业知识和理解，使制药企业能够：

- 进行在线监控，提高产品质量；
- 获得更均匀一致的产品质量；
- 成功应用质量源于设计的方法；
- 增加配方、产能和交货时间的灵活性。

在美国和其他地区，已经使用了各种连续概念、中试车间和生产解决方案来生产药物活性成分和固体制剂产品。从目前口服固体制剂（OSD）的连续制造来看，有可能找到独立设备处理某些工艺步骤、组合工艺步骤或从粉末混合到薄膜包衣完全连续生产的系统。图9.1说明了从失重式进料到连续包衣的集成的连续生产线案例。

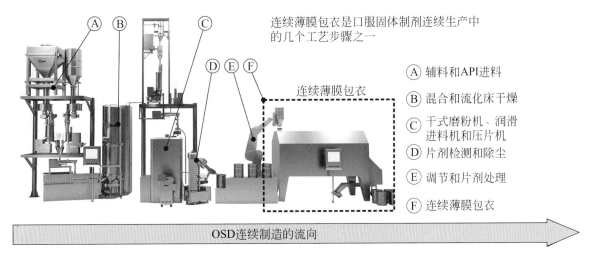

图9.1　带有连续薄膜包衣机的MODCOS连续口服固体制剂生产线
图片由Glatt Binzen提供

9.2 连续薄膜包衣的目标

薄膜包衣通常是薄膜包衣片剂口服固体制剂生产线在包装前的最后一道工序。在包衣之前，必须将粉末材料混合、可能的制粒、在压片机上压实并除尘。大多数OSD产品都经过包衣处理以实现某些特性。将包衣应用于片剂有两个主要原因：保护/美观和功能性（图9.2）。

9.2.1 美观包衣

这些是普通包衣，通过提高片剂对水分、光、热和/或机械冲击的坚固性来增加片剂的价值。包衣还有助于在衣膜上打印/标记，这使得片剂更容易识别。它们也更容易包装，并且使药片更容易吞咽。此外，涂有蓝色、红色、绿色或任何其他颜色的药片看起来更美观，并且容易被识别。这些美观包衣的配方通常对药物释放的影响很小或没有影响。

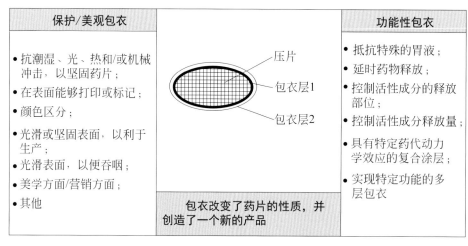

图9.2 保护/美观包衣和功能包衣

9.2.2 功能性包衣

功能性包衣会影响药品的作用方式，通常是片剂如何释放其活性成分。例如，肠溶衣在片剂周围包裹聚合物衣膜，使其对人体或动物体的特定胃液具有抵抗力，从而延迟药物的释放，直到片剂进入肠道。通过这种方式，配方设计师可以控制片剂溶出的时间和部位，以及有多少活性成分通过胃肠道转移到身体的其他部位。这些是具有特定药代动力学作用的复杂包衣。

在应用的任何包衣中，工艺（过程）输入、设置和结果必须满足21 CFR 210.3的跟踪和记录，其中规定"批次（lot）是指，在规定的范围内，具有统一的特性和质量的一个批次或批次的特定标识部分；或者，对于通过连续工艺生产的药品，在单位时间或数量内，以确保其在规定范围内，具有统一的特性和质量的方式生产的特定确定数量"（图9.3）[1]。

FDA-21 CFR 210.3 定义：
（2）"批次"（batch）是指在规定范围内，具有统一特性和质量的特定数量的药物或其他材料，并在同一生产周期内按照单一生产订单生产。
（10）"批次……"（lot）是指在规定范围内，具有统一特性和数量的批次或批次的特定识别部分；或者，对于通过连续工艺生产的药品，在单位时间或数量内，以确保其在规定范围内，具有统一的特性和质量的方式生产的特定确定数量。

图9.3 FDA的定义，用于描述批次（batch）和批次（lot）之间的区别

这定义表明，只要产品在规定的时间和数量限制内，无论是批次应用还是连续包衣机都没有区别。尽管如此，根据制造策略和目标，连续包衣系统比批次包衣系统具有优势。

9.2.3 薄膜包衣工艺基础

制药行业的薄膜包衣领域，主要关注美观包衣和肠溶包衣。一些包衣提供两者的组合应

用，而其他包衣用于密封或抛光。

通过涂覆薄而均匀的功能膜来包覆片剂有多种原因。成功应用均匀的薄膜包衣，将片剂完全包裹在一个美观的外壳中，提高了最终产品的预期质量。包含功能的包衣是一项更具挑战性的任务。为了实现包衣，必须评估3个部分（图9.4）：独特的工艺（配方，recipe）、设备平台（包衣机）和配方（formulation，理想的包衣溶液/悬浮液）。

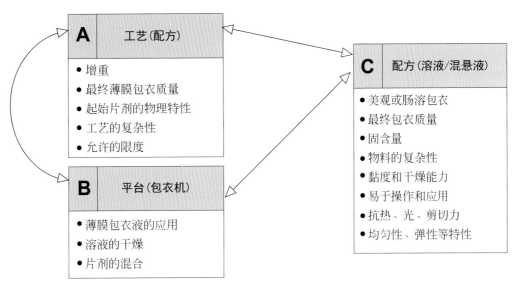

图9.4　工艺、平台和配方构建相互依赖

9.2.3.1　工艺（配方）

薄膜包衣可能是一个复杂的过程。根据目标，最终薄膜包衣片剂的物理特性必须保持在狭窄范围内。这样做需要在整个过程中定义、制定和控制工艺步骤。一旦正确设置为在其定义的范围内工作，就可以验证该工艺过程。介质——包衣溶液和干燥空气——对工艺有很大影响，对包衣机的机械（动力学）方面也有很大影响，例如包衣锅在片床上的混合作用和施加在片剂上的力。工艺时间和起始片剂的质量也是重要因素。

9.2.3.2　平台（包衣机）

包衣机为片剂包衣的3个基本步骤（图9.5）提供了平台：①将薄膜溶液喷涂在片剂上；② 片剂表面包衣液干燥；③片剂混合过程。

（1）薄膜包衣液的应用

包衣层是通过喷涂薄膜包衣材料形成的，其基本形式包括聚合物、颜料和增塑剂。材料从移动片床上方的一组喷嘴中喷射。喷嘴或喷枪在喷嘴尖端使用雾化空气来分散在低压下输送的溶液，或者不采用空气雾化以利于高压输送和分散。在这两种情况下，当药片通过喷雾区时，溶液的小液滴会撞击到药片的表面。

喷雾越均匀，包衣材料的分布就越好。低黏度包衣液允许包衣材料在所有片剂的表面快

1 薄膜包衣液的应用	**2** 片剂干燥	**3** 片剂混合
喷洒在片剂上的包衣液应均匀一致	干燥片剂需要均匀一致和充分	通过有效的混合，药片应该不断变换位置
• 薄膜喷洒均匀性分布 • 喷洒在所有片剂表面 • 喷雾锥的形状 • 喷雾锥的重叠 • 喷雾液滴的大小 • 喷嘴到片剂合适的距离 • 泵液和压力的均一性 • 根据溶液的黏度设置 • 泵提供均匀一致的包衣液 • 如果需要，增加Ex保护	• 温度、湿度和风量特性 • 完全可控的工艺空气 • 均匀一致干燥空气的引入 • 不当或过多的空气不会导致喷液过度干燥 • 如何引入干燥的空气 • 是片床的表面干燥还是完全干燥 • 工艺空气的流向 • 空气处理的紧密性和系统的效率 • 喷液和干燥同时进行	• 径向和切向混合效率 • 包衣锅的直径和长度 • 片床高度和批量大小 • 旋转速率 • 导流板的结构 • 抵抗对片剂的机械冲击

图9.5 适当定义的溶液应用、干燥和混合可产生完美的包衣

速分布。利用率取决于喷雾配方的特性以及片床可接受的难易程度。反过来，这取决于片床内有多少片剂表面积通过锥形喷雾区、片剂吸收液滴的能力，以及包衣机的干燥和混合效率。

除了产生特定大小的液滴外，喷嘴必须与片床保持适当的距离。喷嘴太近会造成局部过度润湿。喷嘴距离太远可能会使液滴在到达包衣片之前干燥太多，这种结果称为喷雾干燥，或导致包衣呈现"橘皮"纹理。

目标是根据片床的容量分配大小均匀的液滴，保证这些液滴到达片剂表面，并在完全干燥之前铺展在表面上。

（2）片剂干燥

要形成包衣层，薄膜溶液的固体材料必须保留在片剂表面。必须使用经过调节的工艺空气去除溶剂/液体载体。这一重要的干燥步骤需要设定和控制空气特性，包括温度、湿度和流量。温暖和干燥的空气比冷和/或潮湿的空气更易蒸发和去除产品中的水分。空气流量也对干燥效率有影响。空气过多可能会导致喷雾干燥或片剂包衣性能不均匀或粗糙。空气流量太小会导致片剂过度润湿和相互粘连或粘在设备表面上，这也可能导致包衣缺陷。包衣材料的特性也会影响工艺，可能需要特殊的空气处理。此外，所有工艺空气在用于工艺之前必须过滤。

干燥空气如何引入片剂表面也影响效率。一些包衣机仅将空气引向片床的上表面，而其他包衣机可以干燥整个片床，这样更有效。为了使干燥空气穿过片床，包衣锅必须是有孔的，这样空气就可以通过片床本身到下面的排风区域。因为它们可以均匀且充分地干燥片剂，所以现在的大多数包衣机都采用有孔包衣锅。

（3）片剂混合

在任何特定时刻的位置，片床中的每个片剂将在工艺过程中暴露于各种条件。此外，喷嘴通常以不均匀的方式将包衣溶液喷射到片床的上表面。由于这些原因，片剂应通过流动和有效混合不断改变位置。这是影响批次中片剂包衣最终均匀性的一个基本因素。所有片剂的处理越均匀，结果越好，通常量化为片剂增重的相对标准偏差（RSD）值越小。

混合效果与包衣锅的设计密切相关。包衣锅的直径和长度决定了它可以处理的片剂体积（批量大小），而它的旋转速率和导流板结构影响混合。

重要的是，在放大过程中，如果锅的直径增加而长度保持不变，则片床会加深。这导致一个不利因素，因为片剂将在片床内以闭环模式循环并经历缓慢混合（图9.6）。更深的床层会导致更多的再循环，阻碍混合并降低包衣均匀性，并且可能会对产品质量产生不利影响。这种再循环运动只能被导流板中断，这有助于径向和切向混合片剂。

因此，较浅的产品床更易于混合，并增加了单个片剂暴露于喷雾区的频率。片剂的整体处理越均匀，包衣厚度的RSD越小（即片剂增重）。

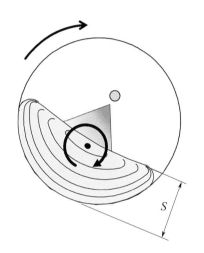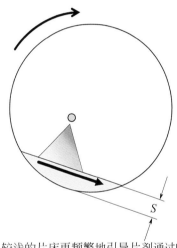

由于片床的高度，当片剂围绕中心点旋转时，大多数批次包衣机都能使药片混合运动

较浅的片床更频繁地引导片剂通过喷雾锥，从而获得更好的包衣均匀性和高质量

图9.6　片剂在深或浅片床中的移动

9.2.3.3　配方（溶液/混选液）

（1）美观薄膜包衣液

美观包衣的主要目的是创造一种具有吸引力的产品。所有的药片看起来都应该一样，因此产品的包衣层应该是均匀的。理想情况下，包衣溶液将提供即使暴露在热、光或湿气中也稳定的包衣层。美观包衣应该没有药理活性，应该易于应用，并且应该有足够的弹性，不会龟裂。包衣层也应该是可识别和可打印的。

（2）肠溶衣溶液和混悬液

如上所述，肠溶衣保护产品免受胃液的影响（在某些情况下，保护胃免受某些药物的损害）并使得配方设计师能够为活性成分实现特定的释放曲线。然而与美观包衣的性能不同，会应用标准泵、混合机、喷杆等。与美观包衣溶液类似，肠溶包衣必须与药物相容，具有较长的保质期，并且易于印刷/标记。

材料供应商在优化薄膜包衣材料方面进行了大量开发工作。例如，已经证明，即使在使用固体含量高达35%的包衣液时，工艺效率仍然很高，同时仍能获得出色的均匀片剂外观。此外，包衣行业还开发了弹性材料以避免包衣片剂热释放引起的裂纹。

9.3 对连续包衣机的期望

连续制造在其他行业已经标准化，但它在制药行业是过去十年中才迎头赶上新开发方向的。并且发展不均衡，虽然一些品牌驱动的公司迅速采用连续理念，但其他公司却落后了。在过去的几年里，无论是否采用集成薄膜包衣工艺，该领域的领导者已经实施了完整的连续口服固体制剂生产线。

9.3.1 制造策略的变化

从批次到连续操作是重大的生产策略变化，薄膜包衣工艺并没有什么不同。将生产转变为连续过程会引发许多关于产量、灵活性范围和更换另一种产品或改变包衣机容量时的响应时间的问题。改变或实施这种战略的成本也是一个问题。

虽然企业的包衣工艺策略可能有所不同，但从批次包衣到连续包衣的转变，能够使企业在同一设备上实现由低到高的产量，这是给企业带来的好处。

制药行业更喜欢能够生产具有可靠一致性的各种产品的连续包衣机。这种包衣机的产量必须灵活适应上游和下游单元操作的产能要求。必须在所有阶段控制和监测连续包衣工艺的所有参数，以获得高质量的产品。

9.3.2 支持因素

各种因素推动该行业进一步朝着连续生产的方向发展。FDA目前正在鼓励企业采用连续制造并支持他们的努力。但比这种监管支持更重要的支持是使用更好的电子设备、传感器和IT来持续控制生产过程，这使制造商能够预测、影响和改进整个生产线，并使其保持正常运转和稳定。更先进的设备正在提供帮助，更详细的工艺理解也有帮助。

这一趋势已持续数年，因此许多上游机组已转为连续运行。即使是已知复杂的包衣工艺也受到了越来越多的关注，目前看来，在不久的将来，连续包衣系统将越来越多地集成到端到端的连续生产线中。

9.3.3　连续制造包衣项目的合作

从批次处理到连续处理的成功需要许多参与者的共同努力。首先，制药企业必须定义并准备实施连续制造策略。这会影响产品流程以及生产线的所有组成部分。但最重要的是对包衣工艺的全面理解。

其次，设备供应商需要提供可以作为连续工艺平台的包衣机。包衣机必须集成到其他工艺步骤中，并且必须是一个"永不停止"的系统，以与前一个工艺单元（通常是压片机）相同的质量流速运行，这与批次包衣机不同，它生产一个整锅的片剂作为一个批处理步骤。连续包衣机必须以稳定的速率产生包衣产品，直到生产出所需数量的产品。鉴于连续包衣机与其他上游操作单元的同步，必须存在一个周密的监控系统，以便在机械可靠的机器中操作集成系统。

最后，但并非最不重要的是包衣材料供应商，其材料必须在允许变化的小窗口内提供限定的和均匀的特性，并且必须能够将少量的包衣材料持续准确地供给到包衣工艺中。理想情况下，该材料适用于包衣平台，以实现最高的效率和性能。

9.3.4　连续包衣工艺的特殊要求

与批次包衣一样，连续包衣的首要关注点是包衣膜的质量。此外，产品和工艺的需求将主导工艺的设计和操作。增重1.5% ~ 3.0%的美观包衣和增重12% ~ 20%的复杂功能性包衣存在很大差异。两者都可以在间歇式和连续式包衣机中实现。最大的不同是包衣单元对连续口服固体制剂生产线的上游和下游组件的调整。本质上，更高的增重通常需要更长的过程，如果单个包衣锅需要同时适应两种类型的包衣工艺，则其设计必须能够影响停留时间。因此，在给定的处理间隔内，物料输入和输出的变化是非常重要的，并将影响这种薄膜包衣机的设计和操作。

为了克服这些挑战，同时在不同产品的产能需求和配方，需要保持效率和灵活性，这在过去几年中以不同的方式实现。总体而言，连续制造正在迅速发展，并且正日益成为一种公认和接受的方式。来自学术界、工业界和监管机构的合作努力，肯定会在未来带来更成功的连续薄膜包衣项目。

9.4　连续工艺中使用的间歇式和连续式包衣机的类型

如上所述，包衣工艺分批次或连续，受许多因素的影响。它们包括包衣溶液及其应用方法、干燥空气的引入方式，以及作为制造平台的包衣机处理和混合片剂的能力。

连续包衣机的第一个也是最大的好处是它能够"小而稳定"。换句话说，每分钟生产的包衣片剂的数量只是批次包衣机在单个批次中生产的一小部分，这需要几个小时。这种小而连续的生产量需要精确的过程控制，以确保连续和准确的剂量，以及在狭窄范围内保持稳定片剂处理。

连续包衣的第二个好处是它在放大方面的灵活性。一旦包衣机启动，它将根据需要连续生产包衣片剂。包衣工艺从研发到生产规模的转移是无缝的。

最后，但同样重要的是，连续包衣过程中的任何错误或事故只会影响较少量的产品，而不是整个批次的装载量。连续产品流中不符合质量标准的任何部分，可被识别并转移，进行进一步调查。

与批次生产相比，连续包衣的主要挑战是对工艺稳定性的更大需求，以及需要使包衣工艺与上游和下游工艺装备同步。因此，产品流速与单位时间包衣的片剂数量是关键，引入工艺的包衣材料和介质的质量流量也是如此。包衣悬浮液的材料可以是较小的固含量，因此质量流量需要非常精确和稳定。虽然批处理的执行是一个接一个的处理步骤，但连续过程的每个阶段同时发生，同时单个片剂从过程的开始转移到结束。正如 FDA 要求的那样，一个批次中的所有产品都必须以相同的方式处理。

连续生产片剂的质量与产量直接相关。如前所述，与美观包衣相比，以较大的增重应用复杂包衣将需要更多的停留时间，因此生产量将更低或滞留率更高。除了增重外，产量还取决于所用薄膜溶液的类型、所需的 RSD 和所需的表面外观。

要评估哪种连续薄膜包衣技术适合特定应用，请考虑以下问题：

• 配方要求是什么？它是一种美观包衣还是一种功能性包衣，例如肠溶包衣？需要增重多少？

• 如果使用肠溶包衣，是否可以在一个包衣锅中使用不同的包衣溶液并通流？

• 某种产品需要的最大和最小产量（吞吐量）是多少？配方有何不同？

• 是否涉及整体控制策略？物料处理、过程控制和过程文档的参数是否由中央主控制系统管理？

• 需要什么级别的 PAT？

• 配方的各个组成部分是如何应用的？随着时间的推移，它们是否可以少量处理，是否可以充分分配？

• 最终产品应该是什么样子？如何评估质量？可接受的包衣层 RSD 是多少？

• 生产或运行的规模有多大？

• 是否需要对片剂进行预处理或释放？相关参数是否已知？

所有这些问题都更容易用批次包衣机来回答，因为与连续的口服固体制剂生产线相比，它们与其他操作单元的交互更少。事实上，一些制药企业已经为他们的连续生产线集成了批次包衣机。其他选择是完全连续的薄膜包衣机和混合薄膜包衣机。根据应用的不同，每种包衣机类型都有优点和缺点。

9.4.1　连续制造中的传统"批次"包衣机

一些连续制造生产线包含传统的非连续薄膜包衣单元，通常在印字或包装之前的生产线末端。这种从连续模式恢复到批次操作的做法在包衣工艺前后创建了一个批次，并消除了完全连续生产的一些优势。

使用批次包衣装置的商业生产线要么有一个标准包衣机，要么有一组在生产线末端相互作用（协同）的包衣机。在任何一种情况下，使用该设置时，首先，为批次薄膜包衣机创建起始批次非常重要。随着产品从上游压片机或除尘器连续出料，需要一个或多个缓冲仓或料斗来收集和保存指定数量的产品，即"装载"，然后从缓冲仓中取出、称重、登记和装载进入批次包衣机。

在这一点上，迄今为止的连续工艺变成了经典的批次包衣操作，具有传统非连续操作的所有缺点，包括需要额外的产品处理和储存。

当一台包衣机卸料或装料时，其他包衣机将处于不同的工艺阶段，从而使批量操作更加顺畅，进而使生产线真正连续的上游工艺能够产生稳定的产品流（图9.7）。

任何标准批次包衣机都可以执行此工艺步骤。挑战在于，设计一个可以处理单个产品不同属性的缓冲系统。例如在压片后，可能需要时间冷却或暂存（弛豫）。储存时间越长，起始片剂的性质就越均匀。实际上，大多数药片不需要弛豫期来防止药片外层裂开。虽然，由于配方可能会发生片剂膨胀，但仍有高弹性包衣材料可用于处理在弛豫期间表现出形状变化的产品。对于从间歇操作切换到连续操作的制造厂商来说，弛豫时间的长度通常是未知的，因为弛豫（如果有的话）自然发生在批处理步骤之间的时间段。

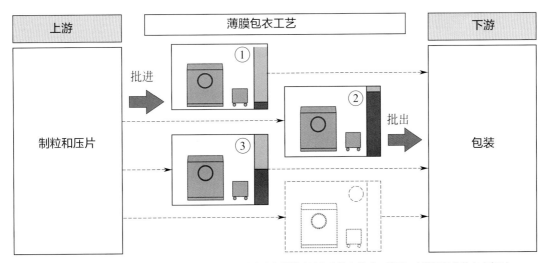

在商业连续生产线中使用批次包衣机时，必须将模式从连续模式转换为批次模式。需要一套相互协作的包衣机以及产品处理和储存能力。更高的吞吐量可能会增加批次包衣机的处理工作量

图9.7　一种特殊情况是多个包衣机之间的相互作用（协作），以平衡制造中的整体流程

如果发现包衣膜龟裂，通常可以通过优化薄膜包衣材料来解决此类问题。包衣材料供应商已开发出多种具有更高灵活性的配方，以帮助最大限度地减少此类缺陷。

9.4.2 GEA ConsiGma 包衣机

GEA ConsiGma 包衣机是一种独特的批次包衣机，它处理片剂的方式与传统的批次包衣机不同，已用于小型和中试规模的连续口服固体制剂生产线。它可以小批量工作，使用一个能够快速生产的锅，这使得可以将该包衣机集成到一条连续生产线中。包衣机相对较小，使用直径为 18 英寸的包衣锅，转速非常快，最高可达 100r/min（与标准批次包衣机的 4～15r/min 相比），每次装载可以包衣 1.5～3.0kg 片剂。

在操作中，未包衣的片剂从顶部进入。一旦装满，包衣锅会快速旋转，直到所有的药片在旋转离心力下，在锅的外围形成一个环。一旦实现这一点，包衣锅会稍微减慢转速，并且气刀将药片从包衣锅壁上吹走，以从包衣锅的一侧到另一侧形成一个级联或自由飞行的弧线（图 9.8）。级联时，药片通过位于锅中心的喷嘴产生的喷雾区。同时，通过锅的开孔引入干燥空气，从而同时对片剂进行包衣和干燥。

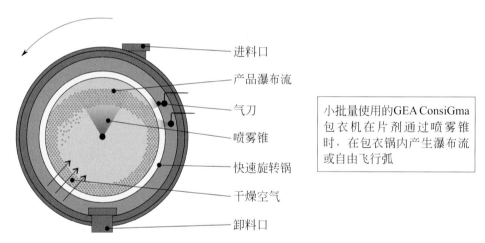

进料口
产品瀑布流
气刀
喷雾锥
快速旋转锅
干燥空气
卸料口

小批量使用的 GEA ConsiGma 包衣机在片剂通过喷雾锥时，在包衣锅内产生瀑布流或自由飞行弧

图 9.8 用于小批量的 GEA ConsiGma 包衣机在药片通过喷雾锥时在锅内形成一个级联或自由飞行的弧线

片剂非常频繁地通过喷雾区，据报道，这种操作提供了一种快速的批处理过程，从而导致包衣均匀性。

由于包衣机的装载量相对较少，为高产量而设计的工艺将需要使用多个包衣单元。在商业规模制造需要多台包衣机的情况下，它们将串联或多个单元工作，以相同的方式生产所有负载[3]。

9.4.3 经典的高通量连续包衣机

根据定义，真正的连续包衣机以几乎均匀的速率连续进料片剂和薄膜溶液。通常，这些包衣机使用长的旋转鼓，如管子，在将药片喷涂薄膜包衣时，将药片从一端混合并输送到另一端。只要需要生产所需量的包衣片剂，所有操作同时进行。

前面描述的所有包衣工艺步骤都发生在沿转鼓轴线的连续区域中，并且片剂从一个区域移动到下一个区域，直到它们被正确地包衣。片剂在区域中的停留时间取决于包衣机的长度及其在片剂移动到下一个区域之前保持片剂的能力（图9.9）。包衣锅越长，包衣过程可以持续的时间越长。

该工艺达到一定的量是由锅的设计和其处理介质（包衣溶液和干燥空气）的能力，以及它接受不断进料片剂的能力决定的。各种片剂类型的独特行为——它们在片床内和沿着片床的移动方式，以及它们接触过程的时间决定了质量和可实现的RSD。显然，由于传送时间和暴露时间可能会发生变化，片剂中的包衣偏差可能会发生，需要进行量化[4]。

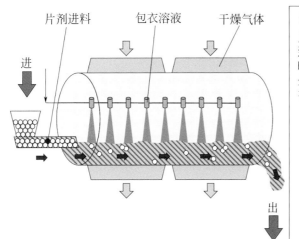

图9.9　用于特定包衣工艺的经典连续包衣机

由于这种偏差的可能性，包衣锅通常被设计成满足基本的美观包衣需求。根据此类经典连续包衣机的尺寸，产量范围从100kg/h到超过1000kg/h不等。这些包衣机用于生产散装膳食补充剂或一些非处方产品。包衣质量和所提供的RSD适用于美观或简单技术性质的包衣产品[5]。

最近对包衣锅和工艺方法的修改，提高了这些机器能够提供的产量（吞吐量）和质量。例如，通过使用有孔包衣锅改善了空气流动，以及更有效地引入干燥空气的排风室。对于某些应用，增加了喷嘴的数量以更好地分散包衣溶液。供应商还尝试增加锅中的产品负载以提高产量。这是通过在锅的每一侧使用屏障或挡板来实现的，这增加了片床深度。然而，较深的片床会减少药片与喷雾溶液的接触，从而对包衣均匀性产生不利影响。增加喷枪的数量以提高喷液的均匀性[6]。

这类包衣机的启动和关闭阶段给我们带来了挑战。在这些阶段，不同包衣工艺之间的平衡在这些区域中发生很大变化。因此，必须做出妥协，包衣机将产生废料，直到工艺进入稳定可靠的工艺状态。过程结束时也会发生同样的情况。然而，运行时间越长，这些启动和关闭阶段与整个活动相比就越不重要。

9.4.4 混合型：Driaconti-T多室连续包衣机

Driam的混合连续包衣机Driaconti-T（图9.10）解决了批次和传统连续系统中的几个问题。

图9.10 Driaconti-T与多个腔室一起工作

　　它使用传统连续包衣机的加长管状包衣锅，但在区域之间使用闸门来创建腔室，允许类似于批次包衣机的控制处理。然而，工艺过程在所有腔室中同时进行，并且每个腔室中的工艺过程类型可能不同。片剂流量、包衣材料和介质在每个单独的腔室中完全控制，并且可以根据不同产品的配方，延长处理时间。因此，混合包衣机更擅长处理复杂的包衣、大幅增重和广泛的包衣应用。这是一种非常灵活的连续包衣方法。

　　Driaconti-T的分段式包衣锅能够使用户在一个腔室中专门进行单独的包衣工艺，因为每个腔室都有其自身的喷嘴和干燥功能（图9.11）。药片进行包衣，作为产品的一小部分从一个腔室传递到下一个腔室。

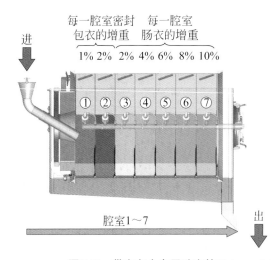

每一腔室密封　　每一腔室
包衣的增重　　　肠衣的增重
1% 2% 2% 4% 6% 8% 10%

进

① ② ③ ④ ⑤ ⑥ ⑦

腔室1～7

出

具有多个专用腔室的连续包衣机，用于功能性多层包衣

作为一个实例，可采用单次连续法将具有透明密封包衣层和水性着色肠溶包衣层的应用施加在片剂上。在室1和室2中，密封包衣层的增重为2%。在室3～7中，肠衣的增重为10%。

其他复杂包衣层的设置可以通过Driaconti-T以非常灵活的方式进行，其专用7个腔室。

好处：
• 在连续生产中进行复杂包衣。
• 由于单向流动，层间无排放或清洁。

图9.11 带有多个专用腔室的Driaconti-T连续包衣机允许多层应用

　　在操作中，所有的腔室都被门隔开。当一部分药片移动到下一个腔室时，所有腔室的门都会打开，这会将包衣锅变成螺旋状。在这个阶段，包衣锅转动一圈将整个产品负载从每个腔室转移到下一个腔室。在所有腔室中同时进行转移，产品以受控方式从一个腔室移动到下一个腔室。

　　与标准批次包衣机一样，每个分段腔室中的整个过程都根据配方要求进行完全控制。因此，每个腔室内的工艺可以定制并专用于特定的工艺步骤，可能应用不同的溶液或使用具有不同特性的干燥空气。Driaconti-T技术的灵活性适用于复杂的包衣，包括肠溶包衣、多层包衣和其他功能性包衣。

　　工艺过程是受时间控制的，因此可以根据需要延长包衣，从而实现较大的增重。自然，更高的增重需要更多的工艺过程时间，因此会降低产量。然而，测试表明，使用分段锅并对过程进行完全控制，可以使RSD保持相对较低[3]，从而提高过程效率和产品的外观[7,8]。

　　Driaconti-T连续包衣机能够在单程连续包衣过程中同时应用各种薄膜包衣[9]。当将这种施加多个包衣的过程与批次包衣操作进行比较时，不再需要在切换包衣介质时所需的中间清洁。

9.4.5　整体对比（表9.1）

表9.1　整体对比

标准	批次包衣机	瀑布流批次包衣机	经典的连续包衣机	混合连续包衣机
工艺类型	批次包衣	批次包衣	连续包衣	半连续包衣机
美观和/或功能性包衣应用	具有美观和功能性包衣的能力	具有美观和功能性包衣的能力	可用于美观包衣和基本功能停留时间较短的包衣	可用于美观包衣和功能性包衣 多层复合包衣 可在单程中实现延长操作时间
增加产能的方法	基于包衣锅的工作容量	基于复合层的最小包衣批量	延长操作时间	延长操作时间
受控过程水平①	控制整个批次，产品床中心和出口产品流动区域的暴露方式不同	非常频繁地将单个药片以高速的受控处理通过喷雾锥	由于产品流动，药片出现在喷雾锥范围内的可变性较高	使用单独步骤发生的专用腔室的受控过程
专用区域/区段	当用于具有不同包衣材料的复杂包衣时，在更换包衣材料时，可能需要卸下该批次	当用于具有不同包衣材料的复杂包衣时，在更换包衣材料时，可能需要卸下该批次	由于重叠区域之间的中间切向混合，复合涂层的选择受到限制	用于单独工艺的专用腔室理想的复合和肠溶包衣
启动和关闭	没有问题，没有浪费	没有问题，没有浪费	可能会产生一些废片，直到达到稳定流量	没有问题，没有浪费
配方灵活性	是	是	专为特定系列产品设计	是
发生错误时的处理	整个批次受到影响，以供检查	整个小批量负载受到影响，以供检查	包括安全部分在内的部分将被检查	一个腔室的物料进行标记，然后排出，以供检查

① 控制水平描述了处理单个药片的能力，并由相对标准偏差定义。

9.4.6　生产和其他方面的考虑

　　将现有批次转换为连续的口服固体制剂生产线，对制造设施和生产管理方式有很大影响。这种转变需要转变生产理念。成功实施转变需要高水平的工艺知识和更详尽的计划。市场上可用的新技术，使得在制造设施中进行连续包衣变得更加容易。

有两个主要的支持技术案例，推动了连续薄膜包衣项目的增长。

9.5 控制和过程分析技术

PAT正在帮助推动连续制造，特别是连续包衣的发展。这就使得传感器和软件包来运行系统的PAT工具变得非常重要，因为它们有助于研究、理解和优化连续包衣工艺。

PAT系统包括使用探头、MSR技术、数据收集软件和统计分析程序。请注意，如果没有前面提到的工艺、配方和平台三个要素，系统将无法工作。通常，PAT实施需要各种硬件供应商，以及软件和集成服务供应商。

9.5.1 过程模拟和建模

过程模拟和建模是为了评估和预测各种因素对特定产品包衣工艺性能的影响。模型是特定产品制造过程的理想化数学数据对象。

例如，模拟片剂运动的运动学，可能有助于更好地了解工艺过程中的整体产品运动。当生成数据模型来预测某些药片的运动学时，模型会变得复杂，因为各种参数都会对模拟产生影响。不同尺寸和形状的片剂，以及包衣材料的类型、黏度、表面张力、固含量和黏性可能会导致不同的结果。

包衣过程中，片剂混合的计算机模型可以展示所有片剂围绕片床中心线的整体运动是如何发生的[4,6]。像这样的模拟已经预测，较浅的片床有助于实现快速和均匀的包衣，喷雾溶液在所有片剂表面均匀分布，从而导致较低的RSD。

在实验室环境中使用片剂进行包衣测试，以证明计算机模型的结果。模型使用有助于调整工艺、运行新工艺和预测结果。从此类包衣建模中收集的数据可以存储并用于未来的项目，从而降低研发成本并缩短开发时间。一些例子可以在参考文献中找到[10,11]。

9.6 结语

连续制造被FDA接受、支持，并在制药行业中日益确立。薄膜包衣作为一个连续工艺

（过程），如果实施以创建真正连续的、端到端的口服固体制剂生产线，将大有益处。

　　无论是需要薄膜美观包衣应用，还是可能需要更厚的、更复杂的功能性包衣，对连续薄膜包衣机溶液的需求各不相同。连续包衣工艺具有挑战性，因为它必须与上游和下游工艺流程同步，同时实现目标增重和所需性能。

　　实施连续包衣需要真正的工艺知识，以及制药企业、包衣材料供应商和机器制造商之间的密切合作，并可能需要得到传感和PAT技术专家的帮助。

　　由于每种片剂包衣应用都有独特的要求，因此在任何情况下，没有哪个包衣平台优于其他包衣平台。连续包衣生产线的每一次成功安装都必须满足制造商的需求、目标、期望和生产策略。

参考文献

[1] Woodcock J. Modernizing pharmaceutical manufacturing－continuous manufacturing as a key enabler. In: MIT-CMAC international symposium on continuous manufacturing of pharmaceuticals, Cambridge, MA; 2014.

[2] S. F. A. M., Executive Office of the President: National Science and Technology Council. Advanced manufacturing: a snapshot of priority technology areas across the federal goverment. 2016.

[3] Cunningham C, Birkmire A. Application of a developmental, high productivity fi lm coating in the GEA ConsiGma coater. AAPS 2015 2015.

[4] Chris N, Cunningham C, Rajabi-Siahboomi A. Evaluation of film coating weight uniformaty, tablet prograssion and tablet transit times in a high throughput continuous coating process. AAPS 2015 2015.

[5] Neely C, Cunningham C, Rajabi-Siahboomi. Evaluation of film coating weight uniformity, tablet progression and tablet transit time in high through put coating process. 2015.

[6] Cunningham C, Nuneviller III F, Venczel C, Vilotte F. Evaluation of recent advances in continuous fi lm coating technology in reducing or eliminating potential losses. AAPS 2018 2018.

[7] Cunningham C, Crönlein J, Nohynek O. Evaluation of a continuous-cycled film coater in applying a high-solids coating formulation. Tablets and Capsules October, 2015.

[8] Bulletin CT. ontinuous coating performance with Opadrey QX.

[9] Cunningham C, Krönlein J, Nohynek O, Rajabi-Siahboomi A. Simultaneous application of a two-part delayed release coating in a single pass continunous coating process. 2018.

[10] Suzzi D, Toschkoff GRS, Machold D, Fraser SD, Glasser BJ, G KJ. DEM simulation of continue. Chem Eng Sci 2012;69:107－21.

[11] Boehling P, Toschkoff G, Dreu R, Just S, Kleinbudde P, Funke A, Rehbaum H, Khinast J. Comparison of video analysis and simulation of a drum coating process. Eur J Pharm Sci 2017:72－81.

推荐读物

[1] Chatterjee PS. FDA perspective on continuous manufacturing. In: IFPAC annual meeting, Baltimore MD, USA; 2012.

第 10 章

过程分析技术
在连续制造中的应用

Joseph Medendorp,

Andrés D. Román–Ospino, Savitha Panikar

10.1 引言

过程分析技术（PAT）系统在连续制造（CM）操作中与其批处理模式对应项具有相同的目的，即设计、分析和控制制药操作，以确保最终产品质量[1]。PAT可被认为是直接光谱检测、监测或控制过程的参数数据，或两者的组合。就本章而言，PAT将主要指光谱应用。由于连续和传统批次制造的根本区别为每个单元操作中物料的连续装卸，连续制造领域对PAT的需求明显增加。为了正确表征生产过程的信息，例如停留时间分布（RTD）、物料特性对流动性的影响以及过程参数变化对关键质量属性（CQA）的影响，在实践中，表征能力远高于使用离线样品检测表征水平。在线光谱工具可提供离线分析无法提供的信息。例如，可以使用光谱方法实时收集目标分析物的特定化学特性，可以定量地用于含量测定或定性地检测高频过程变化的影响。分析物物理性质的变化也可能影响光谱检测，在线光谱工具可以实时识别或量化工艺变化对物料特性和粉末流动特性的影响，而这些特性通常无法通过离线的传统采样和检测方法获取。从工艺过程中取出产品进行离线检测是一种迟缓的、侵入性的、破坏性的操作，并且与在线或在线替代品相比代表性更差。离线测试也不能作为有效连续运行所需的综合控制策略的一部分，因此，在线PAT方法也更适用于过程控制。

近十年中，PAT可能已经广泛应用于CM中。例如，近红外光谱（NIR）可用于连续过程的各个阶段，以监测粉末混合物、片芯的活性药物成分（API）或水分。NIR和拉曼光谱可用于监测片芯或包衣片剂的薄膜包衣厚度或物理形态。这两种技术都可用于检测辅料或API的物料信息，并在制造过程结束时确认包衣片或片芯的物料信息。激光衍射方法可用于检测粒状产品的粒度。Fonteyne等发表的评论文章[2]，描述了各种PAT传感器及其在CM中的用途，包括连续物料输送、连续混合、喷雾干燥、辊压、双螺杆制粒和直压。Fonteyne等还描述了使用NIR、拉曼光谱和粒度分析来评估连续制粒系统[3]。NIR已被证明可用于监测连续流动粉末的API均匀性，它有效地提供了有关样品呈现偏最小二乘法模型（PLS）灵敏度影响的信息，并可以优化粉末流动和采样设计[4]。Fonteyne 等的研究文章[5]展示了NIR、拉曼光谱和光学成像技术的组合应用，用于粒度和外观表征，以预测湿法制粒产品中的颗粒水分、振实密度和堆密度以及物料流动性。Ward等提出了一个NIR应用程序，其中在压片机的进料框架中确定混合效果，紧接在压片步骤之前[6]，这是一种相对离线替代方法更简易、快捷地评估片剂属性的方法。Jarvinen等提出了在压片机中使用NIR传感器的类似应用，并将其扩展到包括对混合物和片芯的评估[7]。激光衍射已用于喷雾干燥操作的连续实时粒度测定[8]，也可用于检测粒状产品的粒度，作为溶解扩散模型的输入信息。

除了用于过程监控外，PAT还可用于为压片操作中的批量处理决定提供信息。基于PAT的过程控制（IPC）检测，可用于开发实时放行检测（RTRT）计算，在制造完成后立即放行产品。

10.2 CM中PAT的方法开发和生命周期考量

偏最小二乘法回归模型（PLSR）是制药行业中使用最广泛的实时分析技术模型，尤其可以通过提取光谱数据中的潜在变量来执行不同的应用。NIR和拉曼光谱包含物理和化学信息，因此根据过程监控，需要数据预处理来评估成分、硬度、溶出度或堆密度[9-13]。PLS模型应用前，需要进行预处理，因为数据中的物理性质在无损检测技术中占主导地位，甚至无须制备样品。在进行数据采集之前，需要通过修饰分析物的成分来制备标准品。PLS在校准集和参考值矩阵中寻找协方差。为了生成稳定的校准模型，需要最小化成分中的相关性[13,14]。如果考虑全因子设计，除了粒度变化外，目标物周围的成分变化会导致需要准备大量校准集。因此，需要实施更经济的实验设计策略，如使用实验设计（DoE）方法，以采用尽可能少的混合数将信息采集到稳定的校准模型中。关键点是使用参考值来辅助光谱检测，因为后者不直接检测属性，而是检测该属性的某些性质。属性本身则使用更主要或直接的技术检测，例如常用的重量法、UV-Vis、HPLC和GC/LC-MS方法，这些属性需要标记到这些方法。因此，必须确认参考值，以避免错误标记。

准备好校准混合物后，下一步则是正确采集光谱数据。颗粒系统（药物粉末混合物）本质上是不均匀的，混合物中的成分取决于检测的规模。每种混合物的一个光谱并不能代表整个批次。为了适当地收集光谱数据中的代表性检测值，需要减少批次维度。可以通过确保将混合物（3D样本）作为水平基床（1D）或垂直下降（1D）移动来实现（图10.1～图10.3）[15,16]。此过程同时连接两个单元操作，具有代表性。

PAT方法的生命周期通常是众多演讲和出版物的核心，通常包括模型开发、模型验证和模型维护[17,18]。当生产中的模型需要进行模型维护时，PAT科学家会在恢复日常生产之前返回某种程度的模型开发和重新验证。

因此，这些生命周期各步骤形成一个循环，在这个循环中必须重新访问循环的每个步骤。基于光谱学比传统分析方法具备更高灵敏度，PAT方法在CM中的长期管理需要特别考虑。

处理因素和物料特性的方法。诸如新物料批次或供应商、工艺参数的变化、由于物料特性（如粒度和堆密度）改变样品性能表现等因素，每个因素都会影响PAT检测，而这些相同的因素对传统实验方法的影响较小。通过正式的生命周期管理计划，包括常规平行测试和模

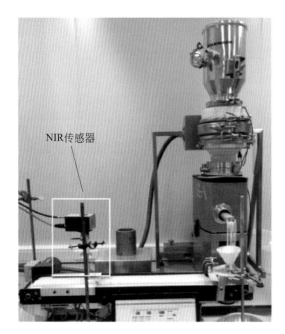

图10.1 传送带设置

箭头表示粉末流动的方向

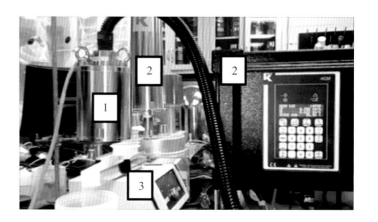

图10.2 振动进料器设置

1—FT近红外检测器；2—重量式进料器和控制器；3—振动进料器

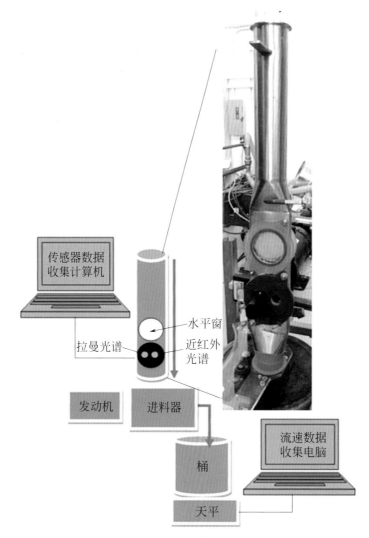

图10.3 滑槽设置

型维护，可以主动评估光谱方法，并在必要时进行更新，以纳入全球制药业务中常见的新变化源。虽然对当前监管环境影响的全面讨论超出了本章的范围，但值得一提的是，只要CM的光谱PAT申请仍然是前沿的和罕见的，对全球制药公司来说，承诺运营上的监管仍具有挑战性。

10.2.1 仪器、采样、参考值、多元分析、灵敏度

与批次生产类似，用于过程监控、IPC和RTRT的PAT模型开发都应与CM操作过程开发同时进行。使用质量源于设计（QbD）原则的工艺开发为常规生产中可能用到的所有单元操作提供了最广泛的工艺参数[19]。此外，使用QbD原则的工艺开发可能包括许多API批次、辅料批次，每个批次都有物料特性范围，尤其是当这些物料特性预计会影响CQA时。从控制策略的角度来看，PAT可能不适用于工艺开发初期的许多制造运行，需首先收集数据并开发和完善模型，但这些工作可以作为后续光谱和物理样品测试方法的参考来源。这种情况下的模型开发包括数据收集、模型数据选择、预处理和建模选项的选择、模型校准以及针对独立数据集测试模型的性能。模型开发与工艺开发结合可有效确保PAT方法在整个设计环境中运行，模型开发所需的数据可以从工艺开发实验中获取。虽然许多指导文件[17,20]广泛描述了模型开发，但是某些与开发相关的主题仍将在此处专门针对CM进行扩展讨论。模型开发需要在开发独立PAT方法之外进行额外考虑，特别是围绕模型类型、样品组成和工艺参数设计范围。

为了能定时采样，需要通过反馈和前馈控制器与集成控制系统相连提供一个强大的线内监测系统。传统的采样和离线测试，通常用于分批生产，由于系统中物料具有连续流动的性质，在连续系统中具有挑战性，因为它只代表一个时间点，而不是完整的"批次"。即使是定期分层抽样用于离线测试的代表性也不如线内监测方法，后者可更频繁地对物料流进行采样。因此，对于CM而言，线内分析测试方法更适用。虽然许多与CM质量相关的监管预期与批次处理的预期相同，但在连续处理中，采样考虑因素与批次生产不同，而且测试连续批次的基本原理必须与传统模式相协调。应根据程序性能和风险的组合确定目标采样频率。对于从具有高程序性能和低概率影响CQA的单元操作收集的IPC检测值，目标采样频率可能低于具有低程序性能和直接影响CQA的单元操作。同样，如果IPC是RTRT模型的必须输入，则目标采样率可能高达每分钟一个样本或每千克物料一个样本，具体取决于控制策略中如何定义单位。通过一组设计的过程偏移或历史数据的滞后分析和评估过程在后续检测之间可能漂移的幅度来建立目标采样频率。例如，如果PAT传感器由于探针系统适用性检查而无法用于API混合物含量的连续检测，在10次连续检测之后，该过程漂移值也不能超过1%API，则可以建立目标采样频率基于历史性能和预期用途的平衡。

仪器应能够以与操作匹配的扫描速率进行检测。如果生产线能够以10～30kg/h的速率

运行，则PAT传感器必须能够在该生产线速率范围内以适当的速率进行检测。结合采样深度和采样率，还可以扫描目标量的分析物，例如单位剂量。为了防止抽样错误，不应对分层或非代表性抽样物料进行二次抽样以进行参考方法分析。参考方法应与PAT方法需求的分析样本量相匹配，并且应全部用于参考方法分析。在粉末检测的连续操作中，应直接从产品流中抽取样品，并且应避免在静态粉末层中使用样品采样器。Esbensen等证明了使用PAT对连续混合系统进行适当采样的重要性[15]。

参考方法的建立应与PAT方法一样严格，需进行彻底的开发和验证，以便证明在预期的目标和过程设计空间参数范围内是精准的。例如，含量方法必须能够提取100%的活性成分，而与生产中使用的物料特性和工艺参数无关。在平行测试期间执行严格的验收标准时，即使是提取效率略微降低也会导致出现问题。基于实验室的水分测定法还需要额外的样品处理。需将PAT传感器直接安装在产品流中或用于片剂分析的生产线上，确保在检测与收集的间隙没有水分进出的机会。然而，经过数小时的储存和运输到接收实验室并制备样品以进行参考方法测试后，仍然必须保证用于参考方法的"相同样品"与提交给PAT的样品相同。必须在整个所需的生产范围内开发溶出度参考方法，以便溶出度可以通过在线模型正确建模。当参考方法对传入的物料特性、工艺参数或片剂属性表现出敏感性时，PAT方法对这些属性的性能必须与参考方法的性能相匹配。

在CM的PAT方法上下文中，需重点注意，根据所需的控制策略，可以选择在连续操作中采用多种模型。基于这项工作的目的，模型类型可以分为三类：①具有直接分析输出的光谱模型（例如，用于检测水分的NIR或用于检测结晶形式的拉曼光谱）；②工艺模型使用检测的工艺参数来预测分析输出（例如，进料器质量流量加上片剂硬度来预测溶出，或流化床干燥器温度和干燥时间作为粉末混合物水分的预测）；③组合用于预测最终CQA的工艺参数和检测的分析属性（例如，片重和片剂硬度加上通过NIR预测溶出的API量）。作为正式IPC检测还是作为RTRT进行监控，取决于控制策略中使用的模型开发、验证和长生命周期维护的不同复杂程度。

10.2.2　用于校准模型构建的传感器位置和放置

本节探讨了在动态流动条件下基于传感器的粉末表征的可能采样选择。目的是使用于校准模型的粉末处理过程与生产过程一致。重要的益处是"1D"采样配置，其可以估计总采样误差并代表散装粉末。由于样本呈现给传感器，以光谱伪影形式出现的采样误差会极大地影响属性的预测。在连续过程中，与批生产过程不同，在不同粒度和密度下不断产生物料"输出"，需要修改PAT设置以考虑此梯度。插入与垂直粉末流路径正交的传感器探头是在数据采集过程中如何考虑此梯度的一个示例。根据监测的粉末类型、检测的属性和使用的传感器，有多种选择可将传感器放置在操作的出口处。

- 一个相对水平位置略倾斜的金属托盘放置在出口处，在其靠重力向下流动过程中收集落下的粉末。一个合适的"窗口"，最好是蓝宝石玻璃，嵌入在托盘上，可以将传感器放置在托盘的下侧。

- 传送带 使用传送带将粉末从出口输送到容器的方法是较成功的设置之一。传感器位于移动的粉末层上，高度相当于传感器的最佳焦距。使用顶部刮刀将多余的粉末刷掉以设置均匀的高度并产生光滑的物料层表面。传送带的速度根据过程中的吞吐量进行调整（图10.1）。

- 振动进料机装置 此装置类似于传送带，不同之处在于它不是移动皮带，而是有一个不锈钢托盘，以不同的强度振动，使粉末水平移动。通常，传感器以目标焦距放置在托盘上，以获取光谱（图10.2）。

- 垂直滑槽设置 图10.3所示的离线滑槽设置模拟了粉末在生产线上流动的条件。除了粉末处于动态状态外，这种设置还确保粉末在生产过程中经历类似的剪切和电加工条件[21]。图10.3所示的装置包括一根直径为10cm、部分扁平化矩形接口的不锈钢管，一个分析天平和一个进料架或在其出口处的旋转阀，以控制流出端的流量。为了实现对粉状物料的在线监测，在滑槽的矩形部分安装了两对亚克力窗口。一对窗口有助于监测粉末水平，而另一对窗口可以定制以集成PAT传感器。

10.2.2.1 采样量

PAT传感器在正确的位置成功实施并开发出稳定的方法后，就会遇到每个传感器在一次采集期间采样了多少粉末的问题。用式（10.1）计算采样的质量：

$$m = \frac{V_1}{V_2} t \, v \, \dot{m} \tag{10.1}$$

式中，m是每次采样的粉末质量；V_1是传感器识别的粉末体积；V_2是流过采样接口设置的粉末体积；t是采集时间；$\dot{m}$是粉末流速。V_1/V_2表示在界面处流动的粉末部分，由传感器采样。

10.2.3 CM中的PAT方法验证概述

模型验证包括方法学验证的典型ICH要求，例如线性、准确度、精密度、特异性和稳健性。它包括在专门设计用于探索ICH Q2（R1）验证要求的数据集上的模型性能的正式演示。例如，在目标或预期浓度的70% ～ 130%范围内证明了线性。准确度通过在相关浓度范围内的多个浓度下进行一系列测量来证明。精密度测试通常在目标浓度下作为重复检测进行。对于主成分回归（PCR）或PLS的PAT模型，可以通过将加载向量与目标API或分析物的纯组分光谱进行比较来证明特异性。当模型在设计空间内发生其他化学和物理变化时能成功预测分析物或目标属性，特异性也得到了证明。验证总是需要预测一组未知样本，这些样本尚未用PAT模型开发或校准。因此，在针对一组新样本进行预测时，成功的预测提供了高度的置信度，即响应是由目标属性引起的。

在PAT方法开发和验证时，还应考虑对稳健性的评估。通过将工艺开发与PAT方法开发相结合，在常规的PM计划中，模型稳健性是多个辅料和API批次在工艺制造范围、制造套件中温度和湿度变化的时间以及在仪器重新校准的时间跨度内的理想副产品。这些因素都有助于PAT模型的长期稳健性。还可以围绕采集速率、累积次数和曝光时间以及用于收集校准数据的PAT仪器的数量等参数进行更多有意义的稳健性研究。其中一些稳健性研究还可用于支持批准后的监管提交，并减少申请类型和相关的审查和批准时间。

10.2.4 维护概述

评估PAT模型的运行状况有多个层次，必须充分利用这些层次才能长期维护模型。当需要关注模型时，批次内和批次之间的监测和模型诊断趋势可提供清晰直接的指示。此外，必须为正式的定期模型评估指定适当的频率和测试计划。PAT科学家可以通过PAT方法和参考方法之间的正面比较，确保该方法对目标特性或分析物保持敏感度。本章不提供具体的验收标准；但标准通常可以基于已知的方法能力和/或原始方法验证标准制定。验收标准应在执行平行测试之前制定。除了定期模型评估外，还应考虑特殊因素，并根据其预期影响水平启动模型评估。例如，在商业生产实施之前，应评估新的辅料或API供应商和工艺变更对PAT方法的影响。虽然这些指南在传统制造及依赖光谱PAT作为IPC和批处理策略组成部分的CM过程中类似，但影响PAT模型生命周期的因素更具影响力。

10.3 CM商业控制策略中的PAT

在制药生产环境中有效使用PAT方法需要了解每个PAT传感器的预期用途以及其在整体控制策略中的位置：哪些属性正在被检测和控制，以及是否应该使用这些属性来监控过程，通过推动生产目标或材料转移决策来控制过程，通知实时发布计算和批次处置决策，或这些选项的某种组合。这些决策指导PAT实施各个方面所需的复杂程度。对于CM应用，传感器与各工序的物理接口以及样品对PAT的呈现可能是线上或线内的，其中PAT要么布置在侧流配置中，要么直接与物料流一致。PAT是否用于监控和转移不合格物料，取决于PAT和过程控制软件之间所需的集成水平。PAT的预期用途还设定了对方法开发过程、验证要求、监管提交所需支持信息的数量和类型以及全球监管批准后承诺的期望。

为了更深入地认识到PAT在药品制造中的益处，很有必要了解其最常见的实施障碍。在作者的整体经验中，最有可能阻止公司完全实施PAT的因素是成本、缺乏专业知识、实现投资收益所需的前期时间、操作复杂性（过程设备设计、过程集成、软件集成、中间清洗以防止探头结垢等），模型维护的技术方面（例如，在整个商业生命周期中影响PAT方法的工艺和物料因素），模型维护的监管方面（即监管提交中的新颖性可以转化为更多相同的批准价值的问题和审查），PAT方法对全球供应链的影响（即不同的地区法规、进口测试要求扼杀了PAT在其他领域的益处，地区批准的不同时间尺度导致使用过时的PAT方法进行制造以适应审批较慢的区域）。预期PAT在制药业务中广泛使用之前，必须消除或减少这些障碍。特别是在依赖基于PAT的控制策略的CM操作中，这些因素阻碍了全行业PAT的实施。Munson等[22]在2006年描述了采用PAT的原因以及一些公司犹豫不决的原因，到目前为止，这些原因基本上没有改变。然而，十多年前，CM并没有像现在这样参与这项评估。随着CM变得更可取和更容易实现，PAT业务的需求度应该会继续增加。

10.4 案例研究

本节包含一些选定的案例研究，以说明如何将前面讨论的概念结合在一起，例如要监控的属性、传感器放置和校准模型构建，以及用于构成CM平台的一些单独的连续操作。这些示例包括进料、混合和制粒操作以及使用PAT预测溶出性能以实现RTRT的部分。最后，还介绍了了解片剂内部结构的离线成像技术部分。后者是使用PAT的理想示例，因为它可以将片剂生产与片剂属性联系起来。

10.4.1 连续混合

由三个级别组成的CM设置用于混合实验集。顶层由进料器组成，取决于配方中原材料的量。第二级包括一个粉碎机、一个连续混合机，粉末通过料斗落入混合机内。第三个级别具有两个功能，一个是控制足以收集每个特定流速的光谱数据的粉末级别，第二个是适应NIR。探头包括通过光纤连接到光谱仪的NIR源。

所呈现的案例研究显示了典型药物混合物的连续混合。通过近红外光谱每6秒实时进行一次混合均匀性。校准模型在Bruker的OPUS 7.5中构建和加载。该系统允许在同一软件中构建校准模型以及实时检测。几个商业软件包可用于数据处理和分析，例如Camo,Inc.的Unscrambler X和Process Pulse，用于实时检测的Sartorius的SIMCA提供方法开发，SIMCA On-Line用于实时分析。图10.4显示了使用如图10.3所示的滑槽界面检测混合后API含量。进料的目标含量为API的68.8%（质量分数），总持续时间为50min。在此期间，获得了502

个光谱，平均预测值为68.7%（质量分数）。

API浓度在前5min内有小的波动，随后稳定下来，总体RSD值为2.06%，表明系统性能良好（表10.1）。

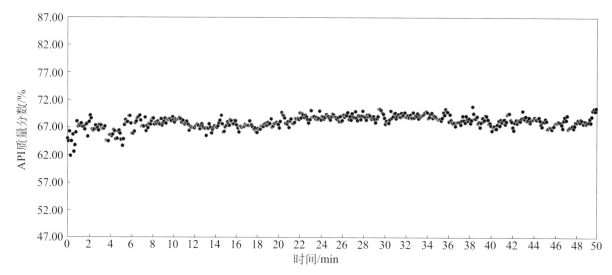

图10.4　连续混合过程中的活性药物成分含量监测

表10.1　连续混合过程中预测值的优选值

目标含量	光谱采集	平均值	标准差	相对标准偏差
68.8%	502	68.7%	1.41	2.06%

10.4.2　制粒

对于任何粉末加工操作，传感器的位置和放置都很关键，湿法制粒更是如此，因为监测的属性有时可能是时间敏感型的。例如，如果要对所得颗粒中的水分进行量化，则必须将传感器放置在靠近制粒机出口的位置，以减少数据采集前的水分损失。此外，由于润湿的颗粒有时不能像粉末那样自由流动，因此颗粒可能会黏附在传感器上，从而导致探头结垢，导致从停滞的粉末段中进行检测。

连续制粒装置包括一个商业生产型双螺杆处理器，一端有样品入口，另一端有产品出口。该处理器具有复杂但可互换的桨和螺纹元件。根据这些元件的排列方式，可正混或反混，同时能够在高剪切下捏合粉末。AccuRate Schenck重力式（LIW）单螺杆进料器可使均匀的粉末进入制粒机。蠕动泵以滴注方式通过位于处理器侧面的进液口切向注入液体。为了监控所得颗粒的输出速率，在制粒机的出口阀下方放置了一个刻度表。物料的孔隙率、液体含量和颗粒粒度分布是制粒工艺最关键的产品属性。在这些属性中，液体含量，特别是水的持续蒸发导致难以监测。在物料暴露于空气的最初几分钟内，水分流失率通常很高，之后该速率减少，因此必须及时检测湿颗粒。

对于这项特定研究，两种成分的预混物以16kg/h的速率通过进料器进料，水作为配方中使用的液体（质量分数41%）。干燥失重（LOD）技术用作确定样品中水分的参考方法。确定最佳干燥温度和干燥时间，使样品仅保留2%的结合水分，从而实现彻底干燥。

这种连续制粒操作的工艺参数是L/S、桨每分钟转数（r/min）和批量。确定制粒操作能在DoE的所有条件下稳定运行，下一步就是在线集成PAT。

基于本研究的目的，并明确监测的属性是水，在其他设置的试验失败后，发现传送带设置最适合将样品呈现于NIR。样品在传送带上以水平方式连续移动，并将NIR设备放置在动态物料层的最佳焦距处。调整传送带速率以获得具有合理高度的连续物料层。光谱采集后，NIR检测的样品部分定期被取到一旁，用于参考LOD检测。在连续操作中不同水分条件下收集校准组的光谱，并在Unscrambler X中进行分析。使用标准正态变量进行基线校正以消除样品物理特性引起的差异。此后，使用具有9点平滑的二阶导数执行SavitzkyeGolay转换，使光谱具有较低的噪声和强度峰。预处理后的下一步是运行主成分分析（PCA）以观察相似样本的聚集。在PCA之后，PLS模型用于对从PCA获得的模型进行交叉验证。PLSR模型开发了一个线性回归模型，并根据R^2确定了NIR数据的预测与LOD参考测定值之间的拟合。

对于预测集，收集包含目标含水量样本的光谱数据并拟合到模型中。最终选择的PCA模型用于将从预测集收集的光谱投影到校准集上。这种投影有助于观察样本数据集在新维度空间中相对校准数据集的位置（图10.5）。

PLS模型预测了样本集中的含水量，其中以NIR为预测变量（X），水的LOD值为回归变量（Y），结果RMSE为0.13，R^2为0.99。根据获得的结果，计算了LOD值与模型预测值之间的个体误差。低误差百分比表明预测值与参考LOD值接近（表10.2）。总体而言，可以得出结论，该模型的精密度和准确度都非常适合预测颗粒中的水分。

Camo的Process Pulse软件用于连续制粒步骤期间以用户预定的频率间隔实时预测颗粒中的水含量。图10.6显示了颗粒含水量的变化，无论大小阶跃的变化，都被模型很好地捕捉到，证明了其敏感性。

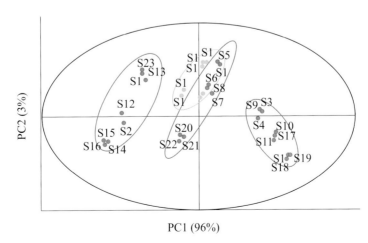

图10.5　预测样本（绿色）在校准样本（蓝色）上的主成分分析（PCA）投影

表10.2 与参考干燥失重值相比，根据近红外光谱预检测的水分百分比

样品	预检测水分 /%	参考水分 /%	误差百分比 /%
1	41.80		0.99
2	41.90	41.39	1.23
3	41.88		1.18
4	41.23		0.41
5	41.34	41.40	0.14
6	41.27		0.31
7	41.39		0.81
8	41.35	41.73	0.91
9	41.37		0.86

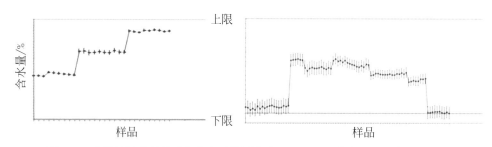

图10.6 在连续湿法制粒过程中实时监测水分，展示了观察大小阶跃变化的能力

10.4.3 进料器和混合机中的停留时间分布确定

10.4.3.1 进料器

进料器是生产过程中首先启动粉末流动并设定成分含量的设备。对进料器的任何扰动都会显著影响粉末均匀性，并成为产生不合格（OOS）片剂的源头。

粉末离开进料器的质量流量提供了用于确定配方中该成分含量的进料量。进料器中的RTD对于跟踪连续过程中的原材料以及了解进料器对进料特性变化的响应非常重要。也有助于解答一个关键问题：新材料更换旧材料需要多长时间？

示踪剂实验是确定单元操作中材料RTD的最常用方法。在单元操作的入口处以脉冲的形式引入化学上可区分的成分，尽管其具有与本体相似的特性（也可以使测定成分的含量发生阶跃变化）。然后在单元操作的出口处检测示踪剂含量，示踪剂的出口浓度分布提供了系统在这些条件下的RTD。NIR光谱已广泛用于表征单元操作过程的RTD。对于此类应用，示踪剂优选具有与散装材料不同的峰，以使其在电磁光谱的近红外区域具有吸光度。

为了量化在指定时间实际脱离单元操作的粉末量，使用不同数量的示踪剂开发了NIR校准模型。使用诸如R^2、偏差、预测标准误差和预测均方根误差等统计参数来评估校准模型的预测性能。最终选择的校准模型用于确定RTD试验期间示踪剂浓度的变化。

本示例讨论了重力式进料器RTD的检测。建立校准模型后，准备进行RTD实验的设置。该设置包括如图10.7所示的传送带装置。该装置为流动粉末的近红外检测提供了理想的采样通道。为了确保准确、重复的近红外光谱采集，强调了3个方面：首先，每次实验都测定进料器出口和近红外位置之间的时间差。使用该时间差校正最终RTD结果。其次，NIR探头安装在传送带上方的固定高度，该高度等于其焦距。第三，针对每个进料器流速调整传送带速率，以形成均匀且水平的粉末层。

例如，粉末流速（kg/h）对RTD曲线形状的影响是通过示踪剂的脉冲增加来评估的［图10.8（a）］。混合物中的示踪剂含量恒定在5%（质量分数），流速在5kg/h、10kg/h和20kg/h三个水平上变化。研究的另一种示踪剂添加方法是在相同示踪剂含量为5%和流速为10kg/h的进料器出口处的阶跃响应法［图10.8（b）］。

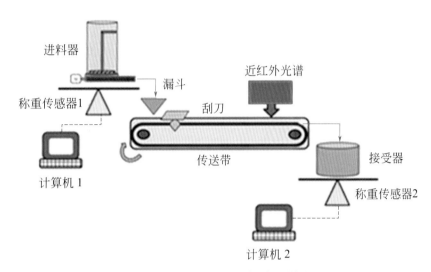

图10.7 利用传送带和悬挂放置NIR的进料器停留时间分布设置

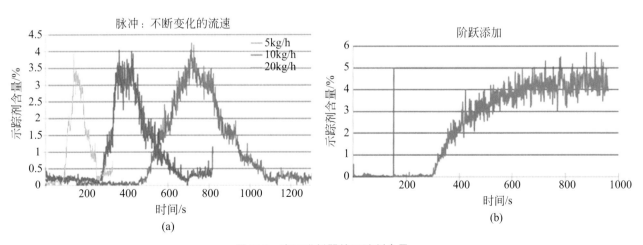

图10.8 离开进料器的示踪剂含量
（a）脉冲增加；（b）阶跃添加

10.4.3.2 混合机

连续混合机的RTD是一种必要特性，它可以引导过程理解并在CM过程中实现可追溯性[23]。校准样品的制备覆盖API_1中0%～9%（质量分数）的示踪剂含量范围，最小调节幅度为3%（质量分数）。此样品在V型混合机中制备，垂直流动粉末的滑槽接口用于集成PAT工具。在此情况下，使用了能够实现在线光谱采集的NIR探头（图10.9）。实验设置类似于10.4.1节中介绍的设置（图10.10）。混合机转速和流量是影响系统RTD的主要参数，因此在研究中有所不同。该过程开始于进料器和混合机，针对特定配置运行，以在传感器开始收集数据之前达到稳定状态。

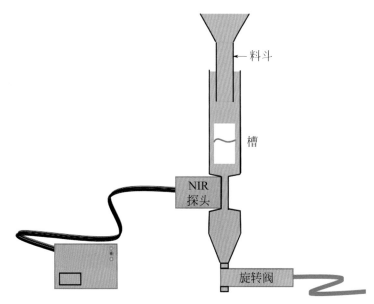

图10.9　校准混合物光谱采集的实验装置

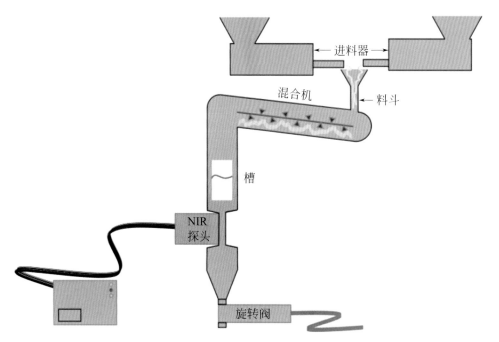

图10.10　通过NIR确定连续混合机中的停留时间分布的实验装置

　　在本研究中，使用API（API_1）作为散装物料，使用具有相似流动性的示踪剂（API_2）来评估RTD。

对于垂直下降的混合物，正确的PAT界面对于确保一致的检测至关重要；因此，类似于实际RTD实验的设置也用于校准混合。流经斜槽的校准混合物在扁平矩形区域被NIR检测到，与实际实验中光谱采集的设置相同。这一一维采样过程为整个批次提供了相同的检测分析[15]。获得校准数据集后，下一步就是构建使用PLS回归方法的模型。

在RTD实验过程中，预先称重的API_2示踪剂通过料斗入口瞬间加入混合机，随后不断监测混合机出口处示踪剂的浓度。

当整个示踪剂被排除，即完成实验。Bruker的OPUS软件用于使用预先构建的PLS方法对示踪剂进行实时检测。图10.11显示上述实验在两种混合机速率下的RTD，最大可达混合转速的87.5%和100%，以及运行期间每个混合机速率的两个管线流速。

从图10.11可以看出，RTD实验在相同流速不同混合机速率下是连续进行的。一旦混合机达到稳定状态，就对示踪剂进行脉冲处理并获得RTD曲线。在线监测器上的示踪剂含量恢复到0%（质量分数）则表明整个示踪剂被排出。然后将混合机速率更改为下一个所需的设定值，并使系统再次达到稳定状态。系统用示踪剂脉冲并重复实验。图10.11显示了不同条件下的RTD曲线。

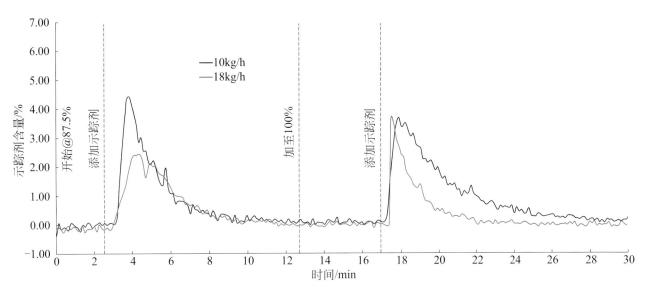

图10.11　在两种混合机速率和两种管线流速下的连续混合机中的停留时间分布

10.4.4　片剂：溶出替代品

除了通过在CM操作中使用PAT来增强过程理解和过程控制的既定目标之外，商业制药组织的最高目标之一是RTRT。有了正确的分析工具、对输入物料特性的理解以及在整个过程中对制造数据的访问，根据监管规范评估批次所需的必要信息都是已知和可用的。对于典型的CQA，如片剂测定、含量均匀性、水分、物理形态和鉴别，可以使用光谱工具通过生产过程进行直接分析检测。例如，IPC最终混合API含量可用于指示

RTR 测定或含量均匀度计算。假如证明包衣操作对片剂水分没有影响，则最终混合物中的 NIR 可用于检测和报告水分。物理形态和鉴别也可以在整个制造过程的各个阶段通过 NIR 或拉曼光谱直接检测。由于实验室测试的复杂性以及对准确预测体外药物溶出行为所需的化学条件和机制的基本理解，在典型的药品规格列表中最难替代的测试是溶出度[24]。由于片剂溶出度会受到配方和制造过程（例如，API 含量、粒度、聚合物含量、超级崩解剂水分或交联度、片重/厚度/硬度）以及体外检测方法细节（例如，pH、缓冲能力、搅拌桨转速、温度、表面活性剂浓度）的影响，已证明开发用于溶出预测的稳定替代方法并不容易。

如前所述，PAT 可用于表示直接光谱检测，用于监测或控制过程的参数数据，或两者的组合。对于溶出的预测，存在可以通过直接分析检测、工艺参数输入和/或物料特性进行预测的可能性。在 CM 中，由于工艺变化，这些输入变量将在批次生产过程中发生变化，产生不同的溶出曲线，从而导致不同的预测结果。定义一种分段方法将有效对批次的各个部分进行溶出预测。例如，在 12h 的运行中，可以对每小时进行慎重预测。因此，最终结果将包含 12 个值，从而满足 USP 第 2 阶段溶出标准（USP < 711 >）。

溶出预测输出值可以是单个规格时间点的溶出百分比，也可以是模型拟合中的预测系数，从而预测整个溶出曲线。对于后一种方法，实际溶出曲线必须首先适合合适的模型。也可以开发许多拟合模型[25]。确定了最佳拟合模型，就可以对模型系数进行回归计算以建立溶出度的预测模型。在所需的制造范畴和设计空间中发展这种关系非常重要，可以确保拟合模型在所有情况下都与参考溶出曲线相匹配。使用这种预测模型系数的方法，易于预测任何离散时间点溶出的活性成分的百分比，以用于产品放行目的。这种方法包含更多信息，并且比单时间点方法更稳定。

10.4.5 化学成像：离线均匀度、API 分布

CM 的目标包括减少浪费、减少在传统批量制造中观察到的混合物分层，更重要的是减少 OOS 产品。实现后者涉及多个方面的无缝组合：对单个单元操作的详细了解、PAT 传感器有效监控关键位置的属性，以及控制系统启动必要纠正措施的能力。此外，"好"产品还应具有通过标准验收测试所需的性能特征。尽管在过去十年中，制药行业对 CM 的了解迅速增加，但仍存在知识空白，特别是在成分的物料特性、加工条件和由此产生的产品属性之间的关系方面。这是因为药片本身（或一般的药品）仍然是一个黑匣子。了解物料特性和加工条件对片剂微观结构的影响可以解开这个黑匣子，从而通过设计将质量和性能融入产品中。可以通过化学成像来阐明产品微观结构需要了解的不同成分空间分布。

与传统的电子显微镜相比，光谱成像在样品制备和操作简便性方面具有独特的优势。其中，有非破坏性方法，例如太赫兹（THz）成像，其光源强度足以穿透片剂并确定涂层厚度[26]，但强度足以防止损坏样品。太赫兹成像作为一种用于确定片芯的不均匀性和完整性以及确定包衣质量的在线工具越来越受到关注[27]。尽管由于光栅扫描方法，成像技术本质上是耗时的，但硬件改进后的一代设备，可以快速收集片剂的高对比度NIR图像，以评估最终剂量中的混合均匀性[28]、过程监控[29,30]和功能问题[31,32]。

拉曼成像提供了卓越的化学特异性，有利于检测峰相互重叠的多组分配方。新开发的拉曼系统（输入产品详细信息）通过结合在设备中的刨丝器从固体样品中物理刮除，促进样品的3D映射。该仪器在连续扫描和刮丝步骤之间交替，以创建多个2D图像，这些图像堆叠在一起以创建固体样品的3D图像。在CM中，单独的原材料特性和工艺变量不仅影响片剂产品的组成，还影响片剂微观结构中成分的分布。组合物和成分分布都可以单独或联合对片剂的硬度和溶出曲线产生不利影响。

例如，API本身具有黏性以及在生产工序中（通常在片剂中）以团块的形式出现。自动化拉曼成像仪器可以观察片剂中的这些API团聚物（图10.12）。图像可以针对配方的不同成分进行描绘，其中每种颜色代表一种成分［图10.12（a）］，或者图像可以仅是针对其不同粒度着色的单一成分成像［图10.12（b）］。图10.12所示的片剂是以半连续方式制造的，其中进料和连续混合操作被一个36立方英尺的大型V型混合机取代。然后将混合的粉末在Kikusui Libra 2压片机中压制。

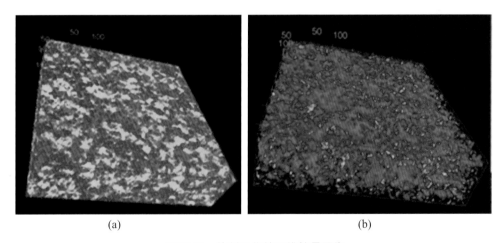

(a)　　　　　　　　　　　　　(b)

图10.12　片剂子集的三维拉曼图像

（a）根据配方成分着色：红色——API、蓝色—辅料1、绿色—辅料2、黄色—润滑剂；（b）API粒度：绿色颗粒＜50μm，红色颗粒50～250μm，蓝色颗粒＞250μm

在另一个示例中，还说明了物料的批次混合和连续混合之间的总混均匀性差异。本研究中的CM路线是湿法制粒工艺，其中成分在批次或连续混合机中预混合，然后制成颗粒，再压制成片剂。管状连续混合机可使所有成分均匀分散，特别是API，而非分批生产中箱式混合机可比（图10.13）。

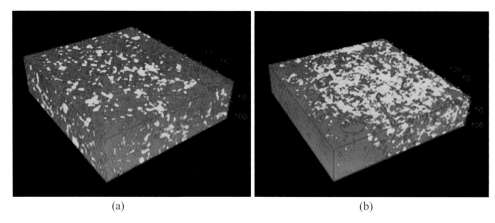

（a）　　　　　　　　　　　　　　　　（b）

图10.13　根据配方成分着色的片剂子集的三维拉曼图像

红色—活性药物成分、蓝色—辅料1、绿色—辅料2、黄色—润滑剂。这些成分在连续混合机（a）和分批式混合机（b）中混合

10.5 结语

本章旨在通过涉及一些常用单元操作的案例研究提供高级指导，以说明如何在制造环境中实施以光谱技术为重点的PAT。

PAT的使用并不仅限于模型的开发和验证，还可扩展到包括产品生命周期内的维护策略。对于计划构建CM平台、修改现有平台，甚至只需要一个草案作为参考的企业来说都非常有用。也就是说，后者将包括应用程序和/或客户定制其产品的仪器、设备甚至数据分析供应商。尽管PAT是物料特性的在线检测的同义词，但该术语还包括物料质量的离线、近线和在线评估。确保质量的方法已从使用被动策略发展为主动策略，随着对产品结构的了解，可以设计其所需的质量以满足不同规格产品的需求。

参考文献

[1] FDA. Guidance for industry PAT — a framework for innovative pharmaceutical development, manufacturing, and quality assurance. 2004. Available from: https://www.fda.gov/downloads/drugs/guidances/ucm070305.pdf. Accessed August 2017.

[2] Fonteyne M, Vercruysse J, De Leersnyder F, Van Snick B, Vervaet C, Remon JP, et al. Process analytical technology for continuous manufacturing of solid-dosage forms. TrAC Trends Anal Chem 2015;67(Suppl. C):159−66.

[3] Fonteyne M, Vercruysse J, Diaz DC, Gildemyn D, Vervaet C, Remon JP, et al. Real-time assessment of critical quality attributes of a continuous granulation process. Pharm Dev Technol 2013;18(1):85−97.

[4] Alam MA, Shi Z, Drennen 3rd JK, Anderson CA. In-line monitoring and optimization of powder flow in a simulated continuous process using transmission near infrared spectroscopy. Int J Pharm 2017;526(1−2):199−208.

[5] Fonteyne M, Soares S, Vercruysse J, Peeters E, Burggraeve A, Vervaet C, et al. Prediction of quality attributes of continuously produced granules using complementary pat tools. Eur J Pharm Biopharm 2012;82(2):429−36.

[6] Ward HW, Blackwood DO, Polizzi M, Clarke H. Monitoring blend potency in a tablet press feed frame using near infrared spectroscopy. J Pharm Biomed Anal 2013;80(Suppl. C):18−23.

[7] Järvinen K, Hoehe W, Järvinen M, Poutiainen S, Juuti M, Borchert S. In-line monitoring of the drug content of powder mixtures and tablets by near-infrared spectroscopy during the continuous direct compression tableting process. Eur J Pharm Sci 2013;48(4):680−8.

[8] Medendorp J, Bric J, Connelly G, Tolton K, Warman M. Development and beyond: strategy for long-term maintenance of an online laser diffraction particle size method in a spray drying manufacturing process. J Pharm Biomed Anal 2015;112(Suppl. C):79−84.

[9] Román-Ospino AD, Singh R, Ierapetritou M, Ramachandran R, Méndez R, Ortega-Zuñiga C, et al. Near infrared spectroscopic calibration models for real time monitoring of powder density. Int J Pharm 2016;512(1):61−74.

[10] Hattori Y, Otsuka M. NIR spectroscopic study of the dissolution process in pharmaceutical tablets. Vib Spectrosc 2011;57(2):275−81.

[11] Hernandez E, Pawar P, Keyvan G, Wang Y, Velez N, Callegari G, et al. Prediction of dissolution profiles by non-destructive near infrared spectroscopy in tablets subjected to different levels of strain. J Pharm Biomed Anal 2016;117(Suppl. C):568−76.

[12] Blanco M, Alcalá M. Content uniformity and tablet hardness testing of intact pharmaceutical tablets by near infrared spectroscopy: a contribution to process analytical technologies. Analytica Chimica Acta 2006;557(1):353−9.

[13] Barnes RJ, Dhanoa MS, Susan JL. Standard normal variate transformation and de-trending of near-infrared diffuse reflectance spectra. Appl Spectrosc 1989;43(5):772−7.

[14] Small GW. Chemometrics and near-infrared spectroscopy: avoiding the pitfalls. TrAC Trends Anal Chem 2006;25(11):1057−66.

[15] Esbensen KH, Román-Ospino AD, Sanchez A, Romañach RJ. Adequacy and verifiability of pharmaceutical mixtures and dose units by variographic analysis (Theory of Sampling) − a call for a regulatory paradigm shift. Int J Pharm 2016;499(1):156−74.

[16] Esbensen KH, Paasch-Mortensen P. Process sampling: theory of sampling − the missing link in process analytical technologies (PAT). Process analytical technology. John Wiley & Sons, Ltd; 2010. p. 37−80.

[17] EMEA. Guideline on the use of near infrared spectroscopy by the pharmaceutical industry and the data requirements for new submissions and variations. 2014. Available from: http://www.ema.europa.eu/docs/en_GB/document_library/Scientific_guideline/2014/06/WC50016 7967.pdf.

[18] Lichtig M. Lifecycle management of process analytical technology procedures. 2015. Available from: http://www.infoscience.com/JPAC/ManScDB/JPACDBEntries/1426003537.pdf.

[19] Morton M. A quality-by-design (QbD) approach to quantitative. 2011. Available from: http://www.americanpharmaceuticalreview.com/Featured-Articles/36924-A-Quality-by-Design-QbD-Approach-to-Quantitative-Near-Infrared-Continuous-Pharmaceutical-Manufacturing/.

[20] ASTM. ASTM E1790-04(2016)e1. Standard Practice for Near Infrared Qualitative Analysis. West Conshohocken, PA: ASTM International; 2016. Available from: https://doi.org/10.1520/E1790-04R16E01.

[21] Alam MA, Shi Z, Drennen JK, Anderson CA. In-line monitoring and optimization of

powder flow in a simulated continuous process using transmission near infrared spectroscopy. Int J Pharm 2017;526:199−208.

[22] James M, Stanfield CF, Bir G. A review of process analytical technology (PAT) in the U.S.pharmaceutical industry. Curr Pharm Anal 2006;2(4):405−14.

[23] Engisch W, Muzzio F. Using residence time distributions (RTDs) to address the traceability of raw materials in continuous pharmaceutical manufacturing. J Pharm Innov 2016;11:64−81.

[24] Shanley A. Moving toward real-time release testing. Pharm Technol 2017;41(7).

[25] Costa P, Sousa Lobo JM. Modeling and comparison of dissolution profiles. Eur J Pharm Sci 2001;13(2):123−33.

[26] Zeitler JA, Shen Y, Baker C, Taday PF, Pepper M, Rades T. Analysis of coating structures and interfaces in solid oral dosage forms by three dimensional terahertz pulsed imaging. J Pharm Sci 2007;96(2):330−40.

[27] Niwa M, Hiraishi Y, Terada K. Evaluation of coating properties of enteric-coated tablets using terahertz pulsed imaging. Pharm Res 2014;31(8):2140−51.

[28] El-Hagrasy AS, Morris HR, D'Amico F, Lodder RA, Drennen 3rd JK. Near-infrared spectroscopy and imaging for the monitoring of powder blend homogeneity. J Pharm Sci 2001;90(9):1298−307.

[29] Clarke F. Extracting process-related information from pharmaceutical dosage forms using near infrared microscopy. Vib Spectrosc 2004;34(1):25−35.

[30] Gowen AA, O'Donnell CP, Cullen PJ, Bell SEJ. Recent applications of chemical imaging to pharmaceutical process monitoring and quality control. Eur J Pharm Biopharm 2008;69(1):10−22.

[31] Clarke F, editor. NIR microscopy: utilization from research through to full-scale manufacturing. European Conference on Near Infrared Spectroscopy; 2003.

[32] Lewis EN, John EC, Fiona C. A near infrared view of pharmaceutical formulation analysis. NIR News 2001;12(3):16−8.

第11章

**开放路径集成系统的
工艺模型开发**

Nirupaplava Metta,Marianthi Ierapetritou

11.1 引言

工艺模型在推进药品连续制造方面发挥着至关重要的作用。除了替代实验之外，工艺模型还增强了对工艺可变性的理解。通过工艺系统工程工具，可以获得最佳的设计和操作条件，详情见第13章（制药工艺开发中工艺优化应用）。最终，可以应用先进的控制策略来实现一致的产品质量。

本章概述了通常用于工艺模型开发的建模方法。已尝试在适用的情况下给出相关方程并解释建模策略。但是，读者可以参考相应的已发表作品，其中可以找到有关模型开发的更多详细信息。在接下来的部分中，将讨论为药品制造中的各种单元操作开发工艺模型的方法。具体讨论了失重式进料器（LIW）、混合机、湿法制粒机、流化床干燥机、辊压机、锥磨和压片机的模型。在11.9节中，简要讨论了这些模型的集成，以通过各种连续制造途径开发工艺模型。

11.2 失重式进料器

尽管进料性能的可变性会向下游传递并影响最终的产品质量，但与其他单元的操作相比，为进料设备发布的动态模型是有限的。为了获得稳定且恒定的流量，失重式进料器在重量模式下运行，通过调节进料器内的螺杆转速来控制流量。Wang等[1]使用多变量分析将进料性能与粉末流动特性相关联。使用进料质量流量的相对标准偏差来量化进料性能，该偏差与使用偏最小二乘回归的粉末流动特性相关。当喂入的新材料价格昂贵或数量有限时，这种方法非常有用。Boukouvala等[2]根据Gericke进料器提供的LIW进料器所收集到的实验数据，开发了数据驱动模型。螺杆转速、螺杆尺寸、螺杆配置和粉末流动指数是使用方差分析（ANOVA）方法，从实验数据中获得的明确的重要变量。使用Kriging法和响应面法等建模方法将这些变量与进料流量标准偏差（进料性能指标）相关联。这种方法很有价值，因为仍然缺乏对螺旋进料器内部粉末行为的机械理解。

Wang等[3]使用半经验方程动态模拟进料器的质量流量$F_{out}(t)$：

$$\dot{F}_{out}(t) = ff(t)\omega(t) \tag{11.1}$$

式中 $\omega(t)$ 为螺杆转速；$ff(t)$ 是进料系数，定义为螺旋桨中粉末配合的最大质量，用式（11.2）表示：

$$ff(t) = \rho_{effective}(t) V_{\text{Screw Pitch}} \qquad (11.2)$$

式中，$\rho_{effective}$ 是螺距中材料的有效密度，体积为 $V_{\text{Screw Pitch}}$。ff 的值取决于料斗中的材料量，因为上部材料的静压施加的压力变化，预计进入螺杆的粉末有效密度会发生变化。这种关系被定义为遵循式（11.3）中表示的伪一阶：

$$ff(W(t)) = ff_{level}^{sat} - e^{-\beta W(t)} \left(ff_{level}^{sat} - ff_{level}^{min} \right) \qquad (11.3)$$

式中，ff_{level}^{sat} 是饱和进料系数；ff_{level}^{min} 是最小进料系数；β 是进料因子指数衰减常数。这些参数从实验数据中得来，并且可能与物料特性有关，例如堆密度、渗透性、可压缩性和内聚力。这在第3章（失重式进料）中有详细介绍，读者可以参考此内容了解更多详细信息。

11.3 连续混合设备

粉末混合是制药行业的关键单元操作，因为配方中的各个组分在该单元中有效混合，从而影响最终药物产品的含量均匀性。本节回顾了用于模拟连续粉末混合机的各种模型。讨论仅限于对管状混合机的建模，最流行的粉末混合形式已用于药物的连续加工。

许多建模技术已被用于模拟连续混合机中的粉末行为。混合设备出口处活性成分含量的相对标准偏差（RSD）通常用作混合设备性能指标，并在式（11.4）和式（11.5）中定义[4]：

$$\text{RSD} = \frac{\sigma}{C} = \frac{标准偏差}{平均浓度} \qquad (11.4)$$

$$\sigma = \sqrt{\frac{\sum_{i=1}^{N}(C_i - \bar{C})^2}{N-1}} \qquad (11.5)$$

式中，N 是收集的样本数；C_i 是样本 i 的浓度。

文献中的几种混合工艺模型使用离散元法（DEM）来模拟混合和分离行为[5,6]。DEM模型用于捕捉混合机几何形状、物料特性和操作条件[4,7]对RSD的影响。虽然DEM等机械模型的计算成本很高，但离散元降阶建模方法为在单元建模框架中捕获机械效应开辟了道路。在该方法中，通过降阶模型有效地表示了来自DEM模拟的分布参数信息（例如速度剖面）。然后使用偏最小二乘建模将较低维度的速率曲线与搅拌器性能预测因子（例如RSD）相关联。Sen等[8]将群体平衡模型（PBM）与DEM模型相结合，以预测混合机出口处的活性药物成分（API）的含量。利用从DEM混合机模型的周期性部分获得的速度剖面，定义PBM方程中颗粒数量随时间的变化。11.5节和11.7节将进一步讨论PBM的更多细节。

除了RSD之外，颗粒在混合机中的停留时间分布（RTD）也很重要，正如第4章（连续粉末混合和润滑）中所讨论的，它决定了材料离开混合设备所需的时间，从而实现材料的可追溯性。Wang等[3]将连续混合建模为串联的连续搅拌釜反应器（CSTR），用于表征RTD。系列模型中的CSTR使用多个串联的理想混合罐来模拟粉末沿混合设备长度方向的混合。使用延迟时间τ_{delay}来表示颗粒沿轴向对流移动通过混合设备所需的时间。混合机RTD表示为式（11.6）：

$$E(t) = \text{Unit Step}\left[\tau - \tau_{\text{delay}}\right]\frac{(t - \tau_{\text{delay}})^{n-1}e^{\left(-\frac{t - \tau_{\text{delay}}}{\bar{\tau}}\right)}}{(n-1)!\bar{\tau}^n} \tag{11.6}$$

式中，n是罐的数量；$\bar{\tau}$是模型中一个罐的平均停留时间。那么混合设备的平均停留时间是$\tau_{\text{blender}} = \tau_{\text{delay}} + n\bar{\tau}$。

假设混合机中的滞留量渐渐达到稳态，即它遵循一阶，则对混合设备中的质量平衡进行建模。流出系统的流量用作下游单元的输入，因此可以如式（11.7）和式（11.8）中给出的那样建模：

$$\bar{\tau}\frac{\text{d}M(t)}{\text{d}t} + M(t) = M_{\text{ss}} \tag{11.7}$$

$$\frac{\text{d}M(t)}{\text{d}t} = F_{\text{in}}^{\text{total}} - F_{\text{out}}^{\text{total}} \tag{11.8}$$

式中，参数n、τ和M_{ss}取决于入口流速和叶片转速，并根据实验数据估计得到。

11.4 辊压机

辊压本质上是一种连续操作，因此其在连续过程中的使用相对简单。此外，由于单元本身及其操作本质上是连续的，所以可以直接利用为描述批量模式中的辊压操作而开发的模型。最流行的辊压模型是由Johanson在1965年开发的[9]。该模型可以预测啮合角和由此产生的带状片材相对密度。模型中列出了与粉末特性和压实条件相关的各种假设，这推动了进一步改进该模型的研究。Johanson假设粉末是各向同性的、摩擦性的、黏性的和可压缩的，遵从Jenikee Shield屈服准则。通过拟合实验，假设粉末的相对密度和施加的应力相关。该模型使用额外的粉末属性，例如假定有效内摩擦角和粉末在压辊表面摩擦角为常数。通过辊压机的粉末流建立一维模型。在上游"滑移"区域，粉末的速率小于辊速，在下游"无滑移"区域，速率被假设等于辊速。区域之间的过渡发生在"啮合"角α处，这是通过使两个区域中的粉末应力梯度相等来计算的。Johanson模型用于预测啮合角以及最小间隙处的最终带状片材相对密度和辊上的作用力。

Hsu等[10]开发了一个动态模型和Johanson模型的扩展功能，通过使用附加的材料平衡方程来模拟压辊间隙变化来预测压力和带状片材密度分布。Johanso模型假设间隙宽度不变。然而，在辊压机的常见设计中，螺杆转速、压辊速率和压辊压力会影响带状片材密度和间隙宽度。

施加在压辊上的液压，P_h^{rc}用于抵抗压辊分离，由式（11.9）给出：

$$P_h^{rc}(t) = \frac{W^{\mathrm{rol}}}{A^{\mathrm{rol}}} \frac{\sigma_{\mathrm{out}}(t)R^{\mathrm{rol}}}{1+\sin\delta} \int_0^\alpha \left[\frac{h_0(t)}{R^{\mathrm{rol}}\left(1+\dfrac{h_0(t)}{R^{\mathrm{rol}}}-\cos\theta\right)\cos\Theta} \right] K^{rc}\cos\theta\,\mathrm{d}\theta \tag{11.9}$$

式中，δ是粉末的有效摩擦角；W^{rol}是辊宽度；R^{rol}是辊半径；A^{rol}是压实表面积；ω^{rc}是辊的角速度；u_{in}是进料的线速度。经验模型用于描述材料在"无滑移"区域中的压缩行为，如式（11.10）所示：

$$\sigma_{\mathrm{out}}(t) = C_1^{rc}\left[\rho_{\mathrm{out}}^{\mathrm{rib}}(t)\right]^{K^{rc}} \tag{11.10}$$

式中，C_1^{rc}和K^{rc}是从实验中估计的常数。

为了模拟$h_0(t)$的变化，即时间t的半辊间隙，Hsu等[10]使用了材料平衡方程，如式（11.11）中给出的：

$$\frac{\mathrm{d}}{\mathrm{d}t}\left(\frac{h_0(t)}{R^{\mathrm{rol}}}\right) = \frac{\omega^{rc}\left[\rho_{\mathrm{bulk_{in}}}(t)\cos\Theta_{\mathrm{in}}\left(1+\dfrac{h_0(t)}{R^{\mathrm{rol}}}-\cos\Theta_{\mathrm{in}}\right)\dfrac{u_{\mathrm{in}}(t)}{\omega^{rc}(t)R^{\mathrm{rol}}} - \dfrac{\rho_{\mathrm{out}}^{\mathrm{rib}}(t)h_0(t)}{R^{\mathrm{rol}}}\right]}{\displaystyle\int_0^{\Theta_{\mathrm{in}}}\rho(\Theta)\cos\Theta\,\mathrm{d}\Theta} \tag{11.11}$$

式中，$\Theta_{\mathrm{in}} = \pi/2 - 0.5\left(\pi - \sin^{-1}\dfrac{\sin\varphi}{\sin\delta} - \varphi\right)$，$\varphi$是表面摩擦角。进入辊压机的粉体堆密度用$\rho_{\mathrm{bulk_{in}}}$表示。求解式（11.11）中的分母，密度分布$\rho(\Theta)$需要对每个时间步骤进行求解。在压实区，$\rho(\Theta)$可以使用式（11.10）计算。在滑移区，假设密度与入口密度相同，因为应力相对较小，因此可以对方程进行解析。Boukouvala等[11]在干法制粒工艺模型中使用了上述给定的一组方程，并展示了预测片状带材密度和压辊间隙随输入工艺参数变化而变化的能力。

Liu等[12]最近发表的文章提供了Johanson模型的优势和局限性，总结如下。Johanson理论预测的啮合角与基于参考文献[13]中工作的实验结果一致。然而，预测的和实验的压辊压力只适用于小于0.15mm的压辊间隙。此外，粉末体积孔隙率的轻微变化预示着压辊轮压力的巨大变化，这与实验观察结果不一致。根据FEM模拟，Muliadi等[14]发现该模型对带状片材相对密度和压辊压力预测明显偏高。这归因于Johanson模型中的一维（1D）粉末流动假设。与假设相反，FEM研究发现，粉末流入压辊"无滑移"区域时粉末流动最快，在中心线处最慢。由于假设粉末速率等于压辊速率，因此通过装置的预测质量流量大于实际发生的质量流量，导致对带状片材密度的过度预测。为了解决这个问题，Liu和Wassgren[12]使用了质量校正因子f_Θ，如式（11.12）所示：

$$\frac{f_\Theta}{f_0}=1+\frac{1-f_0}{f_0}\left(\frac{\Theta}{\alpha}\right)^n \tag{11.12}$$

这项工作还通过经验拟合考虑到了质量校正因子对位置Θ的依赖性。两个拟合参数，功率常数n和最小间隙宽度f_0处的校正因子，使用来自实验的压辊压力和间隙宽度的测量值来估计。

11.5 连续湿法制粒机

群体平衡模型是模拟连续湿法制粒过程的最常用方法，在模拟双螺杆工艺和高剪切制粒机时，这两种是最常见的连续湿法制粒机形式。一般的PBM方程在式（11.13）中给出。

$$\frac{\partial F(\pmb{x},t)}{\partial t}+\frac{\partial}{\partial \pmb{x}}\left[F(\pmb{x},t)\frac{\mathrm{d}\pmb{x}(\pmb{x},t)}{\mathrm{d}t}\right]=R_{\mathrm{form}}(\pmb{x},t)-R_{\mathrm{dep}}(\pmb{x},t)+\dot{F}_{\mathrm{in}}(\pmb{x},t)-\dot{F}_{\mathrm{out}}(\pmb{x},t) \tag{11.13}$$

式中，颗粒数F是颗粒密度；$\pmb{x}$是表示颗粒特征的向量。关于$\pmb{x}$的偏微分项说明了由分层、液体添加或合并等机制引起的属性变化。R_{form}和R_{dep}分别表示具有属性$\pmb{x}$的颗粒的形成率和消耗率的函数。$\dot{F}_{\mathrm{in}}$和$\dot{F}_{\mathrm{out}}$分别是颗粒进入和离开制粒机的流速。

三维（3D）PBM同时广泛用于考量尺寸、液体含量和孔隙率的分布。制药工业中的制粒过程涉及多种固体成分，即用一种API与一种或多种辅料制粒。在这种情况下，API在颗粒群中的分布是有意义的。API分布不均匀是不受欢迎的，因为它会影响最终固体口服剂型的均匀性[15]。为了对多组分制粒系统进行建模，必须将第四维添加到3D PBM中，如式（11.14）所示：

$$\frac{\partial}{\partial t}F(s_1,s_2,l,g,t)+\frac{\partial}{\partial l}\left[F(s_1,s_2,l,g,t)\frac{\mathrm{d}l}{\mathrm{d}t}\right]+\frac{\partial}{\partial g}\left[F(s_1,s_2,l,g,t)\frac{\mathrm{d}g}{\mathrm{d}t}\right]$$
$$=R_{\mathrm{nuc}}(s_1,s_2,l,g,t)+R_{\mathrm{agg}}(s_1,s_2,l,g,t)+R_{\mathrm{break}}(s_1,s_2,l,g,t) \tag{11.14}$$

式中，l、g分别表示颗粒中液体和气体的体积；s_1和s_2是颗粒中使用的两种不同成分的固体体积，通常是API和辅料。形成和消耗速率由成核、聚集和断裂过程控制，这些过程构成PBM方程的右侧。

有很多工作已经提出并且正在进行中，以准确地模拟制粒过程中的机制。具体来说，已经开发了几种聚合和破碎内核，它们是经验性的、机械性的或两者的组合[16-18]。可以根据实验数据或从机械模型（例如DEM模型）获得的数据来估计内核中的项。成核过程需要形成核，当液滴添加到系统中并与粉末颗粒接触时核形成。在液滴控制状态下[19]，每个液滴形成一个原子核。成核速率通常被建模为零级或一级反应[17]。Barrasso和Ramachandran[20]将成核速率建模为R_{nuc}，即液体添加到粉末的速率与假定的液滴体积之比$L_{in,powder}/V_{droplet}$。此处，添加到粉末中的液体分数$L_{in,powder}$假定为其体积分数或总粉末体积与颗粒和粉末总体积之比。

各种聚结成核已被使用并在文献中发表。参考文献[18,21]提供了使用的聚结成核的列表。例如，式（11.15）给出了参考文献[22]提出的聚结成核：

$$\beta(s_1,s_2,l,g,s_1',s_2',l',g') = \beta_0(V+V')\left[\left(LC+L'C\right)^\alpha\left(100-\frac{LC+L'C}{2}\right)^\delta\right]^\alpha \tag{11.15}$$

聚结速率强烈依赖于液体黏合剂含量和颗粒大小，这解释了内核结构。在这个内核中，两个碰撞颗粒表示为（s_1，s_2，l，g）和（s_1'，s_2'，l'，g'）。V和LC分别代表总体积和部分液体黏合剂含量。β_0、α和δ是要根据实验数据估计的参数。对于制药过程，由Matosukas等提出的依赖于成分的聚合内核[23]可以使用，因为不同的固相可以相互吸引或排斥。这可以使用乘法因子来解释，其中x是第一个组分的质量分数。一旦形成了内核，通过式（11.16）～式（11.18）可知模型中的聚合速率：

$$R_{agg}(s_1,s_2,l,g,t) = R_{agg}^{form}(s_1,s_2,l,g,t) - R_{agg}^{dep}(s_1,s_2,l,g,t) \tag{11.16}$$

$$R_{agg}^{form}(s_1,s_2,l,g,t) = \frac{1}{2}\int_0^{s_1}\int_0^{s_2}\int_0^l\int_0^g \beta(s_1-s_1',s_2-s_2',l-l',g-g',s_1',s_2',l',g')$$
$$F(s_1-s_1',s_2-s_2',l-l',g-g',t)F(s_1',s_2',l',g',t)\mathrm{d}g'\,\mathrm{d}l'\,\mathrm{d}s_2'\,\mathrm{d}s_1' \tag{11.17}$$

$$R_{agg}^{dep}(s_1,s_2,l,g,t) = \frac{1}{2}\int_0^\infty\int_0^\infty\int_0^\infty\int_0^\infty \beta(s_1,s_2,l,g,s_1',s_2',l',g')$$
$$F(s_1',s_2',l',g',t)\mathrm{d}g\,\mathrm{d}l\,\mathrm{d}s_2\,\mathrm{d}s_1 \tag{11.18}$$

类似地，破碎机制也可以通过使用破碎内核包含在模型中。第5章（连续干法制粒）中讨论的用于粉碎工艺的核破碎也适用于制粒工艺。

值得注意的是，上述4D模型的评估计算成本很高。这限制了它对基于模型的控制或高级模型应用（如灵敏度分析或流程图建模）的适用性。出于实际目的，可以减少模型的维数，并且可以使用集中参数方法，即将一个或多个属性集中到剩余的分布中。每个集总参数使用一个新方程来跟踪其随时间的演变。例如，如果将气体体积作为集总参数，则3D缩减模型由式（11.19）给出，其中不考虑成核和分层效应。

$$\frac{\partial}{\partial t}F(s_1,s_2,l,t) + \frac{\partial}{\partial l}\left[F(s_1,s_2,l,t)\frac{\mathrm{d}l}{\mathrm{d}t}\right] = R_{agg} + R_{break} \tag{11.19}$$

式（11.20）是气体平衡方程，其中每个料仓中气体的总体积为 $G(s_1,s_2,l,t) = g(s_1,s_2,l,t)$ $F(s'_1,s'_2,l',t')$。

$$\frac{\partial}{\partial t} G(s_1,s_2,l,t) = F(s_1,s_2,l,t) \frac{dg}{dt} R_{agg,gas} + R_{break,gas} \tag{11.20}$$

Barrasso 和 Ramachandran[24] 提供了几种模型降阶策略的详细说明，并将它们与完整的 4D 模型进行了比较。结果发现，以气体体积为集总参数的 3D 模型在准确度和计算时间方面显示出最有希望的结果，这可能是由于气相对聚集和破碎率的影响较小。

在各种可用的连续制粒机中，双螺杆制粒机（TSG）是连续制造过程中使用最广泛的类型。Barrasso 和 Ramachandran[20] 证明了多维 PBM 与 DEM 模型相结合的能力，可以定性预测螺杆设计和配置对颗粒特性的影响。使用了多维 PBM，其中 TSG 表示为四个混合良好的轴向空间区划。粉末和液体被引入第一个区划，粒状产品离开最后一个区划。在每个区划内，使用 DEM 模拟评估颗粒的停留时间。此外，从 DEM 模拟中收集的碰撞和速率数据也用于评估聚集、破碎并稳固的机械表达式。尽管有其前景，但由于计算成本高，将机械模型用于预测的目的仍未被广泛接受。使用替代建模技术，例如人工神经网络（ANN）、Kriging 法等[25]，Metta 等[26] 表示和预测高维和计算昂贵的机械数据相比，显示出巨大的潜力。

11.6 流化床干燥机

流化床干燥一直是广泛采用的药物干燥形式，因此对干燥建模的讨论仅限于流化床干燥。需要注意的是，一些干燥在第 7 章（连续流化床工艺）中以半连续模式运行，建议读者在采用下面介绍的干燥模式时先确认运行模式。

有从经验模型到详细机械模型的不同细节程度的干燥模型被报道。Mortier 等发表了对可用机械干燥模型的详细评论[27]。药物材料的干燥通常使用单颗粒干燥模型来描述，其中忽略了孔结构，将多孔材料作为一个整体来处理。单颗粒干燥模型可用 PBM 预测颗粒群的干燥行为。可以使用计算流体动力学模型深入研究颗粒流化的影响，其中可以分析水分含量的空间分布。

在单颗粒干燥模型中，液体的蒸发使用扩散方程来描述。特别是，Mezhericher 等[28] 描述了在两个阶段的空气流中对静止的单个多孔液滴进行干燥。在第一阶段，水的温度升高，水从表面蒸发。这可以使用式（11.21）来描述。

$$\dot{m}_v = h_D (\rho_{v,s} - \rho_{v,\infty}) A_d \tag{11.21}$$

式中，$\dot{m}_v$ 是传质速率；h_D 是传质系数；$\rho_{v,s}$ 是液滴表面的水蒸气密度；$\rho_{v,\infty}$ 是环境空气中的水蒸气密度；A_d是液滴的表面积。

当液滴的半径等于干燥颗粒的半径时，第二个干燥阶段开始，在此期间形成湿核和干壳这两个区域。在这个阶段，水在颗粒干外壳和湿核之间的界面处内部蒸发。在界面上产生的蒸气扩散并在颗粒表面上形成薄的边界层。然后干燥空气通过对流带走颗粒表面的蒸汽。第二阶段的蒸发速率由一个基于移动蒸发界面开发的复杂方程给出。来自两个干燥阶段的方程将与常微分方程（ODE）同时求解，用于减小液滴半径、降低液滴温度、减小湿核半径，偏微分方程（PDE）用于干燥外壳和湿核中的温度分布。读者可参考Mortier等[29]有关相应方程及其解的详细报道。

Mortier等[30]提出减少复杂的单颗粒干燥模型，以用于群体平衡方程。为了减少复杂的干燥模型，执行全局敏感性分析并选择对模型输出影响最大的关键操作参数。然后可以使用经验关系将复杂的干燥模型表示为关键工艺参数的函数。基于敏感性分析，发现颗粒半径对第一个干燥阶段是重要的，气体温度对于第二个干燥阶段很重要。

对于恒定的环境条件，一组湿颗粒的干燥可以用式（11.22）来描述。

$$\frac{\partial}{\partial t}\, n(R_w,t) + \frac{\partial}{\partial R_w}\dot{R}_w(R_w,Y)\, n(R_w,t) = 0 \tag{11.22}$$

其中$n(R_w,t)$是半径为R_w的湿颗粒在时间t内的颗粒密度分布，增长项$Gr=\dot{R}_w(R_w,Y)$说明了水分含量的降低。这里，Y代表系统中的环境条件，例如气体温度、气体流速、空气湿度等。

值得关注的是文献[31]中发表的经验模型和基于人工神经网络的模型，用于预测颗粒平均水分含量随时间的演变。经验模型通常以指数形式出现来表示干燥曲线。虽然这些模型中没有包含对过程的机械理解，但它们可以作为预测水分含量演变的简单方法。

11.7 锥形筛磨

锥形筛磨（Comill）通常用于集成连续工艺，以调节通过干法或湿法制粒工艺生产的颗粒。Comill也常用于混合前的解聚处理。首先讨论将Comill建模为粉碎单元，然后将其用作分散单元。

可以使用PBM模拟由"粉碎"引起的粒度变化。第5章（连续干法制粒）对已发布的用于混合过程的各种PBM进行了回顾。一维PBM跟踪各种粒度的颗粒质量随时间的变化，如式（11.23）所示。

$$\frac{\mathrm{d}M(w,t)}{\mathrm{d}t} = R_{\text{form}}(w,t) - R_{\text{dep}}(w,t) + \dot{M}_{\text{in}}(w,t) - \dot{M}_{\text{out}}(w,t) \tag{11.23}$$

式中，$M(w,t)$ 表示在时间 t 内体积为 w 的颗粒的质量；R_{form} 和 R_{dep} 分别表示颗粒的形成速率和消耗速率。$\dot{M}_{in}$ 和 $\dot{M}_{out}$ 分别是颗粒进出粉碎机的质量流量。R_{form} 和 R_{dep} 包含破碎核和破碎分布函数，它们表示破碎事件发生的概率以及事件发生后形成的颗粒的分布。使用的破碎内核和破碎分布函数根据从业者打算纳入的信息范围而有所不同。Capece 等[32]、Loreti 等[33]、Metta 等[34] 开发和使用基于机械的破碎内核和分布函数，而 Barrasso 等[35] 使用了基于叶轮转速的破碎内核。Reynolds[36] 使用了广义的 Hill-Ng 分布函数，而 Barrasso 等[35] 应用了对数正态分布函数。通常，使用在各种粉碎条件下生成的实验数据校准与破碎内核和破碎分布函数相关的参数。

模拟锥磨过程的另一个方面是制定离开粉碎设备的颗粒的质量流量，因为它们取决于叶轮转速、筛网尺寸以及粉碎机内颗粒的分布。在 Metta 等的观点中[37]，离开粉碎设备 $\dot{M}_{out}(w,t)$ 的质量流量是使用式（11.24）中给出的屏幕模型制定的。

$$M_{out}(w,t)=\left[R_{form}(w,t)-R_{dep}(w,t)+\gamma d_{in}(w,t)\right]\left[1-f_d(w,t)\right] \tag{11.24}$$

其中进入粉碎机的进料粒径分布用 d_{in} 表示。使用参数 $\Delta=d_{screen}\cdot\delta$，其中 δ 称为临界筛网尺寸比，d_{screen} 是筛网尺寸。临界筛分尺寸比反映了颗粒在瞬间离开粉碎机时的尺寸限制。如果颗粒的粒度大于筛网尺寸，它就不会离开粉碎机。线性模型用于表示离开粉碎机的各种粒度颗粒的流速。此外，临界筛网尺寸比 δ 与叶轮转速 v_{imp} 之间的关系如式（11.25）所示。

$$\delta=\varepsilon\left(\frac{v_{imp,min}}{v_{imp}}\right)^{\alpha} \tag{11.25}$$

该关系反映了随着叶轮转速的增加，颗粒可用于离开磨机的表观筛网尺寸减小。在较高的叶轮转速下，与筛网相切的颗粒运动导致可用于颗粒离开粉碎机的表观筛网尺寸减小。参数 γ、ε 和 α 是根据实验数据估计的。

PBM 预测的粉碎颗粒的粒度分布以及颗粒形状、水分含量等数据可用于建立经验模型，以预测其他体积特性，如堆密度、振实密度等。在作为下游单元的压片机建模中需要这些体积属性作为输入。Metta 等[37] 使用偏最小二乘建模方法，使用 PBM 预测粒度分布以及颗粒的残余水分含量，以及进料颗粒特性用于预测粉碎产品的堆密度、振实密度和脆碎度。

除了减小辊压带状片材和湿团聚体的尺寸外，锥形筛磨还用作黏性粉末的解聚装置。Vanarase 等[38] 研究了混合机和锥磨的各种配置，并得出结论，混合前增加锥磨步骤为混合黏性材料提供了最佳策略。在此应用中，锥磨赋予粉末额外的停留时间，并且锥磨中的滞留可以建模为遵循一阶动力学[3]。最近的研究还表明，可以通过用纳米级颗粒涂层来提高黏性粉末的流动性[39]。Deng 等[40] 开发了锥形筛磨机的 DEM 模型作为干包衣设备，以研究叶轮转速、进料速率和筛网尺寸对颗粒在锥磨内停留时间的影响。

11.8 压片机

与辊压机相似，压片机单元的操作在间歇式和连续式操作中都是相同的。几十年来，压片机中的压实过程一直在建模。压片机单元建模构成了粉末在进料架中的停留以及粉末从进料架流入旋转转台模具后的压实行为的建模。从饲料器到模具的粉末流动的均匀性会影响片剂的重量及其效力。通过 DEM 模拟对饲料器中的粉末流动进行建模，对粉末流动模式、潜在的颗粒磨损、饲料器中的过度润滑以及对片重变化的影响有了更深入的了解[41,42]。Mateo-Ortiz 和 Mendez[43] 通过实验室实验和 DEM 模拟研究了叶轮转速和圆盘转速对饲料器中粉末 RTD 的影响。进行的实验表明，较高的叶轮转速会导致较低的平均停留时间、较窄的 RTD 轮廓，并且 RTD 轮廓类似于理想的 CSTR。Boukouvala 等[11] 使用了 Mendez 等发表的实验数据[44] 并开发了响应面模型，用于预测粉末的平均停留时间作为转台速度和叶轮转速的函数。

粉末的压实过程已被广泛建模。Patel 等[45] 对提出的用于表征粉末可压缩性的各种模型进行了回顾。这些模型将粉末特性（例如孔隙率、体积、密度等）与压实压力联系起来，这些特性是衡量粉末固结状态的指标。在提出的许多此类模型中，Heckel 方程、Kawakita 方程和 Kuentze-Leuenberger（KL）方程是制药领域最常用的。Heckel 方程如式（11.26）所示，假设由在粉末上施加压力 P 而导致的孔隙率 e 的降低遵循一阶关系。

$$\ln\frac{1}{e}=kP+A \tag{11.26}$$

式中，常数 k 表示材料的塑性；常数 A 是两个致密化项的总和，如式（11.27）所示：

$$A=\ln\frac{1}{e_0}+B \tag{11.27}$$

其中第一项与初始模具填充有关，B 是由于颗粒重新排列而导致的致密化。

Kawakita 方程，如式（11.28）和式（11.29）所示。假设当承受载荷时，压力和体积项的乘积是恒定的，因为颗粒在所有压缩阶段都处于平衡状态。

$$\frac{P}{C_1}=\frac{1}{ab}+\frac{P}{a} \tag{11.28}$$

$$C_1=\left(\frac{V_0-V}{V_0}\right) \tag{11.29}$$

式中，V 是压力 P 下压块的体积；V_0 是粉末的初始表观体积；a 是初始孔隙率；$1/b$ 是塑性参数。

KL 方程［式（11.30）］是通过将孔隙率降低的压力敏感性作为粉末床孔隙率的函数来获得的[46]。

$$P=\frac{1}{C_2}\left[(\varepsilon-\varepsilon_c)-\varepsilon_c\ln\left(\frac{\varepsilon}{\varepsilon_c}\right)\right] \tag{11.30}$$

式中，ε_c表示粉末达到机械刚性状态时的临界孔隙率；$1/C_2$是塑性参数。

所有参数都可以通过力-位移数据的回归实验确定。Paul和Sun[47]系统地评估了这些方程的性能，并提出KL方程优于应用于具有广泛机械性能的粉末的Heckel和Kawakita方程。Singh等[48]描述了基于Kawakita方程的详细模型。该模型还结合了由Kuentz和Luenberger[46]提出的片剂硬度作为压缩力函数的预测，如式（11.31）和式（11.32）所示：

$$H=H_{max}\left[1-\exp(\rho_r-\rho_{r,cr}+\lambda_H)\right] \tag{11.31}$$

$$\lambda_H=\ln\left(\frac{1-\rho_r}{1-\rho_{r,cr}}\right) \tag{11.32}$$

式中，ρ_r是相对密度；参数$\rho_{r,cr}$和H_{max}将根据实验数据进行拟合。Escotet-Espinoza等[49]根据实验数据估计这些系数，并开发经验方程以将这些参数与原始混合特性相关联。

11.9 集成

开发单个单元操作模型可以更好地理解每个单元操作、物料特性、工艺和设计参数之间的关系，以及中间材料的质量属性。然而，同样重要的是，它能够开发模拟连续制造线的流程模型。稳健而详细的流程模拟是实际工厂操作的近似表示[50]。可以使用流程模型模拟整个生产线相对于输入因素的干扰或变化的动态行为。此外，流程模型可以系统地用于执行敏感性分析。敏感性分析是一种工具，用于识别对关注的输出影响最大的输入因素，例如片剂属性。一旦确定了关键输入因素，就可以确定设计空间，在该空间内满足所有工艺、产品质量、设备和生产率约束。此后，可以确定该可行区域中需要最少操作和材料成本的最佳操作条件。工艺模型开发的另一个优势是实现材料的可追溯性，这有助于识别和丢弃潜在的不合格材料。最后，它可以测试过程中的各种控制策略。整套运行可以在计算机上进行，从而节省了在制造设置上进行实验室实验或研究的时间、精力和金钱。

一旦开发了各个单元的运行模型并估计了所需的参数，就可以通过将一个单元的入口连接到前一个单元的出口来建立集成模型。相关的物料特性、操作条件和单个单元模型变量被发送到下一个单元。图11.1是通用流程模型中单元操作之间信息流的图示。

图11.1 通用流程模型中单元操作之间信息流示意

gPROMS和ASPEN等工艺模拟器有助于工艺模型的开发。商业上可用的模拟器有助于工艺模拟以及上述工艺模型的高级应用，例如设计空间识别、灵敏度分析和流程优化。为了进一步描述工艺模型开发，直压、干法制粒和湿法制粒生产线中所需的连接和信息流如图11.2所示。在示意图中，ρ、$\dot{m}$、PSD、x、z分别表示粉末或颗粒的密度、质量流速、粒度分布、浓度和颗粒中的水分含量。片重、硬度和效力分别用w_{tablet}、λ_{tablet}和x表示。需要注意的是，相同类型的连接具有相同的属性集。例如，红色、蓝色、灰色和绿色的文本分别对应与粉末、颗粒、带状和片剂相关的变量。为每个阶段设置的变量在整个流程中保持一致，以避免模拟错误。图11.2所示的示意图是针对双组分系统开发的。然而，这可以很容易地扩展到多组分系统。请读者注意，列出的变量仅作为示例和变量的综合列表显示；需要从一个单元模型转移到另一个单元模型的属性将取决于所讨论的特定生产线的单元操作模型的要求和有效性。

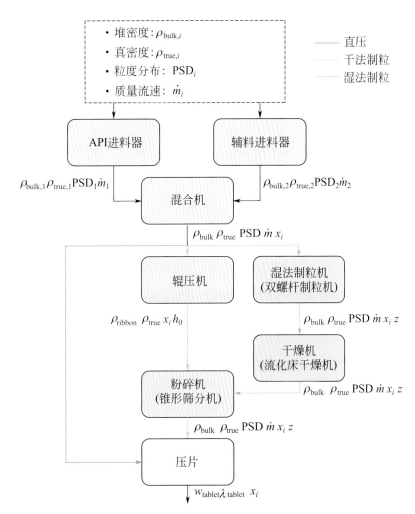

图11.2　药物制造的直压、干法制粒和湿法制粒路线的集成流程模型示意

图11.3是在gPROMS中开发的直接压实线集成模型的示例。所示的流程模型集成了进料器、混合机、饲料机和压片模型。进料器模型还包括一个再填充单元和一个控制器。控制器操纵进料器螺杆转速以控制进料器流速。Feeder_GEA001和Feeder_GEA002设置流速分别为

20kg/h和5kg/h。当进料器填充水平降低到设定点以下时，再填充单元会间歇性地向进料器填充材料。在此示例中，当进料器填充水平降低到0.1时，再填充单元将材料放入进料器中。这相当于在进料器中的物料高度达到进料器总高度的10%时设置一个补料操作。

为了演示工艺模型预测动态行为的能力，将再填充单元Refill_Unit001中的物料特性设置为与进料单元Feeder_GEA001中的材料不同。具体来说，Refill_Unit001中物料的堆密度为450kg/m³，Feeder_GEA001中物料的堆密度为400kg/m³。Feeder_GEA002和Refill_Unit002中物料的堆密度设置为450kg/m³。因此，堆密度的任何变化都是在Feeder_GEA001中重新填充的结果。当观察到流速围绕设定值波动时，模拟运行400s。当部分进料器填充水平达到0.1时会发生重新填充，因此证明了具有不同堆密度的材料的传送及其对片剂性能的最终影响。

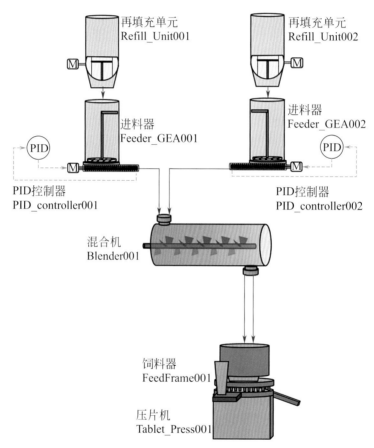

图11.3　在gPROMS中开发的集成模型示意

图11.4显示了两个进料器Feeder_GEA001和Feeder_GEA002的填充水平。可以看出，当填充率达到0.1时，会发生进料器重新填充。

图11.5显示进料器流速在20kg/h和5kg/h的平均值附近波动，还显示了混合机流量累积到25kg/h的总流量。更加值得注意的是周期性发生的进料器流速的较大偏差，这是进料器重新填充操作的结果，这在实验中也可以看到[51]。

图11.6显示了由于Refill_Unit001的重新填充操作，Feeder_GEA001（红线）出口的堆密度变化。还显示了来自Blender001出口的堆密度的最终变化（虚线）。

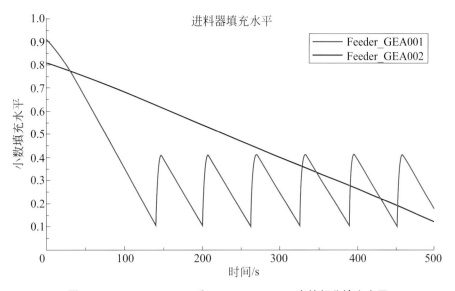

图11.4　Feeder_GEA001 和 Feeder_GEA002 中的部分填充水平

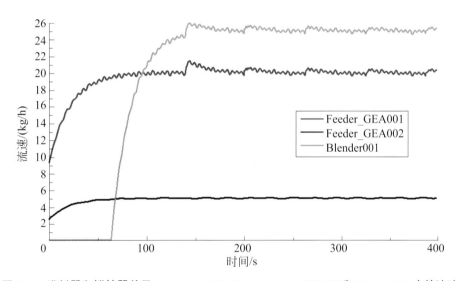

图11.5　进料器和搅拌器单元、Feeder_GEA001、Feeder_GEA002 和 Blender001 中的流速

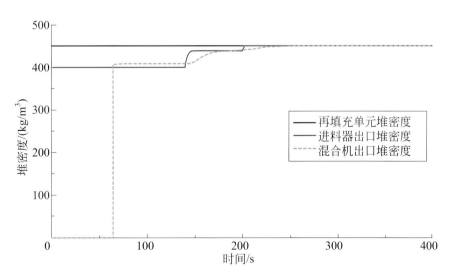

图11.6　Refill_Unit001（黑线）、Feeder_GEA001 出口（红线）和 Blender001 出口（虚线）中材料的堆密度

粉末混合物的堆密度对片剂性能有影响。具体来说，对于固定的填充深度，混合物堆密度对片剂的重量有影响。图11.7显示了由于进料粉末混合物堆密度的变化而导致的片重曲线变化。

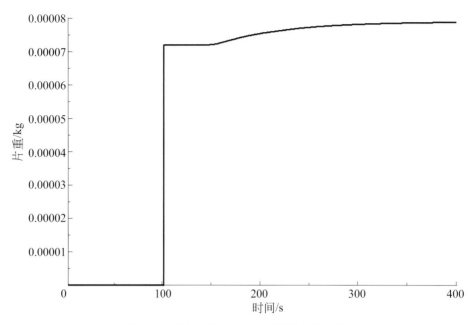

图11.7　混合物堆密度变化导致的片重变化

通过这个简单的案例研究，演示了集成工艺模型的应用。使用本章中描述的单元操作模型可以清楚地了解工艺模型如何用于材料可追溯性等应用。

11.10　结语

本章概述了用于模拟制药过程的几种建模方法，例如进料、混合、辊压、湿法制粒、干燥、粉碎和压片。已尝试讨论从数据驱动模型到完全机械模型的建模策略。简要讨论了利用已开发的工艺模型来构建集成模型以及其潜在应用。并且通过一个简单的案例研究演示了流程模型的应用。

参考文献

[1]　Wang YF, Li TY, Muzzio FJ, Glasser BJ. Predicting feeder performance based on material flow properties. Powder Technol 2017;308:135−48.

[2]　Boukouvala F, Muzzio FJ, Ierapetritou MG. Design space of pharmaceutical processes using data-driven-based methods. J Pharm Innov 2010;5(3):119−37.

[3]　Wang Z, Escotet-Espinoza MS, Ierapetritou M. Process analysis and optimization of continuous pharmaceutical manufacturing using flowsheet models. Comput Chem Eng 2017;107:77−91.

[4]　Rogers A, Ierapetritou MG. Discrete element reduced-order modeling of dynamic particulate systems. AIChE J 2014;60(9):3184−94.

[5]　Liu XY, Hu Z, Wu WN, Zhan JS, Herz F, Specht E. DEM study on the surface mixing and whole mixing of granular materials in rotary drums. Powder Technol 2017;315:438−44.

[6]　Sarkar A, Wassgren CR. Effect of particle size on flow and mixing in a bladed granular mixer. AIChE J 2015;61(1):46−57.

[7]　Boukouvala F, Gao Y, Muzzio F, Ierapetritou MG. Reduced-order discrete element method modeling. Chem Eng Sci 2013;95:12−26.

[8]　Sen M, Chaudhury A, Singh R, John J, Ramachandran R. Multi-scale flowsheet simulation of an integrated continuous purification-downstream pharmaceutical manufacturing process. Int J Pharm 2013;445(1−2):29−38.

[9]　Johanson JR. A rolling theory for granular solids. J Appl Mech 1965;32(4):842−8.

[10]　Hsu SH, Reklaitis GV, Venkatasubramanian V. Modeling and control of roller compaction for pharmaceutical manufacturing. Part I: process dynamics and control framework. J Pharm Innov 2010;5(1−2):14−23.

[11]　Boukouvala F, Niotis V, Ramachandran R, Muzzio FJ, Ierapetritou MG. An integrated approach for dynamic flowsheet modeling and sensitivity analysis of a continuous tablet manufacturing process. Comput Chem Eng 2012;42:30−47.

[12]　Liu Y, Wassgren C. Modifications to Johanson's roll compaction model for improved relative density predictions. Powder Technol 2016;297:294−302.

[13]　Bindhumadhavan G, Seville JPK, Adams N, Greenwood RW, Fitzpatrick S. Roll compaction of a pharmaceutical excipient: experimental validation of rolling theory for granular solids. Chem Eng Sci 2005;60(14):3891−7.

[14]　Muliadi AR, Litster JD, Wassgren CR. Modeling the powder roll compaction process: comparison of 2-D finite element method and the rolling theory for granular solids (Johanson's model). Powder Technol 2012;221:90−100.

[15]　Oka S, Emady H, Kašpar O, Tokárová V, Muzzio F, Štěpánek F, Ramachandran R. The effects of improper mixing and preferential wetting of active and excipient ingredients on content uniformity in high shear wet granulation. Powder Technol 2015;278:266−77.

[16]　Immanuel CD, Doyle FJ. Solution technique for a multi-dimensional population balance model describing granulation processes. Powder Technol 2005;156(2):213−25.

[17]　Poon JMH, Immanuel CD, Doyle IIIFJ, Litster JD. A three-dimensional population balance model of granulation with a mechanistic representation of the nucleation and aggregation phenomena. Chem Eng Sci 2008;63(5):1315−29.

[18]　Liu LX, Litster JD. Population balance modelling of granulation with a physically based coalescence kernel. Chem Eng Sci 2002;57(12):2183−91.

[19]　Hapgood KP, Litster JD, Smith R. Nucleation regime map for liquid bound granules. AIChE J 2003;49(2):350−61.

[20]　Barrasso D, Ramachandran R. Qualitative assessment of a multi-scale, compartmental PBM-DEM model of a continuous twin-screw wet granulation process. J Pharm Innov 2016;11(3):231−49.

[21]　Cameron IT, Wang FY, Immanuel CD, Stepanek F. Process systems modelling and applications in granulation: a review. Chem Eng Sci 2005;60(14):3723−50.

[22]　Madec L, Falk L, Plasari E. Modelling of the agglomeration in suspension process with multidimensional kernels. Powder Technol 2003;130(1):147−53.

[23]　Matsoukas T, Kim T, Lee K. Bicomponent aggregation with composition-dependent rates

and the approach to well-mixed state. Chem Eng Sci 2009;64(4):787−99.

[24] Barrasso D, Ramachandran R. A comparison of model order reduction techniques for a four-dimensional population balance model describing multi-component wet granulation processes. Chem Eng Sci 2012;80:380−92.

[25] Barrasso D, Tamrakar A, Ramachandran R. Model order reduction of a multi-scale PBM-DEM description of a wet granulation process via ANN. Proc Eng 2015;102:1295−304.

[26] Metta N, Ramachandran R, Marianthi Ierapetritou. A novel adaptive sampling based methodology for feasible region identification of compute intensive models using artificial neural network. AIChE J 2020;67(2). https://aiche.onlinelibrary.wiley.com/doi/abs/10.1002/aic.17095.

[27] Mortier S, De Beer T, Gernaey KV, Remon JP, Vervaet C, Nopens I. Mechanistic modelling of fluidized bed drying processes of wet porous granules: a review. Eur J Pharm Biopharm 2011;79(2):205−25.

[28] Mezhericher M, Levy A, Borde I. Theoretical drying model of single droplets containing insoluble or dissolved solids. Dry Technol 2007;25(4−6):1025−32.

[29] Mortier S, De Beer T, Gernaey KV, Vercruysse J, Fonteyne M, Remon JP, Vervaet C, Nopens I. Mechanistic modelling of the drying behaviour of single pharmaceutical granules. Eur J Pharm Biopharm 2012;80(3):682−9.

[30] Mortier S, Van Daele T, Gernaey KV, De Beer T, Nopens I. Reduction of a single granule drying model: an essential step in preparation of a population balance model with a continuous growth term. AIChE J 2013;59(4):1127−38.

[31] Aghbashlo M, Hosseinpour S, Mujumdar AS. Application of artificial neural networks (ANNs) in drying technology: a comprehensive review. Dry Technol 2015;33(12):1397−462.

[32] Capece M, Bilgili E, Dave RN. Formulation of a physically motivated specific breakage rate parameter for ball milling via the discrete element method. AIChE J 2014;60(7):2404−15.

[33] Loreti S, Wu CY, Reynolds G, Mirtic A, Seville J. DEM-PBM modeling of impact dominated ribbon milling. AIChE J 2017;63(9):3692−705.

[34] Metta N, Ierapetritou M, Ramachandran R. A multiscale DEM-PBM approach for a continuous comilling process using a mechanistically developed breakage kernel. Chem Eng Sci 2018;178:211−21.

[35] Barrasso D, Oka S, Muliadi A, Litster JD, Wassgren C, Ramachandran R. Population balance model validation and predictionof CQAs for continuous milling processes: toward QbDin pharmaceutical drug product manufacturing. J Pharm Innov 2013;8(3):147−62.

[36] Reynolds GK. Modelling of pharmaceutical granule size reduction in a conical screen mill. Chem Eng J 2010;164(2−3):383−92.

[37] Metta N, Verstraeten M, Ghijs M, Kumar A, Schafer E, Singh R, De Beer T, Nopens I, Cappuyns P, Van Assche I, Ierapetritou M, Ramachandran R. Model development and prediction of particle size distribution, density and friability of a comilling operation in a continuous pharmaceutical manufacturing process. Int J Pharm 2018;549(1):271−82.

[38] Vanarase AU, Osorio JG, Muzzio FJ. Effects of powder flow properties and shear environment on the performance of continuous mixing of pharmaceutical powders. Powder Technol 2013;246:63−72.

[39] Han X, Jallo L, To D, Ghoroi C, Dave R. Passivation of high-surface-energy sites of milled ibuprofen crystals via dry coating for reduced cohesion and improved flowability. J Pharmaceut Sci 2013;102(7):2282−96.

[40] Deng XL, Scicolone J, Han X, Dave RN. Discrete element method simulation of a conical screen mill: a continuous dry coating device. Chem Eng Sci 2015;125:58−74.

[41] Ketterhagen WR. Simulation of powder flow in a lab-scale tablet press feed frame: effects of design and operating parameters on measures of tablet quality. Powder Technol 2015;275:361−74.

[42] Mateo-Ortiz D, Mendez R. Microdynamic analysis of particle flow in a confined space using DEM: the feed frame case. Adv Powder Technol 2016;27(4):1597−606.

[43] Mateo-Ortiz D, Mendez R. Relationship between residence time distribution and forces applied by paddles on powder attrition during the die filling process. Powder Technol 2015;278:111−7.

[44] Mendez R, Muzzio F, Velazquez C. Study of the effects of feed frames on powder blend properties during the filling of tablet press dies. Powder Technol 2010;200(3):105−16.

[45] Patel S, Kaushal AM, Bansal AK. Effect of particle size and compression force on compaction behavior and derived mathematical parameters of compressibility. Pharmaceut Res 2007;24(1):111−24.

[46] Kuentz M, Leuenberger H. A new model for the hardness of a compacted particle system, applied to tablets of pharmaceutical polymers. Powder Technol 2000;111(1−2):145−53.

[47] Paul S, Sun CC. The suitability of common compressibility equations for characterizing plasticity of diverse powders. Int J Pharm 2017;532(1):124−30.

[48] Singh R, Gernaey KV, Gani R. ICAS-PAT: a software for design, analysis and validation of PAT systems. Comput Chem Eng 2010;34(7):1108−36.

[49] Escotet-Espinoza MS, Vadodaria S, Singh R, Muzzio FJ, Ierapetritou MG. Modeling the effects of material properties on tablet compaction: a building block for controlling both batch and continuous pharmaceutical manufacturing processes. Int J Pharm 2018;543(1):274−87.

[50] Ramachandran R, Arjunan J, Chaudhury A, Ierapetritou MG. Model-based control-loop performance of a continuous direct compaction process. J Pharm Innov 2011;6(4):249−63.

[51] Engisch WE, Muzzio FJ. Feedrate deviations caused by hopper refill of loss-in-weight feeders. Powder Technol 2015;283:389−400.

第 12 章

集成过程控制

Ravendra Singh,Fernando J.Muzzio

12.1 引言

在过去的几年中，制药过程控制领域开展了大量的研究。Singh等[1]提出了一种用于片剂批量制造过程的监控和反馈控制系统。Singh等[2]为片剂连续制造过程的集成辊压制粒路线设计了反馈控制系统。参考文献[3]对流化床制粒过程的反馈控制进行了详细的研究，参考文献[4]对反馈控制系统与高剪切混合机高效运行的控制方面进行了进一步的讨论。Sanders等[5]在经过实验验证的流化床制粒模型上，使用比例-积分-微分（PID）和模型预测控制（MPC）方法进行了广泛的反馈控制研究。Singh等[6]开发了一种用于直接压片连续制造工艺的MPC系统。Singh等[7]还将基于MPC的反馈控制系统应用于直接压片制造过程。参考文献[8]中演示了利用过程分析技术（PAT）工具实现的反馈控制系统的性能。Singh等[9]还提出了一种用于压片过程的前馈/反馈组合控制系统。此外，一种基于MPC-PID的高级混合前馈/反馈组合控制系统也被开发出来了[10]。先进的MPC已经被应用到压片机中[11]。此外，基于实时优化的滚动时域（MH-RTO）技术也被集成在先进的MPC系统之中[12]。

连续制造（CM）的主要优势之一是可以实现整个过程的实时质量控制，从而为质量源于控制（QbC）和实时放行（RTR）铺平道路。实现具有此类能力的生产线需要大量的工作和资源，需要仔细考虑。因此，在将通用策略实施到过程中之前，应就所需的传感和控制深度达成一致。独立单元操作的表征和整个过程的开环实验可以揭示产品的关键工艺参数（CPP）和关键质量属性（CQA）之间复杂的动态关系。然而，在不久的将来，相关法规可能会定义基于对产品和过程风险分析的需求水平和控制实施的具体内容。含有高效活性药物成分（API）的低剂量制剂可能需要更高程度的传感和控制。同样，开发RTR策略也需要更高程度的传感和控制。

然而，在作者看来这种多样性可能只是暂时的。随着全球监管机构越来越清楚地认识到，通过QbC进行实时质量保证是可以实现的，因此这种能力可能会成为一个广泛的要求[13]。因此，本章试图为实现这类系统建立一个基本的蓝图。综述了一种基于模型的片剂连续制造工艺设计。本章提出了直压连续制造工艺的闭环工艺流程模型，以及在CM工艺上实施控制系统的指导方针。最后，对闭环控制下的工艺性能进行了评价。

12.2 控制架构设计

为了说明控制架构的设计，这里考虑使用直接压片的制造过程作为示例。直压工艺如图12.1所示。图中所示的设备包含3个称重或者失重式进料器，并且根据实际需求进料器的数目可以增加。在进料器之后，集成了一个锥磨，用于分散粉末并使各组分充分混合。为了防止锥磨中的配方过度润滑，润滑剂在锥磨后通过润滑剂进料器引入系统。然后将所有原料流连接到连续混合机，用以生产所有成分的均匀混合物。混合物从混合机的出口经过饲料器进入旋转压片。粉末混合物填充模具，随后被压缩制成片剂。控制系统如图12.1所示。

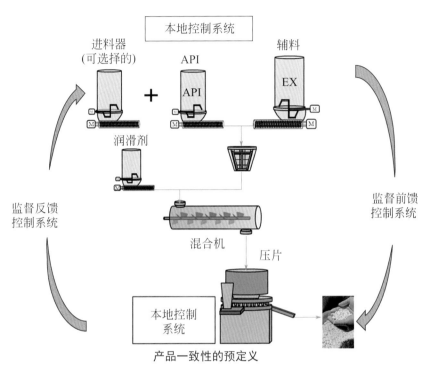

图12.1 片剂连续制造闭环工艺的示例

当连续过程与实时分布式控制系统（DCS）以实时测量的方式集成时，用于主动控制工艺参数并实现理想的生产工艺或产品性能的过程被称为"闭环过程"。正确实施的闭环过程始终如一地确保实现预期的、预定义的产品质量。在闭环过程操作下，实时测量原材料和中间关键物料属性（CMA）、CPP和最终产品的CQA。这些数据用于使用反馈/前馈控制器（FFC）采取实时修正措施。控制器可以定义为一种数学方程或算法，它能够计算出达到控制目标所需的理想量化动作。

重要的是，因为许多设备操作几十年来一直都具有"内部过程控制"（"IPC"）能力，所以闭环控制对制药行业来说并不是新鲜事。例如，大多数压片机中的力和速率控制器已使用多年；然而，这些本地控制器仅作用于单个工艺装置，主要关注设备自身的机械参数（而不是质量属性）。相反，DCS作用方式是采集某一机组的数据以修改另一机组运行的输出结果，从而确保整个系统的高效运行。

闭环过程的概念如图12.1所示。如果原材料特性没有变化，并且没有过程干扰，那么可以通过运行稳态工艺来制造具有所需质量的产品。事实上，这种稳定工艺的假设是经典"工艺验证"方法的基本假设之一，通常是不准确的。在这种开环运营场景下，产品质量可以合格，但无法保证。在实践中，原材料特性和过程干扰总是存在差异。在某些情况下，这些变化不会显著影响产品质量；然而，在其他情况下，开环生产过程很难达到所需的产品质量，必须采取修正措施以实现质量的一致性。

相比之下，在闭环运行过程中，将用于实时监控关键工艺变量的精确传感器放置在了最佳位置，因此，添加了适当的控制器后，可以自动实时控制关键工艺变量。闭环过程的目标是实现所需的产品质量不受原材料特性和工艺干扰的变化的影响。该控制系统还有助于安全地制造产品、满足灵活的市场需求、降低制造费用（例如劳动力成本）以及确保符合监管要求。

连续制药过程的总体控制架构包括本地控制系统和监控系统（图12.1）。如前所述，本地控制系统（IPC）以机组运行为中心，而监控系统则以综合方式管理整个工厂。本地控制器通常内置于设备中，但需要对其性能进行评估。而监控系统通常安装在设备外部，功能更复杂，因此，需要更多地关注其设计和评估。如前所述，监控系统可以是反馈、前馈或两者的组合。

在将其实施到制造工厂之前，需要仔细设计控制架构。控制架构的设计包括关键控制变量的识别、控制变量与合适的执行器的配对、为每个控制变量选择实时监控工具、控制器的选择和控制器参数的调整、控制回路在工艺模型中的实施以及控制系统的性能评估[14]。工艺流程模型是一个重要的工具，可用于设计和初步调整一个高效且稳健的控制架构。接下来将展示设计控制架构所需的不同步骤[15]。

第一步是确定需要控制的关键工艺变量。可以根据CQA对工艺变量的敏感性分析并结合工艺过程理解来选择需要控制的关键工艺变量。选择对CQA影响最大的工艺变量进行控制。不能自动调节的变量必须保持在设备和操作限制范围内。如果一个或多个特定变量与受控变量有显著的相互作用，那么前者也应该受到控制。控制变量的设定点可以从设计空间分析中获得。设计空间可以使用可行性分析和优化方法生成（参见第4章）。

下一步是为每个控制变量选择相应的执行器。选择执行器的一般标准是执行器应该对相应的控制变量有较大的影响。选择相对于其他候选执行器，受控变量应该对所选执行器的控制动作最敏感，而且选择的执行器应该能对受控变量起到快速的直接影响，而不是间接影响，并且应该有最小的延迟时间。相对增益阵列（RGA）方法可用于受控变量与相应的执行器的配对[16]。在RGA方法中，应计算每对控制变量和执行器的相对增益，然后构建RGA矩阵。相对增益是开环增益与闭环增益的比值。计算某一执行器的开环增益时，先假设其他候选执行器的增益效果是恒定的，然后开环增益可以通过控制变量函数的偏微分获得。这种计算方式实际上与执行敏感性分析相同。类似地，假设所有其他控制变量都是恒定的，执行器的闭环增益可以通过控制变量函数的偏微分来计算。RGA矩阵的元素是相对增益。数组中的值描述了输入（执行器）和输出（控制变量）之间的关系。负值表示关系不稳定，而0表示没有关系。1表示特定输入变量是对该输出变量的唯一影响。介于0至1之间的值表示控制回路之间的相互作用。

随后，需要对级联控制回路的可能性进行研究。在级联布置中，需要集成内循环和外循环，以便外循环为内循环提供设定点。内循环称为从循环，而外循环称为主循环。在许多情况下，级联控制回路可以提高系统性能；例如，当发生较大的时间延迟时或当中间体的测量被干扰影响时，或者二者同时发生都能直接影响受控变量的测量。然而，级联控制系统更难调整，并且需要实时测量大量变量。在级联布置中，内循环（从循环）的动态应该明显快于外循环（主循环）。

实际应用中通常希望将反馈控制系统与前馈控制能力相结合，因此，控制系统架构的下一步是与前馈控制回路建立联系[9]。前馈控制的基本概念是测量重要的扰动变量并在生产过程受到扰动变量影响之前采取相应的修正措施。因此，FFC会主动考虑原材料性质不稳定性和过程干扰造成的已知和可预测影响。药品质量的精确控制需要在产品质量受到影响之前对工艺/原材料可变性采取有效的修正措施。相比之下，反馈控制是对产品质量中已经测量的（而不是预测的）偏差而实施的响应。虽然该方法"更安全"，但是反馈控制测量的是产品的实际质量，本质上实施效率较低，因此更有可能生产不合格的产品。

结合前馈和反馈控制方法来响应整个多单元操作中的实时干扰的能力是CM[17]的关键优势之一。图12.2展示了前馈/反馈控制组合回路的说明性示例。如图所示，可测干扰是FFC的输入，FFC的输出端已与反馈控制回路集成。FFC是将输入（干扰）与输出（执行器）相关联的数学模型。前馈控制回路需要额外的传感器来实时监控过程干扰。图12.2还显示了一个级联反馈回路。如前所述，级联控制器由一个从循环和一个主循环组成。主循环为从控制回路提供设定值。根据现场实际工艺要求，控制回路的级联可能需要也可能不需要。

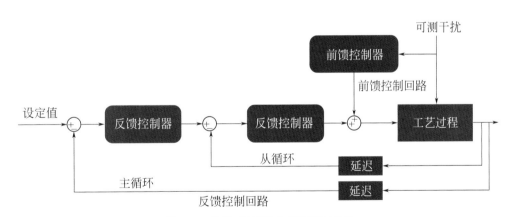

图12.2　前馈/反馈组合级联控制结构

控制架构设计的下一步是为关键控制变量、从控制变量和前馈变量选择实时监控工具。因为各种传感器的性能可能因制造商而有所差异，所以传感器的选择在控制架构的设计阶段很重要。这些传感器特征会对控制回路性能产生重大影响。因此，在更换传感器时，可能需要重新调整控制回路。此外，由于传感器通常会引入误差和延迟，因此在测试控制架构之前，传感器模型需要与工艺模型集成。在选择传感器之前，需要考虑不同的性能标准（例如准确度、精密度、工作范围、响应时间、分辨率、灵敏度、漂移）和成本[1]。许多制药过程需要实施光谱技术来监测不同的工艺变量[7]（参见第5章）。

在确定控制变量、执行器和传感器之后，需要决定每个控制回路所使用的控制器类型。可用的控制器主要有两类，PID 控制器和模型预测控制器。在PID结构中，P、I、D可以单独使用，也可以根据需要任意组合使用。

PID控制器是一款更简单、更易于实现、更易于使用，并且在大多数情况下（但不是全部）工作得很好的控制器。PID控制器的性能可能会受到过程非线性、过程死区时间、过程相互作用和过程约束的显著限制。如果过程以死区时间为主，则可能需要将死区时间补偿器（例如Smith预测器）与PID控制器集成。

MPC是指一系列控制算法，它们采用显式模型来预测给定过程在扩展的预测范围内的未来行为[6]。这些算法使用性能目标函数表示，定义为设定值追踪性能和控制工作的组合。通过计算控制器输出值在控制范围内"移动"的曲线可以使这个目标函数最小化。改变第一个控制器输出值后，然后将在下一个控制器中重复整个修正过程[6]。MPC已被证明是一种非常有效的控制策略，并已广泛应用于炼油和化工制造行业之中。使用MPC有几个优点，例如，在处理多变量控制问题、过程限制（例如，执行器限制、受控变量限制、系统限制）、过程延迟、系统干扰、设备（传感器/执行器）故障和过程变量相互作用时，MPC的效果优于PID。需要注意的是，PID和MPC都需要使用适当的方法进行调整。在这两者中，MPC更容易调优。参考文献[18]中的方法可用于调整PID控制器，而基于优化的方法［例如，ITAE（时间和绝对误差积分）］可用于调整MPC[6]。在设计控制架构后，需要将其实施到工艺模型中以进行计算机性能评估，然后再将其实施到工厂中。

12.3 开发闭环系统的集成模型

在确定了控制架构之后，需要将其实施到连续制药过程的集成工艺流程图模型中。这种集成使得用户可以获得一个集成后的闭环模型的系统[6,19,2]。而且需要对集成后的闭环工艺模型进行控制器参数的调整并评估控制架构的性能。gPROMS是PSE开发的动态流程图软件，在以前的工作中被广泛用作模拟平台，以演示闭环连续制药工艺的集成模型的开发。上一步中设计的控制架构以及集成的开环工艺流程模型是此开发步骤的起点。

为了将控制器输入/输出值与集成流程模型的预测值结合起来，首要任务是在设备单元操作模型中根据需要而创建输入/输出控制端口。输入/输出控制端口的作用是在工艺模型和控制器之间传输信息。输出端口需要集成到传感器上，输入端口则需要放置在执行器中。在本地级别控制的情况下，输入/输出端口将处于相同的单元操作模式，而在监控的情况下，输入/输出端口将处于不同的单元操作模式。

　　第二个任务是将控制器添加到流程模型中，并通过将输入/输出端口与控制器输入/输出连接来创建反馈回路。控制回路与工艺模型的集成如图12.3所示，传感器出口与控制器入口相连，控制器出口与执行器入口相连。在控制器内，有一个端口用于集成从主控制器获得的外部设定值信号（例如，当使用级联控制回路时）。当使用模型来模拟控制架构的运行时，传感器输入信号来自工艺模型，而执行器输出信号则返回工艺模型。这种集成类似于现实世界工厂中控制回路的实际运行过程。

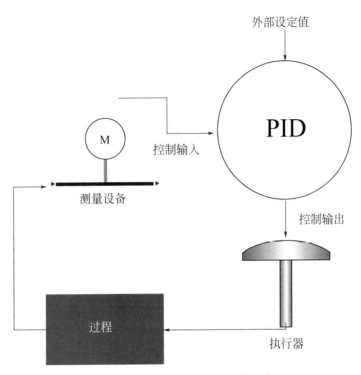

图12.3　控制回路与工艺模型的集成

　　第三步是提供控制器的参数和限值。在使用PID控制器的情况下，增益、复位时间和速率都是调整参数。控制器参数可以使用基于启发式的方法（例如Ziegler和Nichols）或基于优化的方法进行调整[20]。在基于优化的方法（如ITAE）的情况下，需要使用gPROMS的优化调整来使目标函数最小化，并且需要识别控制器参数给出的最小误差。

　　除了调整控制器参数外，还需要确定其他合适的控制参数以实现理想的控制器性能。这些参数是控制器输入（控制变量）的最小和最大限制、控制器输出（执行器）的最小和最大限制、偏差（控制器用于切换的偏离量）和速率限制[6]。

　　直接压片工艺的闭环工艺流程模型如图12.4所示，每个进料器都有本地级控制，通过操纵转速旋钮来调节所需的流量。比率控制器的存在决定了每个给料机的设定值。比率控制器在改变生产线吞吐量也有很好的应用。在这种情况下，操作员只需向比率控制器提供"新的总流量"，这将自动更改进料器设定值。药物浓度需要通过反馈控制回路在混合机出口进行控制，该控制回路为比率控制器提供比率设定点。需要注意的是，当不使用控制回路时，需要手动提供比率设定点。

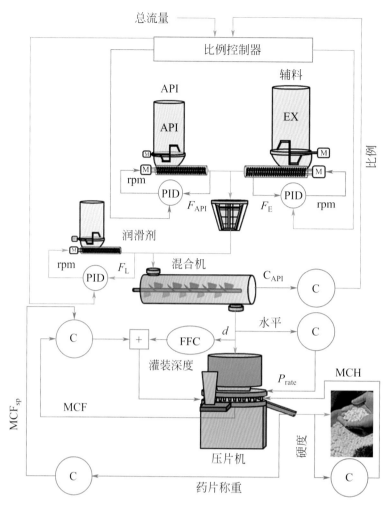

图12.4 闭环工艺流程模型

API—活性药物成分；C—控制器；d—密度；E—辅料；F—流量；FFC—前馈控制器；
L—润滑剂；MCF—主压缩力；MCH—主压缩高度；P_{rate}—生产速度；rpm—转速；sp—设定点

输送管（斜槽）将混合设备出口与压片机入口连接起来。由于多种原因需要控制输送管中的粉末的高度。首先，它需要确保放置在斜槽中的PAT传感器与粉末水平一致。其次，它保持整体输送中输入和输出之间的平衡，以避免溢出或下溢进入压片机。最后，通常需要一致的粉末水平来保证片剂质量的一致性，因为在许多情况下，斜槽中的粉末水平直接影响进入压片机饲料器的粉末密度。

在压片机中，通过使用一个主回路和一个从回路的级联控制装置来控制片重。主回路用于控制片重，为从控制器提供设定值，该控制器旨在通过操纵填充深度来控制主压力（MCF）。还添加了一个前馈控制回路。实时测量的粉末堆密度是FFC的输入，用于控制填充深度[21]。添加了FFC以采取主动行动来减轻粉末堆密度变化的影响。随后，通过操纵冲头位移来控制片剂硬度。值得一提的是，Bhaskar等介绍了其他几种控制压片机的方法[11]，还开发了通过湿法制粒和辊压制粒法进行连续药物制造的闭环工艺流程模型[19,2]。

实际生产过程中不合格产品需要实时剔除，避免"好"药片与"坏"药片混在一起。大多数市售的压片机都具有内置功能，可以剔除未能达到所需MCF要求的片剂。据作者所知，目前没有一个商业上可用的CM工艺具有内置的对不符合监管机构要求药效的不合格片剂剔除的系统。因此，开发了基于停留时间分布（RTD）的控制系统来实时剔除不合规格的片剂[22,23]。根据定义，RTD是固体或流体材料在连续流动系统中的一个或多个单元操作中停留时间的概率分布。它可用于表征设备操作中材料的混合和流动行为。RTD描述了材料如何通过连续过程的设备操作，包括停滞（或半停滞）区域的存在、旁路等。基于工艺参数和RTD预测片剂药效的方法剔除生产线上不符合质量标准的片剂。在压片机中确定RTD的一个主要复杂性是难以在饲料器中完成对混合成分的实时测量。RTD已用于解决基于含量缺陷的实时片剂剔除系统的缺乏问题。

片剂连续制造过程的闭环性能评估已在其他地方报道[9,6,19,2]。在参考文献[2]中描述了通过辊压制粒法进行连续片剂制造过程所需的控制架构设计。控制架构被实施到一个集成的工艺流程模型中，并调整了控制器参数。针对设定点跟踪和干扰抑制对控制系统的性能进行了评估。在参考文献[6]中为直接压片过程开发了混合MPC-PID控制架构。MPC在MATLAB中实现，PID用gPROMS中模拟模型实现。Matlab和gPROMS通过gPROMS的gOMATLAB工具进行通信。参考文献中介绍了湿法制粒连续制造控制架构的设计、实施和评估[19]。额外的前馈/反馈控制架构也已经通过设计、实施和评估[9]。

12.4 控制架构的实施和验证

作者在位于罗格斯大学C-SOPS的试验工厂中实施了对开发的控制架构的实验验证。工厂的结构如图12.5所示。该工厂跨越三层，利用重力来实现物料流动。顶层专门用于粉末的加料和储存，中层专门用于粉碎和混合，底层用于压片。每层的大小为10英尺×10英尺。

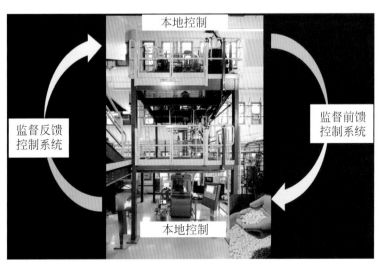

图12.5 具有集成控制系统的连续药片制造试验工厂

API和辅料通过放置在顶层的重量进料器进入位于二楼混合设备上游的锥磨中。润滑剂进料器也放置在二楼，按照生产工艺流程顺序在锥磨之后但在混合之前。然后连接管将混合设备的输出连接到压片机。在连接管中的接口处集成了PAT传感器。通过输送管后混合物经由饲料器被送入压片机制成片剂。该工厂本质上是模块化的，因此可以根据所需的实验以不同的组合使用相应的设备。

接下来，对设计的控制架构在物理线路中的实施情况进行讨论。之前已经介绍了在实际工厂中实施和验证控制架构的详细、逐步的过程[7]。实施的关键挑战是实现实时过程监控传感器、软件、数据管理工具、控制平台和工厂执行器之间的通信。传感和控制框架的每个组件都通过自己的语言进行通信。接下来讨论关于促进这些"多语言"组件进行准确和高效通信所需的工作的高阶介绍，从而实现闭环控制。

首先是将所有需要的控制硬件、软件和传感器与中试工厂集成，以便工厂可以通过集中控制平台运行，并且可以将来自各单元操作以及来自外部传感器的所有数据收集在数据记录系统之中。图12.6提供了控制硬件、软件和传感器与工厂的集成的总览。工厂的不同单元操作已与两个控制平台DeltaV（艾默生）和PCS7（西门子）集成。请注意，一次只需要一个控制平台来操作工厂，因此已经放置了一个开关来选择运行的特定平台。进料器通过Profibus与控制平台集成。锥磨和混合设备通过串行端口连接与控制平台集成。压片机已通过OPC与控制平台集成。通过这些设备的集成，中试工厂可以在集中式PC上运行生产，并且可以收集过程操作的实时数据。

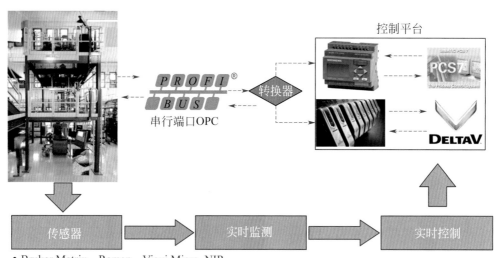

图12.6　控制硬件、软件与连续片剂制造厂的集成

每个单元操作中都有一些内置传感器，可以实时监控不同的变量。在进料操作中使用内置传感器监控进料器重量、粉末流量和进料器转速设定。在锥形筛磨操作中监测叶轮转速。混合机叶轮的转速在混合操作中受到监控。在压片操作中使用内置传感器监控片剂厚度、压力、顶出力和其他操作参数（如填充深度、饲料器速度、转台速度）。一些外部传感器也与

工厂集成，用于实时过程监测和控制。近红外（NIR）（Bruker Matrix、Viavi）和拉曼光谱仪（Kaiser）用于监测混合物中的药物含量。基于电场的传感器 Triflex（Fluidwell）用于实时监测粉末液位。检查主模块（FETTE）用于监测片重、硬度和厚度。还开发了一种基于质量增加原理的捕获量的方法，用于实时监测平均片重[11]。

物理传感器测量物料特性（如混合成分）或工艺参数（如压力）并产生代表性信号。光谱传感器产生的信号本质上是多变量，因此需要回归到一个普通的数字信号，回归的信号被发送到数据管理软件。除了执行其他几个功能外，数据管理工具通常通过 OPC 协议将此信号传递给控制系统。控制系统接收该信号并制定必要的修正措施。过程硬件或执行器从控制系统接收指令并对工厂实施修正措施，以使 CQA/CPP 回到其设定值。我们将简要讨论这些通信步骤中、每个步骤的实施过程中的注意事项以及用于设置每个通信节点的常用平台技术。

在控制回路的开始是传感探头。探头感应到物料并产生代表性信号。该信号通常存储在传感器的专有软件中。某些传感探头产生的信号可能是一个简单的数字。对于 NIR 和其他一些基于光谱的传感器，信号本质上是多变量的。在这种情况下，必须将多元信号转换为一个（或几个）数字信号。这是因为大多数控制算法都设计为将普通数字或二进制数作为输入。借助先前开发的校准模型（参见第5章），在线预测工具将多变量信号转换为普通数字。化学计量模型不是在在线预测工具中开发的，而是必须使用市售的多变量数据分析软件开发，例如 Camo 的 Unscrambler X 或 Umetrics 的 Simca P+。然后将这些模型导入在线预测工具，在线预测工具接收来自传感器的多变量信号，并使用导入的校准模型将其转换为普通数。CQA/CPP 的预测值被传送到 PAT 数据管理工具。图 12.7 显示了通信流程的示意。

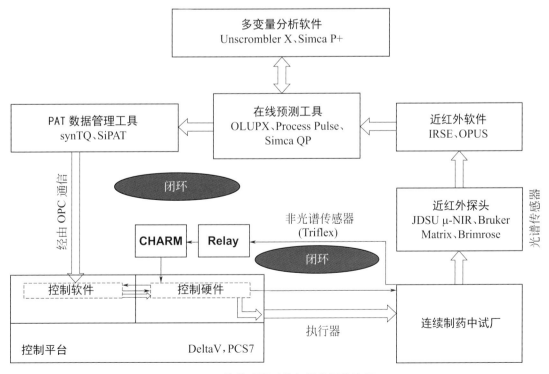

图 12.7 从传感器到执行器的通信流程

PAT数据管理工具接收来自控制系统的CQA的预测值。该工具专为系统的数据收集和存储而设计。此外，该工具具有OPC通信协议，因此可以与同样符合OPC标准的控制平台进行通信。数据管理工具允许存储、保护和绘制数据，也允许创建警报。Optimal Industrial Automation Limited的synTQ和Siemens的SiPAT是常见的商用PAT数据管理平台。Process Pulse Ⅱ（Camo）还可用于实时预测以及通过OPC将数据传送到控制平台。

控制系统通过OPC协议从PAT数据管理工具箱接收数据。控制系统是控制架构的组成部分，它接收输入信号并根据先前开发的算法决定必要的修正措施。它将这个动作传达给执行器，执行器进行物理更改以确保CQA/CPP返回到其设定值。控制系统具有硬件和软件组件。软件组件的任务是数据接收、分析和决策。硬件组件的任务是与执行器通信。这通常通过标准工业通信协议（如现场总线或以太网）完成。信息流在控制架构内的流通如图12.7所示。Emerson Process Management的DeltaV和Siemens的PCS7是商用控制平台，特别适用于连续制药过程。

在使用非光谱传感器的情况下实现控制回路相对容易。这种情况下的信息流和数据流也如图12.7所示。非光谱传感器可以直接与控制平台集成，如图12.7所示。这里我们考虑使用产生标准5～20mA信号的传感器来演示控制系统实施的概念。如图12.7所示，传感器通过串口与继电器处的控制面板集成在一起。信号从继电器传输到单通道特性模块箱再传输到控制器。信号通过控制器块（放置在控制面板中）被传输到实现控制回路的控制平台之中。在控制平台中，将5～20mA信号转换成相关变量进行监测和控制。信号在控制平台中使用标准通信系统（OPC、串行端口、Profibus）到达工厂内需要的单元操作。

一旦控制系统的实施完成，下一步就是对其进行验证，以确保其所有组件都按预期运行。举个例子，Singh等[8]对两个进料器的比率控制器进行了验证实验。简而言之，实验中使用由比例控制器连接的两个进料器，一个进半粉碎状态的对乙酰氨基酚（APAP）（Mallinckrodt），另一个进硅化微晶纤维素（Prosolv,JRS Pharma）。进料器先将原料送入锥磨，然后再送入连续混合设备。混合机的输出与一个安装有Viavi NIR显微光谱仪的斜槽相连接，NIR光谱仪监测APAP含量。将之前在Unscrambler X中开发的校准模型导入Process Pulse Ⅰ，并且Process Pulse Ⅰ中集成了一个在线预测引擎OLUPX。APAP含量通过MATLAB OPC工具箱与DeltaV控制系统通信。MPC算法对输入信号进行分析并根据模型将修正措施传达给执行器、进料控制器。该结果先前已在其他地方报道过[7,8]。类似地，之前讨论过的其他控制回路也已经经过实验验证[11,24]。

图12.8显示了直压连续片剂生产试验工厂的操作和控制用户界面。如图所示，4台进料器（原料药进料器1台、辅料进料器2台、润滑剂进料器1台）、锥磨、混合设备、压片机已与控制平台连接。而在这之中，根据实际情况每个单元操作也可以单独运行。每个单元操作的操作参数（例如，设定点和实际值）已实时显示。

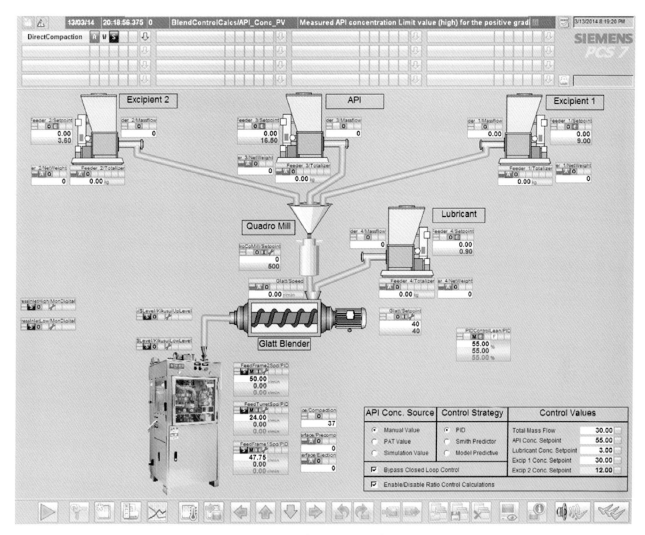

图 12.8　工厂操作和控制用户界面

12.5 闭环性能的表征和验证

　　接下来是表征和验证整个过程的闭环性能。验证过程涉及改变某些过程参数并观察系统对这种变化的响应。这允许实验者测量系统在控制系统存在的情况下对输入信号的灵敏度，其目的是确保CQA不会偏离其规定的设定点。这种表征增加了工艺知识，促进了通过设计提高产品质量。验证还证实最高的产品质量是在最佳工艺参数下生产的。

　　到目前为止，所有步骤都涉及各个控制回路的实施及其验证。但是，如果在运行整个过程时，同时运行所有控制回路，可能会产生意外交互和可能需要解决的冲突。因此，有必要对工艺参数对最终产品CQA的影响进行彻底的表征。此外，在控制系统的监督下运行该过程不仅可以了解设定点的系统性能，还可以了解设定点附近的系统性能。例如，考虑一个正在测试混合速率对最终产品的影响的场景。在DoE的某个设计点，混合速率设置为给定值，例如100r/min。在测试这个设计点时，在没有控制系统的情况下，混合机速率始终保持在100r/min不变。启用控制系统后，混合速率可能会因与速率相关的CQA而异。这使得混合速率的响应面的总体情况在100r/min附近。

如前所述，控制回路之间的交互也可能产生前所未有的交互效果。考虑前面的示例，其中混合速率设置为100r/min。如果速率连接在控制回路中，则会出现此速率的波动。考虑速率从100r/min增加到105r/min的情况。速率的轻微增加会导致混合设备滞留率降低。多余的材料从混合设备中排出并添加到混合设备后面的斜槽中。液位传感器检测斜槽内滞留液位的增加。该系统为了维持其设定点，可能会提高压片速率。压片速率的提高可能会导致最终产品的特性（例如片剂的硬度和溶出特性）发生变化，从而引发新的控制措施。如果允许该过程继续发展，则可能会变得不稳定。因此，强烈建议在控制系统存在的情况下重复在开环中执行的DoE。它使人们能够表征控制回路相互作用对工艺流和最终产品的CQA的影响。

最后，在存在控制系统的情况下，系统的长期稳定性也应作为该步骤的一部分进行测试。正如监管合规一章（见第16章）所讨论的，这正日益成为监管机构的标准要求。这有助于确保过程不会随时间漂移，如果发生漂移，控制系统可以检测到这一点并采取纠正措施。它还确保系统不会因长时间运行而发生物理变化，例如，随着时间的推移，粉末材料会黏附在设备内表面、料斗堵塞、混合设备和锥磨刀片被材料覆盖等。

该步骤旨在增强实验者对系统的理解并增强过程知识。它有助于了解可变性的来源并建立对可变性的控制。它还有助于在CMA、CPP和CQA之间建立关系。最后，它有助于流程优化，以确保最高质量的产品。这一步是成功实施质量源于设计的关键因素[25]。

12.6 结语

分布式控制系统是现代连续片剂制造过程的重要组成部分。传感和控制功能的集成以及实时质量保证功能的实现是一项艰巨的任务。闭环工艺流程模型有助于在控制系统实施到制造设置之前对其进行设计、调整和评估。以罗格斯大学的CM流程为例，介绍了自动化流程和优化资源以建立操作和数据管理一致性的步骤。已经讨论了与分布式控制系统相结合的实时监控系统的实现。连续药品制造的实时控制是一项重大进步，被认为对RTR和患者安全至关重要。

致谢

这项工作通过NSF-ECC0540855基金和美国食品药品管理局（FDA）批准，得到了美国国家科学基金会结构化有机颗粒系统工程研究中心的支持。

参考文献

[1] Singh R, Gernaey KV, Gani R. An ontological knowledge-based system for the selection of process monitoring and analysis tools. Comput Chem Eng 2010;34(7):1137−54.

[2] Singh R, Ierapetritou M, Ramachandran R. An engineering study on the enhanced control and operation of continuous manufacturing of pharmaceutical tablets via roller compaction. Int J Pharm 2012;438(1−2):307−26.

[3] Burggraeve A, Tavares da Silva A, Van den Kerkhof T, Hellings M, Vervaet C, Remon JP, Vander Heyden Y, Beer TD. Development of a fluid bed granulation process control strategy based on real-time process and product measurements. Talanta 2012;100:293−302.

[4] Bardin M, Knight PC, Seville JPK. On control of particle size distribution in granulation using high-shear mixers. Powder Technol 2004;140(3):169−75.

[5] Sanders CFW, Hounslow MJ, Doyle III FJ. Identification of models for control of wet granulation. Powder Technol 2009;188(3):255−63.

[6] Singh R, Ierapetritou M, Ramachandran R. System-wide hybrid MPC−PID control of a continuous pharmaceutical tablet manufacturing process via direct compaction. Eur J Pharm Biopharm 2013;85(3, Part B):1164−82.

[7] Singh R, Sahay A, Fernando M, Ierapetritou M, Ramachandran R. A systematic framework for onsite design and implementation of a control system in a continuous tablet manufacturing process. Comput Chem Eng 2014;66:186−200.

[8] Singh R, Sahay A, Karry KM, Muzzio F, Ierapetritou M, Ramachandran R. Implementation of an advanced hybrid MPC−PID control system using PAT tools into a direct compaction continuous pharmaceutical tablet manufacturing pilot plant. Int J Pharm 2014;473(1−2):38−54.

[9] Singh R, Muzzio F, Ierapetritou M, Ramachandran R. A combined feed-forward/feed-back control system for a QbD based continuous tablet manufacturing process. Processes 2015;3:339−56.

[10] Haas NT, Ierapetritou M, Singh R. Advanced model predictive feedforward/feedback control of a tablet press. J Pharm Innov 2017;12(2):10−123. https://doi.org/10.1007/s12247-017-9276-y.

[11] Bhaskar A, Barros FN, Singh R. Development and implementation of an advanced model predictive control system into continuous pharmaceutical tablet compaction process. Int J Pharm 2017;534(1−2):159−78. https://doi.org/10.1016/j.ijpharm.2017.10.003.

[12] Singh R, Sen M, Ierapetritou M, Ramachandran R. Integrated moving horizon based dynamic real time optimization and hybrid MPC-PID control of a direct compaction continuous tablet manufacturing process. J Pharm Innov 2015;10(3):233−53.

[13] Lee SL, O'Connor TF, Yang X, Cruz CN, Chatterjee S, Madurawe RD, Moore CMV, Yu LX, Woodcock J. Modernizing pharmaceutical manufacturing: from batch to continuous production. J Pharm Innov 2015;10(3):191−9.

[14] Singh R, Gernaey KV, Gani R. Model-based computer-aided framework for design of process monitoring and analysis systems. Comput Chem Eng 2009;33(1):22−42.

[15] Singh R. Model-based computer-aided framework for design of process monitoring and analysis systems. In: Chemical and biochemical engineering. Denmark: Technical University of Denmark; 2009. p. 296.

[16] Bristol E. On a new measure of interaction for multivariable process control. IEEE Trans Automat Contr 1966;11(1):133−4.

[17]   Myerson AS, Krumme M, Nasr M, Thomas H, Braatz RD. Control systems engineering in continuous pharmaceutical manufacturing. J Pharmacol Sci 2015;104:832−9.

[18]   Ziegler JG, Nichols B. Optimum settings for automatic controllers. Trans A.S.M.E. 1942;64:759−65.

[19]   Singh R, Barrasso D, Chaudhury A, Sen M, Ierapetritou M, Ramachandran R. Closed-loop feedback control of a continuous pharmaceutical tablet manufacturing process via wet granulation. J Pharm Innov 2014;9:16−37.

[20]   Seborg DE, Edgar TF, Mellichamp DA. Process dynamics and control. 2nd ed. John Wiley & Sons, Inc; 2004.

[21]   Singh R, Román-Ospino AD, Romañach RJ, Ierapetritou M, Ramachandran R. Real time monitoring of powder blend bulk density for coupled feed-forward/feed-back control of a continuous direct compaction tablet manufacturing process. Int J Pharm 2015;495(1):612−25.

[22]   Singh R. Systematic framework for implementation of RTD based control system into continuous pharmaceutical manufacturing pilot-plant. Pharma 2017;(34):43−6.

[23]   Bhaskar A, Singh R. Residence time distribution (RTD) based control system for continuous pharmaceutical manufacturing process. J Pharm Innov 2018;14:316−31. https://doi.org/10.1007/s12247-018-9356-7.

[24]   Singh R. A novel continuous pharmaceutical manufacturing pilot-plant: advanced model predictive control. Pharma 2017;(28):58−62.

[25]   Yu LX. Pharmaceutical quality by design: product and process development, understanding, and control. Pharmaceut Res 2008;25(4):781−91.

第13章

制药工艺开发中
工艺优化应用

Zilong Wang,Marianthi Ierapetritou

13.1 引言

学术界、监管机构和工业界在改善制药工艺开发和生产方面的合作越来越多。这个趋势是由几个方面导致的。从经济方面来看，为了生产合格的产品并且在药品专利期内利益最大化，制药工厂充分认识到需要开发并且接受有效率的生产工艺。从监管的角度来看，拥有一个高效、敏捷、灵活的制药行业可以持续提供高质量药品，是食品和药品监督管理的愿景[1]。为了达成提高制药产品的质量，FDA有很多举措。包括：过程分析技术[2]，质量源于设计倡议[3]，最近创立了新兴技术团队，促进采用新技术（连续制造、3D打印技术[4]等）改善药品质量[5]。

为了得到制药生产新兴科技带来的利益，拥有深入的工艺知识是至关重要的。在从工艺中获得启发、协助风险评估通过基于工艺数据[6,7]的预测等方面，工艺建模工具变得越来越重要。关于制药建模工艺的新发展，读者可以参考阅读文献[8]和第2章文献[9]。经常使用的建模方法有基础原理模型［如离散元模型（DEM）[10]、有限元模型（FEM）[11]］、群体平衡模型[12]、现象模型[9]和降阶模型［如响应面模型[13]、人工神经网络（ANN）[14]、隐性变量方法[15]等］。一个开发完善的工艺模型是一个有力的工具，它可以预测工艺动态[16]，描述设计空间（第6章文献[17]），研究关键的工艺参数（CPP）[18]，促进过程工艺控制[19]，并且执行工艺优化[20]。

根据工艺模型，其他产业经常使用数学优化方法来提高工艺性能，数学优化的各种应用，包括工艺设计、工艺运行、工艺控制。文献[21]提供了数学最优化问题的通用分类。文献里的最优化问题计算式如下：

$$\min Z = f(x, y) \tag{13.1}$$

使得

$$h(x, y) = 0$$

$$g(x, y) \leqslant 0$$

$$x \in X, y \in \{0,1\}^m$$

$f(x, y)$ 是目标函数（例如成本），$h(x, y)$ 是描述工艺系统的等式约束条件（例如，质量平衡）。$g(x, y)$ 是定义了工艺约束条件的不平等约束条件（如产品质量标准），x 代表连续变量，y 代表离散变量。问题相当于一个混合整数问题（MIP）。当系统里没有分离变量时，并且系统里任何功能都是非线性时，问题退变成一个非线性程序（NLP）。当所有功能都是线性时，它就是一个线性程序。

在制药工艺开发中，数学优化方法被用来提高产品配方、药品递送系统和生产工艺。本章的目的是，在制药工艺开发方面，提供优化应用的综述并且聚焦连续制造系统，简单介绍一下经常被使用的数学工具（数据驱动的模型、优化算法）。

13.2 制药工艺开发的优化目标

制药工艺优化方面，第一个需要被考虑的问题是什么需要被优化。这个问题的答案决定了目标函数。根据研究的性质，一些目标函数在优化一个制药工艺时被使用。在本节中，为了单一目标优化，我们首先介绍一些经常使用的目标函数，然后讨论当需要同时考虑多个目标时的案例。

13.2.1 单目标优化

对于目标函数，一个普遍选择是去优化一个药物产品的一个关键质量属性（CQA）。例如，Velásco-Mejía等[22]确定了关于提高晶体密度药物的结晶工艺的最佳操作条件。Monteagudo等[23]开发了一个配方，用来获得有最好掩盖气味效果的医药产品。Chavez等[24]优化了一个药片产品的配方，去最大化提高了联合概率，为了5个重要的质量属性符合质量的最低满意水平。Pal等[13]确定了生成所需药物释放度的最优化配方。

工艺性能和效率的优化在不同的制药工艺中已经被研究。基于根据一个可以预测多组分体系的相平衡的热力学模型，Sheikho-leslamzadeh等[25]为了一批冷却反溶剂结晶工艺，研究了可以最大化结晶收益率的最优运行条件。Zhang和Huang[26]计算了一种苯并氮杂䓬类化合物（一种减肥药物）的活性药物成分（API）合成过程中药物废水处理浓度的最大化学需氧量（COD）的最佳操作条件。

经济目标经常被用在工艺优化，因为它们对做出决定很重要。Jolliffe和Gerogiorgis[27]制定了为布洛芬的生产和优化的一个概念上游连续工艺的NLP优化问题，并且目标是最小化所消耗的资本和时间。Abejón等[28]用运行变量作为自变量，并且以产品规格作为限定条件，为一个用多阶段膜级联的分离工艺，最小化了总成本。与本书的主题更密切相关的是，Boukouvala和Ierapetritoud[20]定制了一个约束优化问题来最小化一个连续直压（CDC）工艺的总共成本，同时符合产品质量要求。在文献[18]中，一个相似的CDC工艺的优化问题被解决。

最近，人们对提高药品制造生产工艺的灵活性越来越感兴趣。Grossmann和Morari[29]首先提出灵活性是在工艺中有不确定性（流量方面的变量）时，保持可行性的一个工艺能力的定量方法。Grossmann 等[30]概述了最近在量化化学工艺灵活性方面的进展。灵活性的概念已经被引入制药工艺，并且在描述设计空间中应用。Rogers 和 Ierapetritou[31]发展了一种替代方法来研究一种辊压工艺的稳定状态和动态变化设计空间。Rogers 和 Ierapetritou[32]进一步通过计算随机柔性指数评估了碾压工艺的灵活性，随着工艺输入中的不确定性被任意概率分布描述。Adi 和 Laxmidewi[33]计算了体积弹性指数来评估用细胞膜的分离工艺的运行灵活性。

在过去的几年里，制药工艺对环境影响的分析引起了广泛的关注。一个涵盖了获取、生产和使用原材料以及处理废弃物[34]的系统的方法是通过生命周期评估（LCA）来评估整个产品生命周期的环境影响。对制药工艺环境合适的综合考虑对建立一个更可持续的和良性的制药工艺环境有着显著的贡献。Ott 等[35]为一种抗癌药物的活性药物成分生产工艺展现了基于全生命周期的工艺优化与强化，这研究了工艺的主要瓶颈，并且通过揭示了一系列环境影响的部分矛盾对优化策略提出了建议。Jolliffe 和 Gerogiorgis[27]通过使用环境因子（e因子）评估了活性制药成分生产过程对环境的影响，这被定义为产品每单位生产的废物的总质量。Ott 等[36]根据简化的指标（如工艺质量强度、累积能源需求）和一个全面的 LCA 调查，运行了一个卢非酰胺生产的不同路径的环境评估。结果表明，对于卢非酰胺的生产，从一个多步骤的批工艺转换到一个连续工艺具有潜在的环境效益。

13.2.2　多目标优化

很多制药工艺有不止一个目标需要被优化。例如，在考虑成品药物的含量时，经常需要同时控制均值（尽可能和目标接近）和方差（尽量小）。这个多种目标问题形成了一个稳健的设计问题，并且应用被报道[37,38]。此外，也研究了在取得目标产品质量的同时为一个制药制粒工艺[39]减少运行成本。

对于连续制药工艺，多种目标优化被用作提高对乙酰氨基酚的结晶工艺[40]，并且用作估计一个持续塞流反溶剂结晶器的动力学参数[41]。Ardakani 和 Wulff[42]为多种目标优化问题概括了大量的方法。下面，先展示了一个多种目标优化的普遍形式，然后提供了制药工艺普遍接受的数学方法的综述。感兴趣的读者可以从文献[43]中获得更多数学细节。

一个多种目标的最优化有着以下普遍形式

$$\min\{f_1(x), f_2(x), \cdots, f_k(x)\} \tag{13.2}$$
$$使得 x \in S,$$

这个形式有 $k(\geqslant 2) \geqslant 2) \geqslant 2)$ 相互冲突的目标函数（$f_i: R^n \rightarrow R$）需要同时最小化。决策变量 x 属于一个非空的可行域 $S \subset R^n$。目标向量记为 $Z = f(x) = [f_1(x), f_2(x), \cdots, f_k(x)]^T$。在多种目标优化中，在没有至少一种其他成分的退化的情况下，如果它们的成分都不能被提高，目标向量被认为是最优的（如帕累托最优）[43]。

解决一个多目标优化问题的最直接方法是去找到由多个帕累托最优解组成的帕累托曲线。Abejón等[28]，为了一个持续有机溶剂纳滤工艺，用帕累托曲线去关联两个变量（如产品的纯度和工艺收益）。Brunet等[44]为了生产青霉素V的工艺设计，定制了MIP模型，目标是决定制药设施（可持续变量）的最优运行条件和同时优化工艺收益和相关环境影响的设施拓扑结构（整数变量）。

另一个解决多目标优化问题的方法是最大化一个意愿函数。Derringer[45]定义意愿为一个转化目标f_i（范围为0～1）的加权几何平均数。使用意愿的好处是它可以用一个单一测量去刻画整体性能。然而，得到的最优解对于指定的重量非常敏感。Uttekar和Chaudhari[46]选择了可以最大化意愿函数的最优配方，为了完成布地奈德（一种治疗哮喘的药物）的目标粒度分布，通过两亲结晶工艺生成。Sato等[47]计算了共同满足要求计量的残余溶剂和基于意愿的粒度D50的结晶工艺。Chakraborty等[48]用意愿作为参与了药品的四个CQA的目标函数，优化了一个含有氯雷他定的快速溶出制药晶片的配方。Kermet-Said和Moulai-Mostefa[49]将电絮凝法应用于制药废水处理工艺并且研究了最优运行条件以最大化COD去除和浊度去除。

或者，多种目标优化问题可以通过目标规划方法解决。它需要一个决策者去确定一个目标点和找到一个尽量贴近目标的可行方案[42]。Nha等[37]发展了一种字典式动态目标规划来考虑药品质量特性的动态性，并且将其用于测试一种通用药物的体外生物等效性（考虑两种时间依赖性反应：凝胶动力学和药物释放速率）。Li等[50]提议了一个基于优先级的优化方案去解决多反应药物配方优化问题，这个方案可以整合目标规划方案，修改意愿函数和高阶响应面模型。

13.3 数据驱动模型在优化中的应用

为了规定优化问题，数据驱动的模型为了制药工艺优化被广泛使用。在不需要任何系统物理行为的专业知识的情况下，这样的模型研究了仅在系统数据基础上系统输入和输出的关系[51]。在一些研究领域，数据驱动模型也被说成"替代模型"[52]、"元模型"[53]、"降阶模型"[54]或"响应面"[55]。对于制药工艺，当无法使用基本原理模型时，例如由于缺乏原材料的机械和物理化学性质的知识[56]，数据驱动模型是一个用来加强基础理解的有用的工具。对于可以运行第一原则模拟的案例（如DEM、FEM），这个模型也是很有用的，但是计算成本太高，所以难以直接应用到工艺优化或者设计设置中[53]。在这类案例中，数据驱动模型可以被用作对于昂贵的模拟的一个计算上的有效近似，并且有助于优化问题的定义和解决方案。

在本节中，首先简单回顾对于数据驱动模型的抽样计划，然后讨论各种各样的被引进制药工艺的建模技术，紧接着的是模型验证方法。最后，将展示数据驱动模型是如何支撑工艺优化的。

13.3.1　采样计划

为了在有限的采样预算内提取出最有意义的工艺信息，需要计划采样方案去决定如何对输入空间进行采样。一个特定采样计划的选择取决于实施什么样的实验，无论是物理实验还是使用数据驱动的计算实验。

对于制药工艺开发，主要依靠运行可以获得工艺知识的物理实验。在这类案例中，采样计划通过用"实验设计"（DoE）方法来选取。为了最小化随机误差的影响，主题思想是去计划实验[53]。Singh等[57]展现了关于景点实验设计采样计划的广泛回顾。经常使用的设计包括（小数的）析因设计[13,48,58]、中心合成设计[26,38,46]、混合设计[37]、Box-Behnken设计[59,60]和Plackette-Burman设计[61,62]。这些实验计划经常聚焦于在输入空间边界的抽样，并在输入空间中心有几个采样点。

当要进行计算机实验时，因为大部分的模拟是确定性的，实验计划目标是聚焦在减少系统错误上的而不是随机误差。对于这种类型的实验，Sacks等[63]认为一个好的设计需要填写整个输入空间，而不是专注于范围。经常使用的空间填充设计包括拉丁超立方体设计（LHD）[64,65]、Hammersley序列采样[66]、正交阵列[67]和均匀设计[68]。文献[69]提供了一个对于计算实验的现代设计的深入讨论。

13.3.2　构建数据驱动模型

建立一个数据驱动模型有各种各样的被发展和被用在不同工程领域的数据驱动模型。下面，我们讨论了四种在建模和优化制药工艺中被广泛使用的模型。当可以假定要建模的工艺输出是连续和平滑时，这些模型可以被应用。这些假设对于大部分工程工艺都是有效的。Forrester和Keane[70]表明，当连续性假定不被保证时，用不连续修补在一起的多种数据驱动模型进行建模工艺。本章将不考虑这一例外。

13.3.3　响应面分析

响应面分析是由Box和Wilson[71]提出来的，用于提高化工生产工艺。有如下形式的低次多项式模型[72]的响应面方法论和工艺输入输出关系相似。

$$y=f'(x)\beta+\varepsilon$$

（13.3）

式中，$x=(x_1, x_2, \cdots, x_k)'$；$f(x)$是由$x_1, x_2, \cdots, x_k$的最大自由度为$d$的幂和幂的叉积组成的向量函数；$\beta$是$p$模型参数的向量；$\varepsilon$是均值为0的随机试验误差。两种常用的响应面模型是一个一级模型［式（13.4）］和一个二级模型［式（13.5）］。

$$y=\beta_0+\sum_{i=1}^{k}\beta_i x_i+\varepsilon \tag{13.4}$$

$$y=\beta_0+\sum_{i=1}^{k}\beta_i x_i+\sum_{i=1}^{k}\sum_{i<j}\beta_{ij}x_i x_j+\sum_{i=1}^{k}\beta_{ii}x_i^2+\varepsilon \tag{13.5}$$

β的值可以用解析表达式（即普通最小二乘估计）来估计[72,73]。

为了评估一个详细RSM模型的模型参数的重要性，可以和学生t检验[57]一起进行方差分析（ANOVA）。只有重要的模型参数可以在最终模型中被保留下来。此外，为了选择最好的RSM模型和阻止过度拟合的风险，Singh等[57]建议使用几个指标来评估模型拟合，包括R^2、R^2_{adj}、预测残差平方和，以及Q^2。

RSM是一个回归技术。RSM模型经常使用DoE理论中的实验设计来构建[72]。RSM在制膜制药工艺中的应用可以在大量的研究中找到[13,37,38,49,74]。Forrester和Keane[70]说过RSM模型适用于低维度、单一或低模态问题，并且对此进行了物理实验。然而，对于确定性计算机实验，Jones[55]表明RSM模型对于捕捉函数的形状有不足的地方，所以这个模型可能不能在优化设置中识别一个优化解决方案。

13.3.4 偏最小二乘法

偏最小二乘（PLS）回归，也被叫作潜结构投影，是一个多元回归方法[75,76]。假设数据以均值为中心并缩放到单位方差的同时，用以下模型结构将工艺输入X（大小为$N×K$）和工艺输出Y（大小为$N×M$）投影到一个潜在变量的公共潜在空间。模型结构如下：

$$X=TP'+E_X \tag{13.6}$$

$$Y=TQ'+E_Y \tag{13.7}$$

$$T=XW \tag{13.8}$$

式中，T（大小为$N×A$）是分数矩阵；P（大小为$K×A$）和Q（大小为$M×A$）为加载矩阵；E_X和E_Y表示残差；W（大小为$K×A$）是权值矩阵。

不同的算法可以用于计算PLS模型，例如非线性迭代偏最小二乘算法[75]和期望最大化算法[77]。潜变量A的数量是被交叉验证（CV）决定的，这是通过将数据分成若干组，然后发展不同平行模型，这些平行模型使用简化数据，并且其中一个组被删除[76]。在不用的CV模型中，Shao[78]建议不要使用留一法（LOO）。关于CV的细节将在接下来的13.3.7节中被讨论。

通过收集基于DoE理论的数据，PLS方法对于分析在**X**和**Y**中的高维、噪声和强共线的数据来说是有用的工具[76]。这个建模技术致力于有效逼近数据表**X**和**Y**，也最小化**X**和**Y**之间的相关性[79]。在案例中，当有**X**和/或**Y**的强共线只对一组简化的输入组合敏感，PLS在没有丢失太多信息的情况下可以有效地减少问题维度和简化问题。扩展PLS到非线性系统建模方面已经取得了进展[80]。涉及PLS技术的制药工艺应用可以在文献[23,39,81]中找到。

13.3.5　人工神经网络

人工神经网络是一个生物启发的建模技术，这个技术激发人脑运行信息的方式。ANN模型是通过多个单一单元（被称为处理元素或神经元）组成的，这一工艺与系数（权重）相连并且组成神经结构[82]。作为建筑组件，神经元将加权输入的总和传递给传递函数（如s型函数），并产生输出。ANN的多功能性来自于神经元连接到一个网络的不同方式。在文献[83]中，大量ANN被开发和调查。在文献[83]中，最广泛使用的ANN的种类是反向传播（BP）网络。一个BP网络有多层感知架构：①展示工艺输入的节点的一个输入层；② 工艺输出的节点的一个输出层；③一个或多个蕴含捕捉非线性关系的节点的隐藏层。实际上，有一个隐藏层的BP网络足以接近大部分功能[85]。

对于BP网络，在输入和输出上的节点数量是由工艺输入和输出的维度相应决定的。然而，决定在隐藏层上的节点数量是有挑战性的。当数量太大的时候，训练模型将需要高的计算成本，也会提高过度拟合的风险。另外，如果有太少的隐藏节点，模型可能不能准确展示输入和输出的关系[86]。在大多数应用中，隐藏节点的数量是被试错法决定的，然而一些实用的规则在文献[86,87]中被使用。

一个ANN模型的模型系数（重量）是通过使用一个训练算法计算的。最经常使用的算法是前馈误差反向传播学习算法（BP算法）[88]。BP算法的每个迭代需要两个步骤。运行向前传播是从输出层通过隐藏层到输出层传播信息。然后错误阶段的一个BP是用来计算连续从输出层到输入层的节点的每一层的错误。根据计算，通过使用梯度下降方法，重量被调整来减少错误。该BP算法是迭代执行的，直到它达到一个预先指定的准确度水平。

ANN模型和它不同的变形作为有用的非线性建模方法，被共同作为回归技术和插值技术来运行[89]。在制药工艺方面的ANN应用在文献[22,90-92]中有所描写。

13.3.6　Kriging法

Kriging法是一个广泛使用的插值法，这个方法是根据一个南非矿业工程师Krige[93]命名的。在不同的领域，Kriging法也被认为是随机工艺模型[94]或者高斯工艺模型[95]。普遍的Kriging法用以下模型展示了工艺输出。

$$y(x) = \beta + \varepsilon(x) \tag{13.9}$$

式中，β 为表示曲面均值的模型参数；$\varepsilon(x)$ 为平稳高斯随机场的实现（$R^d \rightarrow R$）：$\varepsilon(x) \sim \text{Normal}(0, \sigma^2)$。

假设 $\varepsilon(x)$ 是空间相关的。如果两个点 x 和 x' 在空间上很接近，然后 $\varepsilon(x)$ 和 $\varepsilon(x')$ 将趋于相似。空间相关性可以用不同的相关函数建模。最经常常用的是高斯函数：

$$\text{Corr}[\varepsilon(x), \varepsilon(x')] = \exp\left[-\sum_{h=1}^{d} \theta_h |x_h - x'_h|^2\right], (\theta_h \geqslant 0) \tag{13.10}$$

用 Kriging 法模型，最好的线性无偏预测器可以表示为

$$\hat{y}(x^*) = \beta + r'R^{-1}(y - 1\beta) \tag{13.11}$$

式中，$y = (y^{(1)}, \cdots, y^{(m)})$ 是观测函数值的 n 向量；R 是 $n \times n$ 的矩阵，其中（i,j）项相关于 $[\varepsilon(x^{(i)}), \varepsilon(x^{(j)})]$，1 为全 1 矩阵的 n 向量，r 为 i 系项相关于 $[\varepsilon(x^*), \varepsilon(x^{(i)})]$ 的 n 向量。此外，预测器的均方误差可导出如下：

$$\hat{s}^2(x^*) = \sigma^2\left[1 - r'R^{-1}r + \frac{(1 - 1'R^{-1}r)^2}{1'R^{-1}1}\right] \tag{13.12}$$

模型参数 $\beta, \theta_h, \cdots, \theta_d, \sigma^2$ 是通过最大化一个似然函数得到的[94]。

Kriging 法最常用于使计算机模拟趋近从空间填充设计（如 LHD）中来的数据样本。另外，为了使随机模拟趋近一个均匀噪声水平，Kriging 法引进一个"金块值"因子进行修正[96]。Ankenman 等[97]发展了一个随机 Kriging 法去处理有异构杂音的随机模拟。对于制药工艺，Kriging 法被应用于有缺失数据的，稳态制药模型工艺[56]、动态制药工艺[98]和持续混合工艺[74]。

13.3.7　模型验证

作为模型发展的重要的一步，模型验证被定义为在模型的预期使用范围内决定哪个模型可以代表真实世界准确程度的工艺[99]。根据评估模型保真度的定量验证措施的计算，用户可以决定是否需要执行更多实验来增加模型准确度。

CV 是一种广泛使用的估计所构造模型误差的方法[100]。从 N 个样本的数据集 $S\{X,Y\}$ 开始，具有 p 倍 CV，这个原始数据集被（随机）大致相等地分成 p 个不同的子集：$S\{X,Y\} = S_1\{X_1, Y_1\}, \cdots, S_p\{X_p, Y_p\}$。然后，模型拟合次数为 p 次，每一次从训练集中移除一个子集，这个被删除的子集用来计算误差。作为 p 倍 CV 的一个变形，省略方法考虑 $\binom{N}{K}$ 子集，每个子集在训练集中都有 k 个元素。$k=1$ 被叫作 LOO CV 的这个特别的案例可以被有效地计算[101]。

Meckesheimer 和 Booker[100] 推荐 LOO CV 适用于为低阶响应面模型和径向基函数模型（神经网络的一种特殊情况）估计预测错误。然而，对于 Kriging 法，建议选择 $k=0.1N$ 或者 $k=\sqrt{N}$。

CV 的优点是它可以提供一个几乎不偏不倚的泛化误差的评估（与分裂样本案例相比，分离样本案例的样本数据被一次分裂成一个训练集和一个测试集），因为每一个点被用在一个测试集里一次，并且用在训练集（$k-1$）次（为了 LOO 方法）[102]。然而，缺点是我们需要匹配数据驱动系统很多次，这会提高计算成本。此外，Lin[103] 阐述了 LOO CV 对于评估数据准确度来说不是一个充分的度量。LOO 方法实际上测量了模型对在数据点上的信息丢失的不灵敏性，然而，一个不灵敏的模型和一个准确的模型不一定是相等的。因此为了模型准确度，建议去执行另外的实验。在文献[104]中已经调查了大量的附加验证指标。

13.3.8 数据驱动模型支持优化的需求

在制药工艺开发中，一个数据驱动模型主要用两种方式支持工艺优化。这可以在图 13.1 中找到。

第一个方法［图 13.1（a）］是顺序排列方法。根据一个初始数据集，构建一个数据驱动模型，被验证后（主要通过 CV 方式），使用数学规划方法进行优化。在一些案例中，找到优化方案后，一个新的实验在最优的点被运行。目的是验证是否预测最优值和实验一致。注意的是这个顺序排列在物理实验运行的时候被采用。因此，初始数据点经常通过实用 DoE 模型计划来被采样。这个方法的优点是其简化性。然而，这种方法的有效性依据于假定，这个假定是一个充分准确的模型，它可以被构造，基于预先指定的采样点数量。在一些案例中，当模型不够准确（这可以在步骤 3 和步骤 5 中体现出来），这个方法不能给予进一步采样方向的指导。在制药工艺中，顺序排列始终是工艺优化的主要方法，这个方法的应用可在文献[13，22，23，26，39，47，49]中找到。

第二个方法［图 13.1（b）］是自适应方法。这个方法的特点是一个自适应采样阶段。与顺序排列方法相似，自适应方法也开始于一个初始数据集和一个初始数据驱动模型。

在一些案例中，在最初数据驱动模型建立后，检验模型是可选的，因为模型准度可以在之后的适应建模阶段被进一步提高。自适应方法的重要部分是被用于第四步的搜索条件。代替直接优化数据驱动模型的是不同的数学方法，寻找一个更好优化方案和减少数据驱动模型的不确定性中间的平衡，这些数学方法被发展用于引导搜索方向。一旦一个新的样本点被增加，数据驱动模型也得到升级。这一自我适应采样（从第四步回到第二步）被迭代执行直到满足一些停止条件。这个方法也叫作代理优化（SBO）[70]，其详细内容将在 13.4 节中讨论。因为自适应方法主要在决定计算机模型可以用的时候被使用，它经常不要求用实验验证最优值［图 13.1（a）中的步骤 5］。在制药工艺中自适应方法的验证可以在文献[20，105，106]中被找到。

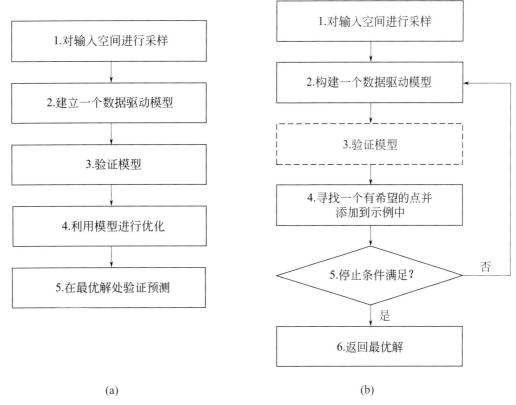

图13.1　使用数据驱动模型来支持优化的两种方法
（a)顺序排列方法；（b）自适应方法

13.4 制药工艺中的优化方法

在之前的方案中，已经讨论过了在制药工艺中不同的优化目标和数据驱动模型是如何在优化设置之内使用的。一个持续被讨论的更重要的方面是如何找到一个最优的解决方案，即数学规划方法。一个优化问题的分类和解决方法在文献[121]中被呈现。总体上，这里有两个主要解决优化问题的方法：①基于导数方法；②无导数方法。在本节中，在这两种分类下回顾了最受欢迎的算法并且为有兴趣的读者介绍其在制药工艺开发中的应用。

13.4.1　基于导数的方法

基于导数的方法需要导数信息（如梯度、海塞矩阵等）去指引搜索到一个最优解。这样的方法用于问题的导数信息是可靠的并且容易获取（要么由用户提供要么被计算工具估计）。这类方法的好处是收敛快和能够处理大规模问题。在本节，概述了导数优化方法和它们在制药工艺中的应用。

13.4.2　逐次二次规划

逐次（或顺序）二次规划（SQP）[107]是一个概念方法，这个方法演变成对于限制NLP问题的不同算法。基本的理念是用二次规划（QP）子问题在迭代k处对NLP（近似解$x^{(k)}$）建模，此解决方案被用作指引搜索到下一个最优方案。这里有使用QP子问题的两个原因：①使用它相对比较简单；②它的目标可以反映原始问题的非线性。为了QP子问题的产生，需要构架拉格朗日函数的海塞矩阵，这可以通过①目标函数或约束函数的二阶导数或者②正定准牛顿近似中获得[21]。

SQP模型只能保证收敛到一个局部最优解[107]。从一个不好的开始点的收敛可以通过使用直线搜索或信赖域方法[21]来提高。研究发现，SQP的解法通常需要最小次数的函数评估来求解NLP[108,109]。此外，SQP方法在任何工艺的阶段不需要可行点，这是它的优势，因为它在非线性约束的存在性上经常难以找到一个可行点。然而，修改经常作用于SQP上，以确保SQP在工艺中经常保持可行。基于SQP的解法的名单参见文献[21]。除了SQP算法，也可以使用大量其他基于梯度的NLP求解器，这比SQP可以要求更多的函数求值，但在与优化模型平台接口时提供了良好的性能（如GAMS[111]、AMPL[112]）。

Sen等[113]用SQP方法估计了一个基于实验模型的冷冻结晶工艺的二维群体平衡模型的参数。Acevedo等[114]计算了无晶种间歇冷却结晶系统的最佳温度分布，目标是给一系列考虑温度范围、产品收率和批处理时间的工艺约束取得晶体的理想形状和粒度分布。Yang和Nagy[115]通过最大化晶体平均尺寸，确定了连续混合悬浮液-混合产物去除（MSMPR）级联系统的最佳稳态运行剖面，该系统受温度、溶剂成分和停留时间的限制。Gagnon等[116]根据一个流化床干燥（FBD）工艺的现象学状态空间模型计算了最优控制策略。和传统开环FBD操作相比，当有限制操作问题时，包括过干燥和颗粒过热，控制方法可以通过达到目标颗粒含水率提高工艺。Wang和Lakerveld[117]用CONOPT求解器最大化了连续膜辅助结晶（cMAC）工艺的结晶尺寸的可获得区，并且展示了cMAC的优点超过了传统的结晶工艺。为了找到API合成的最优反应器设计，Emenike等[118]用了初级工艺函数方法论，这被转化为一个动态优化问题，并且被CONOPT求解器解决。另外，在本章前面部分提到的文献中，SQP的应用可以在文献[39，44]中找到，然而其他的基于导数的NLP求解器可以在文献[18,27,28]中找到。

13.4.3　无导数方法

无导数优化（DFO）方法发现优化方案仅仅基于没有任何导数信息的目标函数值（和约束值），这些方法在一些案例中很成功，这些案例中导数信息不可靠，或者不切实际（模型太贵或者太过嘈杂）。然而，对于很多算法，证明全球趋同的困难仍然存在。对于绑定约束问题的DFO算法的研究参见文献[119]。传统上，大多数DFO方法仅仅用于低纬问题。然而，最近对使一些方法适用于高维问题做出了努力。建议读者查看文献[104]。下面，简单介绍已用于制药工艺的三类DFO方法。

13.4.4 直接搜索方法

Nelder-Mead算法[120]涉及通过定点的集合迭代地建立和更新形成的单形（注意，几何上，单形是定义为任意尺寸的多面体；顶点是多面体的一个角点）。在每一次迭代中，它致力于通过一个新的顶点取代最差的顶点，然后组成一个新的单形。这个工艺包括反射、膨胀、收缩和减少，通过一系列的运行来执行，这些运行考虑当前单形的质心。文献[121]研究了Nelder-Mead算法的收敛性，然而进一步的开发参见文献[122]。另一个直接搜索算法是广义模式搜索（GPS）算法[123]，最初是针对非约束问题开发的。它是直接搜索方法（包括Hooke和Jeeves方法[124]、坐标搜索方法[125]）的概括。GPS通过沿着一组合适的搜索方向在有限数量的点上采样来更新当前的迭代，以找到目标函数值的降低为目标。它被延伸到有界约束问题[126]和线性约束问题[127]。Kolda[128]等将GSP进一步推广为生成搜索方法，哪些在温和条件下收敛于不动点[123]。

Grimard等[129]用Nelder-Mead算法为一个由热熔挤压过程的质量和能量平衡方程组成的数学模型去评估参数。Besenhard等[130]融合了Nelder-Mead和全局优化技术，用于评估一个为结晶工艺的PBM的结晶成长模型参数。根据DoE，Paul等[131]定义和量化了为净化的生物制药的多模态离子交换步骤的CPP（如氯化钠浓度、洗脱pH值）。计算CPP的最优值用于最大化净化工艺的纯度和恢复。Zou等[132]、用溶出数据、安装了Korsmeyer-Peppas模型，用于描述用纳米颗粒配方的体外释药工艺的动力学。Xi等[133]计算了为设计变量的3个分类的最优值（与设备、颗粒、患者相关）去最大化为了治疗鼻窦炎的一种电引导的药物传递系统的效率。Moudjari等[134]估计了为药物化合物在各种溶剂中的溶出度预测的热力学过程的互动参数的数值。在第二部分提过的文献中，直接搜索算法在文献[49,50]中被使用。

13.4.5 遗传算法

遗传算法（GA）[135]有时候也被认为是进化算法，是模仿自然选择和繁殖工艺的机能的基于种群的启发式搜索算法的一族。GA开始于染色体的一个随机采样的初始的族（初始生成）这基本是有被二进制字符串表示的变量的样本点。然后，染色体的结构被评估并且再生机会用一种方式分配，以至于这些更好解决方案可有更高的概率繁殖。在每一次迭代，后代通过一系列运行，包括选择、重组和突变，被依次生成。GA可以被归类为一个随机全局搜索算法[119]。这经常需要客观函数去进行快速评估[136]，并且这适用于低维问题[137]。

对于用PBM方法建模的连续结晶工艺，Ridder等[41]用了一个GA技术去计算多目标优化问题的Pareto最优解，这同时最大化了平均晶体尺寸和最小化了变形的系数。Zaki等[138]用ANN模型塑造了盐酸安非他酮负载琼脂纳米球的制备工艺，负载盐酸安非他酮的琼脂纳米球使用于持续的药物释放。根据这个模型，GA方法被应用于优化工艺，名义上是去最小化颗粒粒度、释放效率、最大化装填效率等。Allmendinger等[139]制定了一个约束优化问题去提高色谱纯化工艺的性能（考虑过程成本、时间和产品浪费）。GA模型的四个种类被应用于确定生物制药工艺的最佳装备规模策略。Rostamizadeh等[140]确定了制备一种纳米颗粒类型（用于口服胰岛素输送）的最佳工艺参数，以实现其相对于六个性能指标的最佳性能。Kalkhorana等[141]应用GA方法去估计药物释放模型的参数，这被发展用于预测一种水凝胶给药系统中的药物扩散率。Wang等[142]用GA方法发现了Doxy包合物（一种广谱抗生素药物）的最优配方，这种化合物可以得到最佳的包合效率和水溶液稳定性。使用GA的案例研究可以参考文献[22,39]。

13.4.6　基于代理的优化方法

基于代理的优化（SBO）方法将原始问题视为黑盒过程。相应的一个代理模型被建立为一个快速近似的黑盒过程，并且指导搜索方向到下一个样本点。普遍的优化结构见图13.1（b），并且关于其的描述见13.3.4节。根据代理模型的选择，主要有两个SBO算法：①基于Kriging的方法（有时被称为贝叶斯优化）；②基于径向基函数（RBF）的方法。基于Kriging法的开创性的工作是由Jones[94]提出的有效的全局优化（EGO）算法，其用了一个预期的改进功能作为加密标准去寻找下一个样本点。Jones[55]展现了可以和基于Kriging法一起应用的各种加密标准的研究。经典的EGO算法可以被看出一个"贪婪"的搜索方法。它和动态规划相结合，可以解释余下的评估次数[143,144]。这个先进的方法通过最大化长期回馈找到了最佳策略，并且当采样预算有限时，它呈现出更多的有效性。Gutmann[145]提出了一个基于RBF的方法，这个方法用了一个崎岖不平衡量去寻找下一个样本点。这个方法和文献[55]讨论的Kriging法的单程的方法有着很相似的特点。Regis和Shoemaker[146]发展了一个为黑箱约束优化问题的基于RBF的方法。Regis[147]更进一步地提出了为高维约束优化问题的基于RBF的方法。

在制药工艺中，与其他优化算法相比，SBO方法的应用相对较少。Luna和Martínez[148]使用了Bayesian优化方法去最大化了基于用于模拟生物反应器的动物细胞代谢的混合控制模型的生物质生长。根据一个灌注生物反应器的简化模型，Mehrian等[149]应用Bayesian优化方法寻找最佳的培养更新方案，使生物反应器中的新生组织生长动力学最大化。Boukouvala和Ierapetritou[20]、Wang等[106]为CDC制药生产工艺的优化发展了Kriging法。

13.5 连续直压工艺优化的案例研究

　　为了展示优化算法是如何被用作提高制药工艺的性能的，以CDC工艺作为例子进行展开。这个例子可参见文献[106]。

　　这个CDC工艺的工艺模型是在安装在罗格斯大学C-SOPS的装置的基础上发展的。工艺图见图13.2。两个进料器被安装在系统的连续进料（原料药和辅料）上。API和辅料通过一个锥磨，锥磨里大块的材料被分散。在锥磨后，混合物和润滑剂被一起转移到一个混合机中，在混合机里，物料被持续混合。混合物最后被送到压片机。数学模型的细节见文献[18]。

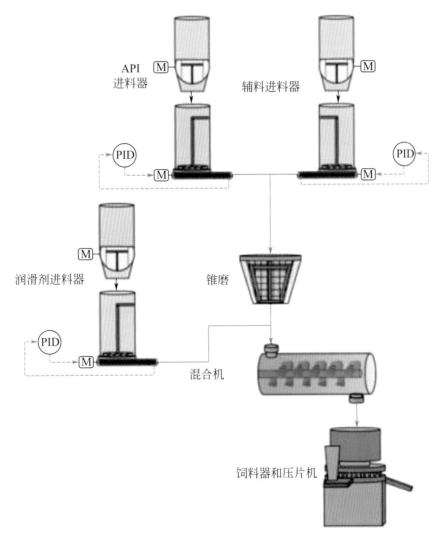

图13.2　连续直压工艺

在文献[106]中，工艺优化问题的描述如下。在工艺达到稳态后不产生废品的约束条件下，寻找使总成本最小的最优操作条件。在这个问题中，总成本包括材料成本、公用系统成本和废物成本。考虑的决策变量包括"API流量设定值"和"API填充策略"。这两个运行条件被选中是因为它们被发现是对工艺可变性最有影响力的[18]。

这个模型的工艺图有一个相对高的计算花费：每个模拟运行花费CPU的时间约在40～60s之间。因此，一个更有效的方法是使用SBO方法去找最优解决方案。Wang等[18]发展了基于Kriging的自我适应采样方法去解决问题。在总共100样本点之后，一个近乎最优的方法被发现了。结果表明一个相对低的API流量设定值和一个高频的API更新是需要的。这是预期的，因为这样的设置对减少基于实验研究的工艺变化是有益的[150]。

为了进一步看到在返回接近最佳的操作条件上运行工艺的益处，用工艺模型去模拟工艺的前1000s。模拟结果见图13.3。从结果中可以看到，产品质量（即原料药浓度、片重、片剂硬度，用实线表示）一旦达到稳定状态，其会在指定的下限和上限内（用虚线表示）。当药片的重量还没有达到稳定状态，唯一被浪费的产品是在开始阶段产生的。图13.3（d）中1表示浪费产品的产生，0为规格产品。因此，通过接近完美的解决方案运行工艺，可以减少总成本的同时满足特定工艺的约束条件。

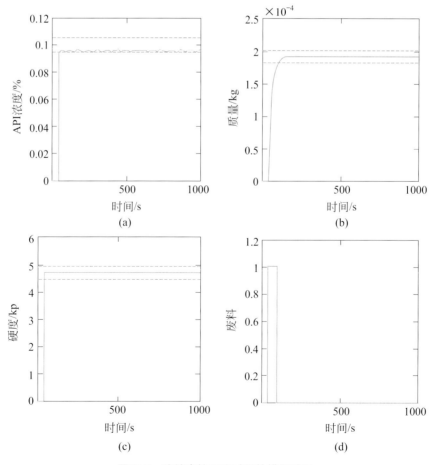

图13.3 连续直接压实过程的模拟结果

13.6 讨论和未来的展望

在这一章，我们讨论了优化制药工艺的发展。首先对不同制药过程中主要考虑的各种目标进行了综述，如API工艺、废水处理工艺、下游压片工艺等。另外，介绍了四种数据驱动模型，数据驱动模型经常应用于制药工艺的两种优化框架下，包括RSM、PLS回归、ANN和克里格法。还概述了几种广泛用于解决优化问题的优化算法，这可能需要或者不需要导数信息。最后，提供了一个优化CDC工艺的案例研究。

和传统化学和石油化工过程工艺相比，在制药工艺发展中优化的应用始终在初始阶段。提高对制药过程的机制理解和模型的预测能力始终存在挑战。从这个角度来看，混合模型（文献[151]）结合了第一原则模型的机制知识和降阶模型的效率，是一个很有前景的优化工具。此外，工艺模型方法，作为整个整合过程的代表，也从研究社群中获得了更多的关注。然而，根据它的高度模型复杂度，它也增加了大规模系统优化的挑战，这涉及了黑盒模型组件，以及潜在的高计算成本。解决这些困难的一个有希望的方法是使用SBO方法。此外，对于制药生产工艺，产品质量的可变性通常是需要关注的一个重要方面。这样的可变性可以通过引入一个随机误差项到模拟中（即随机模拟）来建模。为了解决用黑盒随机模拟优化的挑战，可以使用模拟优化方法。Wang和Ierapetritou[152]在CDC工艺模式的优化中对此进行了研究。

致谢

作者们在此郑重向FDA（DHHS-FDA-1 U01 FD005295-01）以及美国国家科学基金会结构化有机颗粒系统工程研究中心的资金支持致谢。

参考文献

[1]　Food U, Administration D. Pharmaceutical CGMPs for the 21st Century—a risk-based approach. 2004. Final report. Rockville, MD.

[2]　Food, Administration D. Guidance for industry: PAT—a framework for innovative pharmaceutical development, manufacturing, and quality assurance. Rockville, MD: DHHS; 2004.

[3]　Lawrence XY. Pharmaceutical quality by design: product and process development, understanding, and control. Pharm Res 2008;25(4):781−91.

[4]　Khaled SA, Burley JC, Alexander MR, Roberts CJ. Desktop 3D printing of controlled release pharmaceutical bilayer tablets. Int J Pharm 2014;461(1):105−11.

[5]　O'Connor TF, Lawrence XY, Lee SL. Emerging technology: a key enabler for modernizing pharmaceutical manufacturing and advancing product quality. Int J Pharm 2016;509(1):492−8.

[6] Ketterhagen WR, am Ende MT, Hancock BC. Process modeling in the pharmaceutical industry using the discrete element method. J Pharm Sci 2009;98(2):442−70.

[7] McKenzie P, Kiang S, Tom J, Rubin AE, Futran M. Can pharmaceutical process development become high tech? AIChE J 2006;52(12):3990−4.

[8] Rogers A, Ierapetritou M. Challenges and opportunities in modeling pharmaceutical manufacturing processes. Comp Chem Eng 2015;81:32−9.

[9] Kleinebudde P, Khinast J, Rantanen J. Continuous manufacturing of pharmaceuticals, vol. 7703. John Wiley & Sons; 2017.

[10] Zhu H, Zhou Z, Yang R, Yu A. Discrete particle simulation of particulate systems: a review of major applications and findings. Chem Eng Sc 2008;63(23):5728−70.

[11] Wu C-Y, Ruddy O, Bentham A, Hancock B, Best S, Elliott J. Modelling the mechanical behaviour of pharmaceutical powders during compaction. Powder Technol 2005;152(1):107−17.

[12] Chaudhury A, Barrasso D, Pandey P, Wu H, Ramachandran R. Population balance model development, validation, and prediction of CQAs of a high-shear wet granulation process: towards QbD in drug product pharmaceutical manufacturing. J Pharm Innov 2014;9(1):53−64.

[13] Pal TK, Dan S, Dan N. Application of response surface methodology (RSM) in statistical optimization and pharmaceutical characterization of a matrix tablet formulation using metformin HCl as a model drug. Innoriginal: Int J Sci 2014;1(2).

[14] Shirazian S, Kuhs M, Darwish S, Croker D, Walker GM. Artificial neural network modelling of continuous wet granulation using a twin-screw extruder. Int J Pharm 2017;521(1):102−9.

[15] Tabora JE, Domagalski N. Multivariate analysis and statistics in pharmaceutical process research and development. Ann Rev Chem Biomol Eng 2017;8:403−26.

[16] Boukouvala F, Chaudhury A, Sen M, Zhou R, Mioduszewski L, Ierapetritou MG, Ramachandran R. Computer-aided flowsheet simulation of a pharmaceutical tablet manufacturing process incorporating wet granulation. J Pharm Innov 2013;8(1):11−27.

[17] Boukouvala F, Muzzio FJ, Ierapetritou MG. Methods and tools for design space identification in pharmaceutical development. Comp Qual DesignPharm Prod Dev Manuf 2017:95−123.

[18] Wang Z, Escotet-Espinoza MS, Ierapetritou M. Process analysis and optimization of continuous pharmaceutical manufacturing using flowsheet models. Comp Chem Eng 2017;107:77−91.

[19] Singh R, Muzzio FJ, Ierapetritou M, Ramachandran R. A combined feed-forward/feedback control system for a QbD-based continuous tablet manufacturing process. Processes 2015;3(2):339−56.

[20] Boukouvala F, Ierapetritou MG. Surrogate-based optimization of expensive flowsheet modeling for continuous pharmaceutical manufacturing. J Pharm Innov 2013;8(2):131−45.

[21] Biegler LT, Grossmann IE. Retrospective on optimization. Comp Chem Eng 2004;28(8):1169−92.

[22] Velásco-Mejía A, Vallejo-Becerra V, Chávez-Ramírez A, Torres-González J, Reyes-Vidal Y, Castañeda-Zaldivar F. Modeling and optimization of a pharmaceutical crystallization process by using neural networks and genetic algorithms. Powder Technol 2016;292:122−8.

[23] Monteagudo E, Langenheim M, Salerno C, Buontempo F, Bregni C, Carlucci A. Pharmaceutical optimization of lipid-based dosage forms for the improvement of taste-masking, chemical stability and solubilizing capacity of phenobarbital. Drug Dev Ind Pharm 2014;40(6):783−92.

[24] Chavez P-F, Lebrun P, Sacre P-Y, De Bleye C, Netchacovitch L, Cuypers S, Mantanus J, Motte H, Schubert M, Evrard B. Optimization of a pharmaceutical tablet formulation based on a design space approach and using vibrational spectroscopy as PAT tool. Int J Pharm 2015;486(1):13−20.

[25] Sheikholeslamzadeh E, Chen C-C, Rohani S. Optimal solvent screening for the crystallization of pharmaceutical compounds from multisolvent systems. Ind Eng Chem Res 2012;51(42):13792−802.

[26] Zhang C, Huang J. Optimization of process parameters for pharmaceutical wastewater treatment. Pol J Environ Stud 2015;24(1):391−5.

[27] Jolliffe HG, Gerogiorgis DI. Technoeconomic optimization of a conceptual flowsheet for continuous separation of an analgaesic active pharmaceutical ingredient (API). Ind Eng Chem Res 2017;56(15):4357−76.

[28] Abejón R, Garea A, Irabien A. Analysis and optimization of continuous organic solvent nanofiltration by membrane cascade for pharmaceutical separation. AIChE J 2014;60(3):931−48.

[29] Grossmann IE, Morari M. Operability, resiliency, and flexibility: process design objectives for a changing world. In: Westerberg AW, Chien HH, editors. Proc. 2nd international conference on foundations computer aided process design; 1983 [CACHE].

[30] Grossmann IE, Calfa BA, Garcia-Herreros P. Evolution of concepts and models for quantifying resiliency and flexibility of chemical processes. Comp Chem Eng 2014;70:22−34.

[31] Rogers A, Ierapetritou M. Feasibility and flexibility analysis of black-box processes Part 1: surrogate-based feasibility analysis. Chem Eng Sci 2015;137:986−1004.

[32] Rogers A, Ierapetritou M. Feasibility and flexibility analysis of black-box processes Part 2: surrogate-based flexibility analysis. Chem Eng Sci 2015;137:1005−13.

[33] Adi VSK, Laxmidewi R. Design and operability analysis of membrane module based on volumetric flexibility. In: Computer aided chemical engineering, vol. 40. Elsevier; 2017. p. 1231−6.

[34] Finnveden G, Hauschild MZ, Ekvall T, Guinée J, Heijungs R, Hellweg S, Koehler A, Pennington D, Suh S. Recent developments in life cycle assessment. J Environ Manag 2009;91(1):1−21.

[35] Ott D, Kralisch D, Denčić I, Hessel V, Laribi Y, Perrichon PD, Berguerand C, Kiwi-Minsker L, Loeb P. Life cycle analysis within pharmaceutical process optimization and intensification: case study of active pharmaceutical ingredient production. Chem Sus Chem 2014;7(12):3521−33.

[36] Ott D, Borukhova S, Hessel V. Life cycle assessment of multi-step rufinamide synthesis−from isolated reactions in batch to continuous microreactor networks. Green Chem 2016;18(4):1096−116.

[37] Nha VT, Shin S, Jeong SH. Lexicographical dynamic goal programming approach to a robust design optimization within the pharmaceutical environment. Eur J Oper Res 2013;229(2):505−17.

[38] Jeong SH, Kongsuwan P, Truong NKV, Shin S. Optimal tolerance design and optimization

for a pharmaceutical quality characteristic. Math Prob Eng 2013:2013.

[39] Yoshizaki R, Kano M, Tanabe S, Miyano T. Process parameter optimization based on LW-PLS in pharmaceutical granulation Process** this work was partially supported by Japan society for the promotion of science (JSPS), grant-in-aid for scientific research (C) 24560940. IFAC-Papers OnLine 2015;48(8):303−8.

[40] Power G, Hou G, Kamaraju VK, Morris G, Zhao Y, Glennon B. Design and optimization of a multistage continuous cooling mixed suspension, mixed product removal crystallizer. Chem Eng Sci 2015;133:125−39.

[41] Ridder BJ, Majumder A, Nagy ZK. Population balance model-based multiobjective optimization of a multisegment multiaddition (MSMA) continuous plug-flow antisolvent crystallizer. Ind Eng Chem Res 2014;53(11):4387−97.

[42] Ardakani MK, Wulff SS. An overview of optimization formulations for multiresponse surface problems. Qual Reliab Eng Int 2013;29(1):3−16.

[43] Deb K. Multi-objective optimization. In: Search methodologies. Springer; 2014. p. 403−49.

[44] Brunet R, Guillén-Gosálbez G, Jiménez L. Combined simulation−optimization methodology to reduce the environmental impact of pharmaceutical processes: application to the production of Penicillin V. J Clean Prod 2014;76:55−63.

[45] Derringer GC. A balancing act-optimizing a products properties. Qual Prog 1994;27(6):51−8.

[46] Uttekar P, Chaudhari P. Formulation and evaluation of engineered pharmaceutical fine particles of Budesonide for dry powder inhalation (dpi) produced by amphiphilic crystallization technique: optimization of process parameters. Int J Pharm Sci Res 2013;4(12):4656.

[47] Sato H, Watanabe S, Takeda D, Yano S, Doki N, Yokota M, Shimizu K. Optimization of a crystallization process for orantinib active pharmaceutical ingredient by design of experiment to control residual solvent amount and particle size distribution. Org Proc Res Dev 2015;19(11):1655−61.

[48] Chakraborty P, Dey S, Parcha V, Bhattacharya SS, Ghosh A. Design expert supported mathematical optimization and predictability study of buccoadhesive pharmaceutical wafers of Loratadine. BioMed Res Int 2013:2013.

[49] Kermet-Said H, Moulai-Mostefa N. Optimization of turbidity and COD removal from pharmaceutical wastewater by electrocoagulation. Isotherm modeling and cost analysis. Pol J Environ Stud 2015;24(3).

[50] Li Z, Cho BR, Melloy BJ. Quality by design studies on multi-response pharmaceutical formulation modeling and optimization. J Pharm Innov 2013;8(1):28−44.

[51] Solomatine D, See LM, Abrahart R. Data-driven modelling: concepts, approaches and experiences. In: Practical hydroinformatics. Springer; 2009. p. 17−30.

[52] Razavi S, Tolson BA, Burn DH. Review of surrogate modeling in water resources. Water Res Res 2012;48(7).

[53] Wang GG, Shan S. Review of metamodeling techniques in support of engineering design optimization. J Mech Des 2007;129(4):370−80.

[54] Rogers AJ, Hashemi A, Ierapetritou MG. Modeling of particulate processes for the continuous manufacture of solid-based pharmaceutical dosage forms. Processes 2013;1(2):67−127.

[55] Jones DR. A taxonomy of global optimization methods based on response surfaces. J Glob

Optim 2001;21(4):345−83.

[56] Boukouvala F, Muzzio FJ, Ierapetritou MG. Predictive modeling of pharmaceutical processes with missing and noisy data. AIChE J 2010;56(11):2860−72.

[57] Singh B, Kumar R, Ahuja N. Optimizing drug delivery systems using systematic" design of experiments." Part I: fundamental aspects. Crit Rev Therap Drug Carr Syst 2005;22(1).

[58] Elkhoudary MM, Abdel Salam RA, Hadad GM. Development and optimization of HPLC analysis of metronidazole, diloxanide, spiramycin and cliquinol in pharmaceutical dosage forms using experimental design. J Chromatograp Sci 2016;54(10):1701−12.

[59] Sahu PK, Swain S, Prasad GS, Panda J, Murthy Y. RP-HPLC method for determination of metaxalone using Box-Behnken experimental design. J Appl Biopharma Pharma 2015;2(2):40−9.

[60] Sharma D, Maheshwari D, Philip G, Rana R, Bhatia S, Singh M, Gabrani R, Sharma SK, Ali J, Sharma RK. Formulation and optimization of polymeric nanoparticles for intranasal delivery of lorazepam using Box-Behnken design: in vitro and in vivo evaluation. BioMed Res Int 2014;2014.

[61] Kalyani A, Naga Sireesha G, Aditya A, Girija Sankar G, Prabhakar T. Production optimization of rhamnolipid biosurfactant by streptomyces coelicoflavus (NBRC 15399T) using Plackett-Burman design. Eur J Biotechnol Biosci 2014;1(5):07−13.

[62] Agarabi CD, Schiel JE, Lute SC, Chavez BK, Boyne MT, Brorson KA, Khan MA, Read EK. Bioreactor process parameter screening utilizing a plackett−burman design for a model monoclonal antibody. J Pharma Sci 2015;104(6):1919−28.

[63] Sacks J, Welch WJ, Mitchell TJ, Wynn HP. Design and analysis of computer experiments. Stat Sci 1989:409−23.

[64] McKay MD, Beckman RJ, Conover WJ. Comparison of three methods for selecting values of input variables in the analysis of output from a computer code. Technometrics 1979;21(2):239−45.

[65] Huntington D, Lyrintzis C. Improvements to and limitations of Latin hypercube sampling. Probab Eng Mech 1998;13(4):245−53.

[66] Kalagnanam JR, Diwekar UM. An efficient sampling technique for off-line quality control. Technometrics 1997;39(3):308−19.

[67] Owen AB. Orthogonal arrays for computer experiments, integration and visualization. Statistica Sinica 1992:439−52.

[68] Fang K-T, Lin DK, Winker P, Zhang Y. Uniform design: theory and application. Technometrics 2000;42(3):237−48.

[69] Santner TJ, Williams BJ, Notz WI. The design and analysis of computer experiments. Springer Science & Business Media; 2013.

[70] Forrester AI, Keane AJ. Recent advances in surrogate-based optimization. Prog Aerosp Sci 2009;45(1):50−79.

[71] Box GE, Wilson KB. On the experimental attainment of optimum conditions. J Royal Stat Soc Series B (Methodological) 1951;13:1−45.

[72] Khuri AI, Mukhopadhyay S. Response surface methodology. Wiley Interdiscip Rev. Comput Stat 2010;2(2):128−49.

[73] Khuri AI, Cornell JA. Response surfaces: designs and analyses, vol. 152. CRC press; 1996.

[74] Boukouvala F, Dubey A, Vanarase A, Ramachandran R, Muzzio FJ, Ierapetritou M. Computational approaches for studying the granular dynamics of continuous blending processes, 2−population balance and data-based methods. Macromol Mat Eng

2012;297(1):9—19.

[75] Geladi P, Kowalski BR. Partial least-squares regression: a tutorial. Anal Chim Acta 1986;185:1—17.

[76] Wold S, Sjöström M, Eriksson L. PLS-regression: a basic tool of chemometrics. Chemom Intell Lab Syst 2001;58(2):109—30.

[77] Nelson PR, Taylor PA, MacGregor JF. Missing data methods in PCA and PLS: score calculations with incomplete observations. Chemom Intell Lab Syst 1996;35(1):45—65.

[78] Shao J. Linear model selection by cross-validation. J Am Stat Assoc 1993;88(422):486—94.

[79] Eriksson L, Johansson E, Kettaneh-Wold N, Wold S. Multi-and megavariate data analysis. Part I: Basic Princ Appl 2001;2:425.

[80] Rosipal R. Nonlinear partial least squares: an overview. Chemoinformatics and advanced machine learning perspectives: complex computational methods and collaborative techniques. 2010. p. 169—89.

[81] Tomba E, Facco P, Bezzo F, Barolo M. Latent variable modeling to assist the implementation of Quality-by-Design paradigms in pharmaceutical development and manufacturing: a review. Int J Pharm 2013;457(1):283—97.

[82] Agatonovic-Kustrin S, Beresford R. Basic concepts of artificial neural network (ANN) modeling and its application in pharmaceutical research. J Pharma Biomed Anal 2000;22(5):717—27.

[83] Simpson PK. Artificial neural systems: foundations, paradigms, applications, and implementations. Pergamon; 1990.

[84] Rumelhart DE, Hinton GE, Williams RJ. Learning internal representations by error propagation. In: California univ San Diego La jolla inst for cognitive science; 1985.

[85] Ripley BD. Pattern recognition and neural networks. Cambridge university press; 2007.

[86] Yu H, Fu J, Dang L, Cheong Y, Tan H, Wei H. Prediction of the particle size distribution parameters in a high shear granulation process using a key parameter definition combined artificial neural network model. Ind Eng Chem Res 2015;54(43):10825—34.

[87] Masters T. Practical neural network recipes in C++. Morgan Kaufmann; 1993.

[88] Basheer I, Hajmeer M. Artificial neural networks: fundamentals, computing, design, and application. J Microbiol Methods 2000;43(1):3—31.

[89] Orr MJ. Introduction to radial basis function networks. In: Technical report. Center for Cognitive Science, University of Edinburgh; 1996.

[90] Maher HM. Development and validation of a stability-indicating HPLC-dad method with ANN optimization for the determination of diflunisal and naproxen in pharmaceutical tablets. J Liquid Chroma Rel Technol 2014;37(5):634—52.

[91] Patel TB, Patel L, Patel TR, Suhagia B. Artificial neural network as tool for quality by design in formulation development of solid dispersion of fenofibrate. Bull Pharma Res 2015;5(1):20—7.

[92] Li Y, Abbaspour MR, Grootendorst PV, Rauth AM, Wu XY. Optimization of controlled release nanoparticle formulation of verapamil hydrochloride using artificial neural networks with genetic algorithm and response surface methodology. Eur J Pharma Biopharma 2015;94:170—9.

[93] Cressie N. The origins of kriging. Mathemat Geol 1990;22(3):239—52.

[94] Jones DR, Schonlau M, Welch WJ. Efficient global optimization of expensive black-box functions. J Glob Optim 1998;13(4):455—92.

[95]　Rasmussen CE, Williams CK. Gaussian processes for machine learning, vol. 1. MIT press Cambridge; 2006.

[96]　Huang D, Allen TT, Notz WI, Zeng N. Global optimization of stochastic black-box systems via sequential kriging meta-models. J Glob Optim 2006;34(3):441−66.

[97]　Ankenman B, Nelson BL, Staum J. Stochastic kriging for simulation metamodeling. Oper Res 2010;58(2):371−82.

[98]　Boukouvala F, Muzzio F, Ierapetritou MG. Dynamic data-driven modeling of pharmaceutical processes. Ind Eng Chem Res 2011;50(11):6743−54.

[99]　Kleijnen JP, Sargent RG. A methodology for fitting and validating metamodels in simulation. Eur J Oper Res 2000;120(1):14−29.

[100]　Meckesheimer M, Booker AJ, Barton RR, Simpson TW. Computationally inexpensive metamodel assessment strategies. AIAA J 2002;40(10):2053−60.

[101]　Mitchell TJ, Morris MD. Bayesian design and analysis of computer experiments: two examples. Statistica Sinica 1992:359−79.

[102]　Queipo NV, Haftka RT, Shyy W, Goel T, Vaidyanathan R, Tucker PK. Surrogate-based analysis and optimization. Prog Aerosp Sci 2005;41(1):1−28.

[103]　Lin Y. An efficient robust concept exploration method and sequential exploratory experimental design. Georgia Institute of Technology; 2004.

[104]　Shan S, Wang GG. Survey of modeling and optimization strategies to solve high-dimensional design problems with computationally-expensive black-box functions. Struct Multidiscip Optim 2010;41(2):219−41.

[105]　Boukouvala F, Ierapetritou MG. Derivative-free optimization for expensive constrained problems using a novel expected improvement objective function. AIChE J 2014;60(7):2462−74.

[106]　Wang Z, Escotet-Espinoza MS, Singh R, Ierapetritou M. Surrogate-based optimization for pharmaceutical manufacturing processes. In: Computer aided chemical engineering, vol. 40. Elsevier; 2017. p. 2797−802.

[107]　Boggs PT, Tolle JW. Sequential quadratic programming. Acta Numer 1995;4:1−51.

[108]　Schttfkowski K. More test examples for nonlinear programming codes. Lect Econ Math Syst 1987;282.

[109]　Binder T, Blank L, Bock HG, Bulirsch R, Dahmen W, Diehl M, Kronseder T, Marquardt W, Schlöder JP, von Stryk O. Introduction to model based optimization of chemical processes on moving horizons. In: Online optimization of large scale systems. Springer; 2001. p. 295−339.

[110]　Bonnans JF, Panier ER, Tits AL, Zhou JL. Avoiding the maratos effect by means of a nonmonotone line search. II. Inequality constrained problems—feasible iterates. SIAM J Num Anal 1992;29(4):1187−202.

[111]　Bussieck MR, Meeraus A. General algebraic modeling system (GAMS). Appl Optim 2004;88:137−58.

[112]　Fourer R, Gay DM, Kernighan BW. AMPL: a mathematical programming language. Citeseer; 1987.

[113]　Sen M, Chaudhury A, Singh R, Ramachandran R. Two-dimensional population balance model development and validation of pharmaceutical crystallization processes. Am J Mod Chem Eng 2014;1:13−29.

[114]　Acevedo D, Tandy Y, Nagy ZK. Multiobjective optimization of an unseeded batch cooling crystallizer for shape and size manipulation. Ind Eng Chem Res 2015;54(7):2156−66.

[115] Yang Y, Nagy ZK. Combined cooling and antisolvent crystallization in continuous mixed suspension, mixed product removal cascade crystallizers: steady-state and startup optimization. Ind Eng Chem Res 2015;54(21):5673−82.

[116] Gagnon F, Desbiens A, Poulin É, Lapointe-Garant P-P, Simard J-S. Nonlinear model predictive control of a batch fluidized bed dryer for pharmaceutical particles. Cont Eng Pract 2017;64:88−101.

[117] Wang J, Lakerveld R. Continuous membrane-assisted crystallization to increase the attainable product quality of pharmaceuticals and design space for operation. Ind Eng Chem Res 2017;56(19):5705−14.

[118] Emenike VN, Schenkendorf R, Krewer U. A systematic reactor design approach for the synthesis of active pharmaceutical ingredients. Eur J Pharma Biopharma 2018;126:75−88.

[119] Rios LM, Sahinidis NV. Derivative-free optimization: a review of algorithms and comparison of software implementations. J Glob Optim 2013;56(3):1247−93.

[120] Nelder JA, Mead R. A simplex method for function minimization. Comp J 1965;7(4):308−13.

[121] McKinnon KI. Convergence of the nelder–mead simplex method to a nonstationary point. SIAM J Optim 1998;9(1):148−58.

[122] Conn AR, Scheinberg K, Vicente LN. Introduction to derivative-free optimization. SIAM; 2009.

[123] Torczon V. On the convergence of pattern search algorithms. SIAM J Optim 1997;7(1):1−25.

[124] Hooke R, Jeeves TA. "Direct Search" Solution of numerical and statistical problems. JACM 1961;8(2):212−29.

[125] Audet C. A survey on direct search methods for blackbox optimization and their applications. In: Mathematics without boundaries. Springer; 2014. p. 31−56.

[126] Lewis RM, Torczon V. Pattern search algorithms for bound constrained minimization. SIAM J Optim 1999;9(4):1082−99.

[127] Lewis RM, Torczon V. Pattern search methods for linearly constrained minimization. SIAM J Optim 2000;10(3):917−41.

[128] Kolda TG, Lewis RM, Torczon V. Optimization by direct search: new perspectives on some classical and modern methods. SIAM Rev 2003;45(3):385−482.

[129] Grimard J, Dewasme L, Thiry J, Krier F, Evrard B, Wouwer AV. Modeling, sensitivity analysis and parameter identification of a twin screw extruder. IFAC-PapersOnLine 2016;49(7):1127−32.

[130] Besenhard MO, Chaudhury A, Vetter T, Ramachandran R, Khinast JG. Evaluation of parameter estimation methods for crystallization processes modeled via population balance equations. Chem Eng Res Des 2015;94:275−89.

[131] Paul J, Jensen S, Dukart A, Cornelissen G. Optimization of a preparative multimodal ion exchange step for purification of a potential malaria vaccine. J Chromatogr 2014;1366:38−44.

[132] Zuo J, Gao Y, Bou-Chacra N, Löbenberg R. Evaluation of the DDSolver software applications. BioMed Res Int 2014;2014.

[133] Xi J, Yuan JE, Si XA, Hasbany J. Numerical optimization of targeted delivery of charged nanoparticles to the ostiomeatal complex for treatment of rhinosinusitis. Int J Nanomed 2015;10:4847.

[134] Moudjari Y, Louaer W, Meniai A. Modeling of the solubility of Naproxen and Trimeth-

oprim in different solvents at different temperature. In: MATEC web of conferences. EDP Sciences; 2013. p. 01057.

[135] Holland JH. Adaptation in natural and artificial systems. Ann Arbor: The University of Michigan Press; 1975.

[136] Whitley D. A genetic algorithm tutorial. Stat Comp 1994;4(2):65−85.

[137] Kumar M, Husian M, Upreti N, Gupta D. Genetic algorithm: review and application. Int J Inform Technol Knowl Manag 2010;2(2):451−4.

[138] Zaki MR, Varshosaz J, Fathi M. Preparation of agar nanospheres: comparison of response surface and artificial neural network modeling by a genetic algorithm approach. Carbohydr Polym 2015;122:314−20.

[139] Allmendinger R, Simaria AS, Turner R, Farid SS. Closed-loop optimization of chromatography column sizing strategies in biopharmaceutical manufacture. J Chem Technol Biotechnol 2014;89(10):1481−90.

[140] Rostamizadeh K, Rezaei S, Abdouss M, Sadighian S, Arish S. A hybrid modeling approach for optimization of PMAA−chitosan−PEG nanoparticles for oral insulin delivery. RSC Adv 2015;5(85):69152−60.

[141] Kalkhoran AHZ, Vahidi O, Naghib SM. A new mathematical approach to predict the actual drug release from hydrogels. Eur J Pharma Sci 2018;111:303−10.

[142] Wang Z, He Z, Zhang L, Zhang H, Zhang M, Wen X, Quan G, Huang X, Pan X, Wu C. Optimization of a doxycycline hydroxypropyl-β-cyclodextrin inclusion complex based on computational modeling. Acta Pharm Sinica B 2013;3(2):130−9.

[143] Huan X, Marzouk YM. Sequential Bayesian optimal experimental design via approximate dynamic programming. arXiv 2016:arXiv:1604.08320.

[144] Lam R, Willcox K, Wolpert DH. Bayesian optimization with a finite budget: an approximate dynamic programming approach. In: Advances in neural information processing systems; 2016. p. 883−91.

[145] Gutmann H-M. A radial basis function method for global optimization. J Glob Optim 2001;19(3):201−27.

[146] Regis RG, Shoemaker CA. Constrained global optimization of expensive black box functions using radial basis functions. J Glob Optim 2005;31(1):153−71.

[147] Regis RG. Constrained optimization by radial basis function interpolation for high-dimensional expensive black-box problems with infeasible initial points. Eng Optim 2014;46(2):218−43.

[148] Luna M, Martínez E. A Bayesian approach to run-to-run optimization of animal cell bioreactors using probabilistic tendency models. Ind Eng Chem Res 2014;53(44):17252−66.

[149] Mehrian M, Guyot Y, Papantoniou I, Olofsson S, Sonnaert M, Misener R, et al. Maximizing neotissue growth kinetics in a perfusion bioreactor: an in silico strategy using model reduction and Bayesian optimization. Biotechnol Bioeng 2018;115(3):617−29.

[150] Engisch WE, Muzzio FJ. Feedrate deviations caused by hopper refill of loss-in-weight feeders. Powder Technol 2015;283:389−400.

[151] Metta N, Ierapetritou M, Ramachandran R. A multiscale DEM-PBM approach for a continuous comilling process using a mechanistically developed breakage kernel. Chem Eng Sci 2018;178:211−21.

[152] Wang Z, Ierapetritou M. A novel surrogate-based optimization method for black-box simulation with heteroscedastic noise. Ind Eng Chem Res 2017;56(38):10720−32.

第 14 章

固体口服制剂连续制造的监管考虑

Douglas B.Hausner, Christine M.V.Moore

14.1 引言

过去的十年，人们对固体口服制剂连续制造的兴趣越来越大。伴随着FDA批准几种连续制造产品，这种兴趣进一步增强。固体口服制剂连续制造获批产品中，Vertex公司的Orkambi是第一个，随后还有Janssen公司的Prezista、礼来公司的Verzenio以及Pfizer公司和Vertex公司生产的其他产品[1]。其中一些产品随后获得了世界各地多个药品监管机构的批准，其他一些采用连续制造技术的产品预计未来几年也将陆续被推出。

尽管连续制造可将控制水平和生产效率提升到一个新高度，但连续制造相较于批量制造的优势最终要从商业的角度明确，包括清晰的上市路径。一个企业的固体口服制剂（SOD）产品是否要采用连续制造，监管方面的考虑可能是决定性因素。传统方法有一个已知的市场路径，而新技术有不确定性和可感知的风险。当新技术被实践得越多时，路径就越清晰。

由于药品生产的高度监管性质，在引入新技术时，不可避免地会出现与监管预期和监管要求相关的疑问。好消息是，监管机构对连续制造产品的期望与对传统批量制造的产品是一样的，即该工艺能可靠地生产出适合患者的高质量产品。具有挑战性的部分是连续制造的质量保证演示与传统批量制造有很大不同。部分挑战源于对监管要求的不熟悉，以及对新的和不熟悉的方法的恐惧，这可能导致要求额外的支持信息，以及行业认为监管预期更高。

全球各地监管机构都在很大程度上鼓励连续制造技术，行业指导原则还在制定中，他们已经认识到可能存在真实的或可感知的障碍。一些监管机构这样定位，使用新技术（包括连续制造工艺）不同于使用传统技术，监管机构应该在收到提交文件前早早进行讨论。美国FDA设立了新兴技术团队（ETT），欧洲EMA要求他们的过程分析技术（PAT）团队将连续制造纳入他们的职责范围，日本PMDA成立了创新制造技术工作组（IMT-WG）。这种"张开双臂"的方法旨在推广新技术，以缓解应用者所感知的不确定性。

在撰写本章时，人用药品注册技术要求国际协调会（ICH）正在为小分子和大分子连续制造主题开发ICH Q13[2]。更多有关行业标准的工作也在通过ASTM[3]和《美国药典》[4]进行中。此外，为了对药品连续制造的监管预期奠定一个坚实的基础，美国FDA[5]和日本[6]已发布指南草案，监管机构的多次陈述和一些行业/学术界的白皮书也已撰写了此主题[7,8]。

14.2 定义

14.2.1　连续制造与批量制造的比较

在制药行业，所谓的连续制造存在很多困惑和矛盾。部分困惑的原因是不清楚所讨论的连续系统是单个单元操作还是由多个单元操作连接组成的生产工艺。更让人困惑的是，连续制造这个术语被不同的群体用来表示不同的东西。在活性药物成分（API）或生物技术领域，连续制造传统上被用来表示单一的操作，如流动反应器或灌注细胞培养系统。对于固体口服制剂（SOD），连续制造通常描述多个连接和集成的单元操作，通常包括从粉末进入到片剂出来的整个生产过程。本章的连续制造系统的主题集中在SOD生产的集成单元操作，从过程控制和监管的角度提供了特殊的挑战。

经典的化学工程参考文献[9]将连续反应器定义为"以连续的方式加入反应物并同步提取产物"的反应器。这与分批式反应器不同，分批式反应器"先加入所有反应物，然后按照预定的反应程序进行加工，在整个加工过程中不再加入或去除物料"。此外还有其他称为"半批量"或"半连续"的生产操作，即在生产过程中添加物料但不回收物料，如分批补料发酵、湿法制粒。这种化学反应器的思维过程可以用于将术语"连续制造"应用于任何同时加入物料和提取产品的场景。这一定义受规模放大的影响，"盒子"可以围绕单个单元操作或整个过程操作。

固体口服制剂传统制造工艺实际上是一系列单元操作，这些单元操作可以是批次操作（如bin式混合机）、分批操作（如湿法制粒）或连续操作（如压片）。然而生产中每个步骤结束时收集过程中所有物料并停止生产，然后进入下一步骤，在常用术语中，这种操作称为批处理模式。

与此相反，固体口服制剂的连续制造将所有单元操作连接并集成，从根本上消除"间断"操作。在这个过程中物料不间断地流入和流出。系统中大多独立的单元操作本质上是连续的，当然也有一些例外。在某些情况下，多个小批量单元操作可以合并到处理序列中。例如平行小型包衣机或分段式干燥机，物料不断加入一个操作单元，而另一个操作单元在同时处理和流出物料。

从监管的角度来看，当前没有具体要求，因为工艺可以是全部连续或部分连续。为确保产品质量，应基于工艺需求采用不同控制策略。很多情况下，标准的控制策略方法不需要修改，如连续流反应器续接批结晶反应器。然而，为确保产品质量，固体口服制剂产品连续制造的大部分操作设计可能会导致非传统的控制策略，通常更多使用过程中控制和实时控制。

14.2.2 批的法规定义

在英语中，"批"这个词有两个意思，这经常导致与连续制造的混淆。"批"的一个意思是如上所述的制造模式，而第二个意思与生产材料数量有关。批的法规定义仅基于ICH Q7中定义的生产物料数量：

"批或批次是在一个工艺或工艺系列中，所生产的一定的量在特定限度内具有均一性的物料。在连续制造的情况下，批可指生产的一个具体部分。批量的大小既可以由一个固定的量来确定，也可以由一个固定时间间隔内所生产的量来确定。"

21CFR 210.3中也有对"批"或"批次"类似的定义，该法规进一步明确了一个批次是在同一生产周期内由单个生产指令生产的。无论产品是通过"批工艺"还是"连续工艺"生产，批的基本监管概念相同。

与批生产过程相比，为连续制造过程确定一批产品有更多选择，因为有许多可接受的方法。描述一批的一些选择包括：

- 特定时间间隔内生产的所有物料；
- 特定数量的物料进入加工过程中，不考虑花费的时间；
- 特定数量的可接受物料从加工过程中排出，不考虑花费的时间；
- 两个指定的工艺之间产生的所有物料［例如，灌装下游作业的物料量，（如批结晶）］；
- 由申请人定义的其他情况（例如，由单个包装单位原料药制成的产品数量，而不考虑药物制剂的重量）。

批量大小的灵活性是连续制造的一个"诱人"的特点。由于批大小的变更通常是通过变更相同设备上的运行时间来实现的，因此只需要很少或根本不需要进行开发工作就可以确保成功运行。理论上，可以在没有预定义的运行时或批处理大小的情况下操作连续的流程。然而，监管机构多次公开表示，他们的期望是在运行开始之前定义批量大小。一旦运行开始，批量的增加或减少应基于现场的偏差规程进行管理。

在许多情况下，运行固体口服制剂的连续制造单元在设备启动和关闭之间只生产一批。这种运行通常持续几个小时或几天。然而，连续钻机在关闭前可能已经运行数周或数月，并已生产多个批次。跟踪物料的能力对于这种类型的操作至关重要，这样以后发现任何问题都可以适当地与相关批次联系起来。

14.2.3 控制状态和稳态

术语"稳态"和"控制状态"均适用于连续制造，但含义截然不同。ICH Q10将"控制状态"定义为一组控制持续提供过程性能和产品质量保证的状态。一般来说，"稳态"条件是指工艺参数和产品输出属性保持近似恒定，或者这些变量相对于时间的变化率近似等于零。虽然连续制造经常在控制状态和（或接近）稳定状态下运行，但实现控制状态对确保产品质量至关重要。

尽管监管机构经常明确表示，需要在连续制造中实现控制状态，但实现稳态的预期却不那么明确。逻辑支持实现控制状态应该是接受质量产品的监管期望，独立于定义和实现稳态运行。一个过程可能在稳定状态下运行，而产品质量较差，因此不处于理想的"控制状态"。例如，给料机可以在低于其目标值的设定点稳定运行，从而使系统达到稳定状态，同时生产超出规格的产品。作为一个反例，流程可以在不处于稳定状态的情况下实现动态控制状态，例如在连续制造生产线的启动阶段，高度自动化的事件序列导致在生产运行的早期生产高质量的产品[10]。

14.2.4 放大

传统工艺"放大"指的是使用较大设备来实施等效工艺。用连续方式生产固体口服制剂产量放大很少采用这种传统放大的工艺。比较典型的方法是通过增加运行时间、提高吞吐量/速率，或在"数量"上增加生产线。因此，在连续制造中，术语放大可以描述任何形式的产量增加。

虽然可以使用大规模设备来实现SOD连续制造工艺的放大，但这种方法增加了科学和监管方面的挑战。当通过扩大设备来增加产量时，需要使用多个逐渐放大规模的设备进行开发，并需要对不同大小的批量进行工艺验证。

由于连续制造中产量的变更与批生产有很大不同，正如本章14.4节所述，不同的监管方法适用于不同的监管报告和验证。

14.3 为SOD设计和实现连续制造工艺的法规考虑

14.3.1 系统动力学和材料可追溯性

传统批量制造和SOD连续制造的最大区别之一是需要考虑系统动力学。连续制造的时间依赖性不同于批生产。在批单元操作中，进料随时间的变化是无关紧要的，因为转换发生在所有材料引入之后，并在材料退出系统之前结束。例如，在批量bin式混合机中，辅料和原料加入混合机的速率有多快无关紧要，因为混合过程只有在所有物料转移完成后才开始。

质量保证通常在操作完成后实现（如混合均匀性测试），重点是证明空间均匀性。相比之下，对于连续混合设备，材料添加的速率对混合成分至关重要；超出系统设计处理范围的成分流量干扰会直接影响退出系统的产品质量。了解连续系统的时间依赖性是确保产品质量的重要组成部分。值得庆幸的是，有一种评估时间依赖性的方法，这是连续制造的优势之一。在连续制造的情况下，上述类型的扰动可以通过系统进行跟踪，可以预测其对质量的影响，并可以从收集的产品中分离出受影响的产品部分。在批量制造中，影响最终产品质量的干扰或生产问题通常会导致整个批次报废。

描述连续过程的系统动力学最常见的技术是停留时间分布（RTD）的测量和建模[11,12]。RTD描述了物料进入系统的退出时间的概率分布。它还提供了系统中混合量的表征，RTD的宽度与系统中回混的强度成正比。通过测量和建模RTD，追踪材料通过系统的正向函数时间。

RTD有两种非常有益的方式。首先，RTD可以为在同一生产周期下生产的多个批次提供原材料的可追溯性，这是cGMP的要求。其次，RTD可以用来模拟干扰如何通过系统传播。这种模型可以作为隔离不合格材料的控制策略。通过这种方式，在不影响剩余材料质量的情况下，批次的一部分可以被隔离和拒收。

14.3.2 过程监控策略

对SOD的传统批生产和连续制造的法规要求是相同的，以确保工艺可靠地生产出适合患者的高质量产品。主要的区别在于实现它们的控制策略。制药行业已经花费几十年的时间来了解与传统批量SOD生产相关的风险，并制定标准化实践和控制策略，展示如何管理这些风险。虽然某些考虑因素已经变得清晰，特别是与时间相关的工艺可变性，但SOD连续制造控制策略开发仍处于初级阶段。

依据ICH Q10，控制策略是根据对当前产品和工艺的理解，为确保工艺性能和产品质量而制定的一系列有计划的控制活动。控制活动可以包括与原料药、产品物料和组分、设施和设备操作条件、过程控制、成品规程以及相关方法和监测频率有关的参数和属性[13]。

SOD的传统批生产工艺与连续制造工艺最大的区别之一是如何进行混合。由于混合时间干扰的潜在影响，大多数SOD连续制造系统在控制策略中包括实时监控混合均匀性的组件。最常用的方法是光谱法（如近红外、拉曼）和/或RTD建模。

生产过程中的光谱通常由一个或多个探针组成，探针位于整个处理序列中。常用的是近红外光谱分析仪和拉曼光谱分析仪。探针可以位于不同的位置，例如混合后、压片或封装前，或者在片剂进入框架内。为了进行控制操作，将光谱结果解析并反馈到控制器。最简单的设计是在分析仪后面直接设置一个分流点，但这种分流会由于下游流量减少而导致系统不平衡。当分析仪下游发生分流时，RTD模型通常用于跟踪潜在的不合格物料。在这种情况下，物料将继续被加工，并在加工过程中更方便的位置被分离，例如在压片后。

如前所述，RTD模型还可用于检测可能直接导致进料器不合格材料的干扰。在RTD模型方法中，通过系统跟踪来自供料器的扰动，在分流点将适量的物料引到下游。RTD模型方法的一个基本假设是供料器是不均匀性的唯一来源。这种方法只适用于在加工过程中具有较低离析或团聚可能性的成分，因为RTD模型无法预测这些来源产生的不均匀性。

为了确保混合均匀性或其他关键质量属性的一致性，未来的方法可以使用"软传感器"模型，该模型利用过程数据和软件的组合来预测描述系统。这种建模方法包括多变量数据分析和多变量统计过程控制（MSPC），它结合了广泛的工艺参数和物料特性来建立一系列的正常操作。核心假设是，在模型定义的正常范围内运行，将生产出高质量的产品。超出正常范围的操作被标记为非正常操作，表明已失去控制状态和生产质量不合格的产品。虽然笔者不知道目前有哪些将多元方法作为确保商业化生产中产品质量主要方法的例子，但这应该是有的。

无论是直接通过光谱技术还是间接通过RTD模型，测量混合均匀性可以被认为是PAT的一种应用。按照FDA行业指南《PAT——创新药物研发、生产和质量保证框架体系》中定义，"PAT是一个设计、分析和控制生产的系统，通过及时测量（即在工艺中）原材料、过程中材料和工艺的关键质量属性和性能属性，以确保最终产品质量。需要注意的是，PAT中的分析一词被广泛视为包括以综合方式进行的化学、物理、微生物、数学和风险分析"[14]。

非光谱过程数据和相关模型虽然没有化学特性，但通常可以在更快的时间尺度上获取和分析信息，同时比光谱数据更可靠，更容易解释。此外，当与其他数据适当聚合时，非光谱信息可以提供更广泛、更完整的系统状态表征。

当然，除了在连续制造工艺序列中进行混合外，还需要对其他单元操作进行适当的控制。这些单元操作中有许多类似于传统的批量操作（如压片、封装、轮压），并且具有类似于批量制造中使用的本地控制。RTD模型或MSPC模型可以位于单个机组操作控制装置的顶部，以提供整个系统的材料跟踪和过程一致性测量。

连续制造的控制策略可以选择性地纳入冗余控制，例如，在多个位置测量混合均匀性。冗余的一个优点是，额外的传感器有利于早期检测和诊断操作问题。然而，由于数据不一致，冗余控制也可能导致调查数量增加，尤其是如果其中一个测量不太可靠。在纳入冗余控制时，重要的是在质量体系中明确定义如何处理不一致的信息，并预先确定在没有冗余控制的情况下系统可以运行的情况。

总体控制策略的设计应采用整体观点，以确保产品质量。对于许多SOD连续制造系统，存在短期偏差对产品质量产生影响的可能性。了解系统动力学，如通过RTD研究，将有助于确定哪些干扰水平不会因返混而减弱，需要转移。它还将通知过程中和/或最终产品测试的采样频率。考虑潜在失效模式的彻底风险评估对于确定总体控制策略的适用性至关重要。

在提交申请的化学、制造和控制（CMC）部分，应向检查员提供足够的信息，以使其了解控制策略如何确保产品质量。ICH Q8/Q9/Q10 要点考虑文件[15]讨论了申请中提供的信息量。一般而言，提交文件应为拟议的控制策略提供科学依据，并对用于支持其发展的研究进行讨论，包括研究的理由、研究的描述以及结果和结论的总结。

14.3.3 实时放行检测

SOD 的连续制造不需要实时放行检测（RTRT）。然而，与 SOD 连续制造相关的控制策略和高水平的测量通常是 RTRT 方法的自然适用性。RTRT 在 ICH Q8（R2）中定义为：

根据工艺数据评价并确保中间产品和/或成品质量的能力，通常包括已测得物料特性和工艺控制的有效结合[16]。

RTRT 的主要优点包括更短的周期、相应的较低库存以及实时检测问题的能力。

RTRT 可用于所有或仅部分产品属性[15]。许多 SOD 连续制造工艺包括在过程中测量有效成分含量作为控制策略的一部分。在许多情况下，这些信息可以直接支持 RTRT 方法用于含量测定和含量均匀度的论证。此外，对于封闭系统，可以通过过程分析进行鉴别。其他属性，如溶出度，在评估过程中更具挑战性，通常依赖于包含工艺参数和/或物料特性的替代模型。

RTRT 策略与总体控制策略一样，应该从工艺和产品需求的整体角度进行设计。有助于产品质量保证的要素可以包括物料特性的过程中测量、关键工艺参数的监控以及软传感器等其他过程数据。虽然 RTRT 方法可以包括最终产品测试的元素，但在一个设计良好的工艺中，最终产品测试的目的是确认过程按预期操作，而不是作为产品质量的主要保证。在大多数情况下，对过程中产品或最终产品进行100%的测试是不可能实现的，既不具有时间效益，也不符合成本效益，而且从统计角度来看没有增加价值。应进行风险评估，以确保控制策略在处理潜在失效模式方面有效。在确定适当的采样频率和位置时，应考虑系统动力学，以确保高概率检测到故障产品[17]。

在大多数情况下，在线版本的传统离线测试应该作为工艺开发和实现的一部分进行开发和验证。这些测试有多种用途。它们通常被用作开发和验证过程中方法（如近红外光谱）的参考测试。也可作为稳定性试验的测试方法或无标准的研发测试方法。申请人可选择将此类试验纳入其 RTRT 的申请备选方案中[15]。当过程中监测设备出现故障时，经批准的替代方法可允许继续生产。RTRT 的替代控制策略应在监管提交文件中已经过适当验证和证明，包括考虑样本量。

模型申请的详细程度应与模型在确保产品质量方面的重要性相匹配，并在 ICH Q8/Q9/Q10 要点考虑文件中进行了描述[15]。一个低影响的模型，如开发中使用的模型，只需对其使用进行简要描述。对中等影响模型（如冗余过程中控制）的描述应包括模型在控制策略、模型假设、模型方程和模型结果中的作用。提供产品质量指标的高影响模型的描述（如用于片剂含量分析的NIR、溶出度的替代模型）应包括上述信息，以及模型验证的详细信息和整个产品生命周期内对模型验证的高层讨论。在RTRT方法中确保产品质量的大多数模型（如果不是所有的话）将被视为高影响模型。

14.3.4 稳定性数据

无论是针对新的连续工艺还是针对已批准工艺的生产变更，提供稳定性数据的总体监管预期与传统批生产保持不变。这些对新产品的期望在ICH Q1A（R2）中有所概述，其中规定应对至少三个初级批次的药品进行正式稳定性研究，其中至少两个批次属于中试规模，中试规模的定义为至少1/10的完整生产规模或至少100000个剂量单位，以较大者为准。如有必要，应尽可能使用多批原料药，可使用括号法和矩阵法减少与某些方面相关的测试（如不同强度、批次、容器密封）。初级批次的生产工艺预计将模拟商业生产批次，并提供与上市预期相同的质量。

连续制造有一些细微差别，在生产规模放大方面可以减少数据需求，并可增加生产灵活性。如14.2.4节所述，在连续制造中，规模放大通常可在不改变设备大小或类型的前提下，延长批次的生产时间。在这种情况下，很难看到基于运行时间长度的稳定性特征发生变化。因此，"中试批次"的最小1/10限制应与连续制造无关。同样，对于工艺参数的变化，如流速，具有不同的稳定性特征，这是非典型的。虽然科学上可以支持，但避开ICH Q1A（R2）的1/10比例预期，在很大程度上还没有经过测试。

一般来说，用于确定代表性稳定性样品的方法应通过风险评估来证明。风险评估应评估稳定性特征在不同条件下发生变化的可能性（如批量大小/运行时间、流速）。另一个考虑因素是在生产批次内获得样品稳定性的时间（如批次开始、中间、结束）。类似的风险评估方法可用于确定年度稳定性试验的适当样本。

14.3.5 工艺验证

SOD连续制造的工艺验证不可避免会出现一个问题，即需要多少个工艺性能确认（PPQ）批次，规模是多大？这种细节目前在还没有在监管指南提到，预计将来也不会有。一般来说，生产商需要确定必要的批次数量，以证明该工艺能够在商业化生产条件下持续生产出合格质量的产品。工艺验证活动确认控制策略适用于工艺设计和产品质量。PPQ活动必须在产品投放市场之前完成。

虽然FDA指南没有明确规定PPQ批次的最低数量，但其他监管机构，如EMA，一般期望至少有三个生产规模批次，如果有适当的理由并得到中试规模批次的支持，一些监管机构可能会允许更少的数量。虽然理论上所有PPQ批次都可能来自一个连续的生产运行，但这种方法可能无法充分证明启动和关闭的一致性。通常，建议在最大预期运行时间运行至少一个PPQ批次[7]。这种方法有助于揭示在一段较长时间内与材料累积或热量生成相关的问题。

连续制造工艺验证的大多数考虑因素与传统的批量工艺验证相同，例如效用验证、清洁考虑因素、原材料可变性考虑因素以及应用括号方法。对于SOD连续制造的一些特殊考虑因素，如涉及系统暂停和重启的确认、潜在不合格物料转移成功证明，这些方面通常在设备确认活动中进行验证。

在PPQ之后，欧盟（EU）和美国监管机构都希望延长监测期，以支持验证状态。在欧盟，这一阶段被称为"进行中的工艺确证"，而在美国，这一阶段被称为"连续工艺确证"。工艺验证第三阶段的目标是确保在商业生产过程中，工艺保持在验证状态下的控制状态。建议加强监测和抽样，直到有足够数据支持定期抽样的频率。

连续工艺确证（CPV）是传统工艺验证的一种替代方法，在传统工艺验证中，生产工艺性能被持续监控和评估[16]。本质上，CPV结合了第二阶段（PPQ）和第三阶段（持续/正在进行的工艺确证）活动，使得每个批次都类似于一个PPQ批次。许多连续制造设计由于其高水平的集成测量，非常适合CPV方法。事实上，欧盟工艺验证指南指出，"连续工艺确证将被视为验证连续工艺的最合适方法。"即使采用连续工艺确证方法，生产商也应预先确定工艺受控标准和产品投放市场的依据[19]。

本质上，在监管档案中纳入工艺验证和生命周期管理信息的要求，对于连续制造与传统批量制造的要求相同。然而，当连续制造处于早期阶段时，EMA可将其视为"新技术"，并要求在档案中包含生产规模验证数据，除非另有说明[19]。

14.3.6 cGMP的考虑

对于连续制造的大多数cGMP考虑与批量制造相同。当工厂首次实施连续制造时，应审查现有规程和文件，以确保与未来操作的一致性。可能会出现一些小问题，例如"批"一词如何在生产规程和质量体系文件中使用。在质量体系中，可能会存在偏离潜在不合格物料和执行部分批次拒收相关的更显著的差距。

并非所有的偏离都会导致偏差。例如，正常启动和关闭期间的偏离不是偏差。启动和关闭程序一般包含在现场质量体系中，通常包括在操作规程中。在启动、停机和干扰期间，应制定明确的标准，以确定何时收集或转移材料。如果经过适当的调查，确定其质量没有受到影响，则可以确定潜在不合格的偏离物料是可接受的。此类情况的示例可能包括来自污染传感器的错误读数或数据中断。如果可能将分流的物料重新引入产品的其余部分，则需要谨慎分离和跟踪不同的分流事件。可能还需要简化实践和程序，以便能够几乎实时地对偏差作出反应。

连续制造中，执行部分批次剔除的能力与批量制造有很大不同，因为系统过程动力学，部分批次的拒收会影响其余批次的质量。连续制造系统中物料可追溯性提供了一个高水平的置信度，可以检测到潜在不合格材料，并将其与已知可接受材料分离。最后，通过仔细监测和转移质量不高或较差材料来提高产品质量。监管机构已公开表示，连续制造工艺应该有一个定义的最低产量，以确保分流和拒收事件不会过多，并且工艺整体仍处于控制状态。

对于以前没有使用模型的现场，例如PAT或RTRT，需要考虑其他cGMP因素。这些程序应涵盖模型维护、如何处理不规范或不合趋势的结果以及何时进行模型重新校准等问题。

对于批量加工和连续制造，生产结束时的最终产品处置决策是相同的。它包括审查所有生产文件、调查和过程中/放行数据，以确认生产过程处于受控状态，并已生产出可接受放行的高质量产品。所有意外转移事件和其他偏差应在批放行前解决。

14.4 连续制造工艺变更

14.4.1　将已批准的批生产工艺转换为连续工艺

随着SOD连续制造被引入制药工业，这项新技术的首批申请是将已经批准的批量制造工艺转换为连续制造工艺。通过从已经批准的产品开始，制造商有机会获得新设备的经验，并在不确定的监管环境中获得指引，而无须考虑与新产品推出相关的紧迫时间。

在同一个应用程序中同时具有批生产工艺和连续制造工艺，可以最大限度地灵活应对市场需求的变化，并灵活应对设备或制造场地的不可预见情况。目前，很少有连续制造的设备平台能够提供备份功能。随着使用率的增长，预计制药公司和合同制造组织内部都会有更多的设备上线。此外，随着技术的成熟，将会有更多关于不同供应商的设备和控制系统的互换性的资料。最后，在同一时期内，随着监管熟悉程度提高，某些主题可能会更加明确。

ICH Q8/Q9/Q10要点考虑文件[15]支持在一个档案中包含多个工艺的方法，该文件讨论了对同一产品可以采用不同的控制策略，包括不同场地和/或不同技术。只是这一途径并不完全清晰。在尚未采用ICH指南的新兴监管地区，在同一档案中包含多个工艺/控制策略的能力尚未经过试验。此外，EMA关于制剂产品生产指南指出，"使用不同原理且可能会或不会导致过程中控制和/或成品质量差异的替代生产工艺是不可接受的"[20]。本指南旨在识别将某些批生产工艺转换为连续制造工艺的主要障碍（如分批湿法制粒工艺转换为直接压片连续制造工艺）。

从同一个申请程序中寻找来自两种不同生产工艺/控制策略的产品时，患者考虑至关重要。患者、药剂师和其他卫生保健人员难以区分不同工艺制成的产品。两种产品的外观应完全相同，产品性能（如溶出度）应一致。从监管角度来看，产品标签应相同。SOD批生产工艺和连续制造工艺之间的配方不应有添加或移除任何一种成分的变更，以免改变成分列表。

在许多情况下，批生产和连续制造之间配方细微变化的灵活性，对于稳健操作和产品质量一致性可能很重要。如润滑剂硬脂酸镁或薄膜涂层厚度的轻微变化。虽然ICH Q8（R2）或其他法规指南中没有提到"配方设计空间"的概念，但采用这种方法可能有助于提高工艺的稳健性并降低产品的可变性。当然，需要进行适当的体外和/或体内研究，以确保不同配方的生物利用度保持不变。未来在材料理解方面的进步可能会支持前馈控制，即根据原材料特性对每批配方的组成进行轻微修改。到目前为止，一些主要监管地区（即美国、欧盟和日本）的监管机构似乎接受灵活配方的概念，但这在世界其他地区的可接受性仍然未知。

与连续制造中使用的设备相关的变更与其他设备变更一样值得考虑。这些变化将通过化学等效性、批数据比较、杂质分布、药物释放分布和稳定性数据等研究方法进行评估。预计在不改变设备工作原理的情况下将相同的单元操作简单地连接在一起不应构成重大变更，例如，将辊压机与压片机结合。然而，从分批bin式混合设备改为典型的连续式混合设备（如管状桨式混合设备）的变化将构成操作设备原理的变化，因此需要进行适当的监管考虑。

无论是批量制造还是连续制造，产品的质量标准都是相同的。然而，这两种工艺的规程可能会有所不同。例如，连续制造工艺可通过片芯的大N采样试验标准[21]来证明含量均一性，而相应的批生产工艺则使用包衣片测定剂量单位的均匀度[22]。目前，还没有明确的法规标准来说明如何就多个工艺/控制策略的不同规程进行沟通。一些监管机构可能更喜欢多种规格的表格，其他人可能更喜欢具有多个列和/或脚注的单个表格。因此建议在提交之前与监管机构进行沟通。

前文提到的将已批准的批生产工艺转换为连续制造工艺的注意事项也适用于开发阶段转换。早期临床试验阶段采用批生产工艺，后期临床试验阶段采用连续制造工艺，这种现象应该是比较常见的。为尽量减少桥接试验研究，在生产用于支持安全性和有效性研究的关键临床试验批次时，最好使用预期的商业化工艺。正式的稳定性研究应使用在商业化生产场地预期商业化生产工艺的产品进行。

14.4.2　已批准的连续制造工艺场地变更

一般来说，无论采用哪种生产模式，与已批准申请变更相关的法律法规都是相同的。连续制造系统变更在大多数方面与传统生产系统相同，如设计空间内的变化不需要向监管机构报告。然而，现有的许多指导原则是监管机构在考虑批量制造的情况下制定的。例如，FDA关于速释固体口服剂型（SUPAC IR）放大和批准后变更指南规定，如果设备具有相同的设计和工作原理，10倍以内的变更可以通过年度报告报告为1级变更[23]。增加连续制造系统的产量对于10倍的约束没有意义，因为增加的产量是通过延长运行时间来实现的，尤其是对于不具有时间依赖性（例如温度不稳定性）的产品和工艺。未来的法规监管会考虑到采用连续制造工艺技术的情况。

14.5 与监管机构的讨论

一些监管机构已成立专门小组来支持创新技术，包括下文所述的连续制造技术小组。

美国FDA于2014年成立了ETT，并于2017年最终确定了与其程序相关的指南[24]。ETT包括所有FDA药品质量职能部门的代表。该团队的职能是作为申请人在新技术方面的集中联络点，一名团队成员担任审查团队的领导或共同领导。除了与美国FDA的会议之外，还制定了一项操作前审查计划（也称为操作前访问），该计划为工业界在商业生产之前的设施建设提供指导[25]。

2003年，EMA成立了PAT团队，与连续制造相关的问题直接提交至该团队。PAT团队作为小分子、生物技术产品和GMP工作组之间对话平台的角色，并酌情为档案评估和科学建议提供专家意见。

2016年，日本PMDA成立了创新制造技术工作组（IMT-WG）。该小组目的是为可能导致新监管框架的新技术建立共同观点。日本监管机构与工业界和学术界合作，发布了一份关于连续制造的要点考虑文件[6]。

总的来说，建议申请人在开发过程的早期阶段与监管机构进行讨论。通常情况下，需要掌握足够的信息，以便为监管机构准备一份简报包，在高水平上解释通用方法，并提供与实施相关的监管问题。申请人应就其未来发展提供明确的建议，并就监管方面提出具体问题。

生产企业通过早期阶段与监管机构公开对话，规划开发设备、工艺和规程，同时能降低监管风险。

参考文献

[1] Lalloo AK. Regulatory progress in global advancement of continuous manufacturing for pharmaceuticals. Pharm Eng 2019;39(3):29−31.

[2] ICH Draft Guideline Q13. Continuous Manufacturing of Drug Substances and Drug Products 2021.

[3] ASTM E2968. Standard guide for application of continuous processing in the pharmaceutical industry: ASTM.

[4] http://qualitymatters.usp.org/exploring-continuous-manufacturing-technology-and-applications-pharmaceutical-industry.

[5] Draft FDA Guideline. Quality Considerations for Continuous Manufacturing. Feb 2019.

[6] NIHS Points to Consider Regarding Continuous Manufacturing http://www.nihs.go.jp/drug/section3/AMED_CM_PtC.pdf.

[7]   Regulatory perspectives on continuous pharmaceutical manufacturing: moving from theory to practice- https://iscmp2016.mit.edu/regulatory-white-paper.

[8]   USP Accelerating adoption of pharmaceutical continuous manufacturing.

[9]   Perry Robert H, Green Don. Perry's chemical engineers' handbook. 6th ed. McGraw-Hill; 1984.

[10]   Almaya A, et al. Control strategies for drug product continuous direct compression—state of control, product collection strategies, and startup/shutdown operations for the production of clinical trial materials and commercial products. J Pharm Sci 2017;106(4):930−43.

[11]   Gao Y, Muzzio FJ, Ierapetritou MG. A review of the Residence Time Distribution (RTD) applications in solid unit operations. Powder Technol. 2012;228:416−23.

[12]   Weinekötter R, Gericke H. Mixing of solids. Springer; 2000.

[13]   ICH Q10 pharmaceutical quality system. 2009. p. 22.

[14]   USDHHS, FDA, CDER, CVM, ORA. Guidance for industry. PAT- A framework for Innovative pharmaceutical development, manufacturing, and quality assurance. 2004. p. 19.

[15]   ICH Quality implementation working group points to consider (R2) ICH-endorsed guide for ICH Q8/Q9/Q10 implementation.

[16]   ICH. Q8(R2) Pharmaceutical development. 2009. p. 29.

[17]   Lee SL, et al. Modernizing pharmaceutical manufacturing: from batch to continuous production. J Pharm Innov 2015;10(3):191−9.

[18]   ICH Stability testing of new drug substances and products Q1A(R2). 4 ed. ICH; 2003. p. 24.

[19]   EMA Guideline on process validation for finished products - information and data to be provided in regulatory submissions. Nov 2016.

[20]   European Medicines Agency Guideline on manufacture of the finished dosage form.

[21]   European Pharmacopeia 2.9.47 Demonstration of uniformity of dosage units using large sample sizes.

[22]   USP <905> Uniformity of Dosage Units.

[23]   FDA SUPAC-IR Immediate-Release Solid Oral Dosage Forms: Scale-Up and Post-Approval Changes: Chemistry, Manufacturing and Controls in Vitro Dissolution Testing and in Vivo. Bioequivalence Documentation.

[24]   FDA. CDER advancement of emerging technology applications to modernize the pharmaceutical manufacturing base guidance for industry. September 2017.

[25]   FDA Field Management Directive 135 Pre-Operational Reviews of Manufacturing Facilities.

第 15 章

连续制造案例研究

Eric Sánchez Rolón,Mauricio Futran,William Randolph

15.1 引言

FDA 最近批准了几项现有产品工艺从批次制造到连续制造的变更。这些变更中，包含了连续制造的生产模式以及实时放行中使用 PAT 技术中的 NIR 光谱，这一技术是用于替代传统理化检测的技术。

这一里程碑的达成更多的是依靠制药行业与学术界紧密合作的形式。依据我们的经验，本章中描述的产品工艺转化通常需要各方通力合作，包括制药公司在波多黎各的分公司、新泽西的拉尼坦学校、供应链组织，并包括监管、质量、生产、工程和其他技术部门的参与。

学术界在这种项目中的作用更多的是与公司产生一种双赢的机会。这不仅能够帮助我们加深对连续制造的理解，并且可以在与业内人员就有关项目的互动中培养更加专业的研究人员。

本章的主要目的是描述合作的方法。这定义了从小试研究到生产转移中的多个技术实施和验证阶段，这些都是在图拉博大学的杨森供应链部门中实现的。本章包含了工程设计、分析方法开发、工艺设计以及技术转移的部分、技术转移中又包含了在商业化生产车间的工程管理以及在药监部门的补充新药申请提交流程。

15.2 产品选择标准

从以下 4 个方面考虑来选择将批次制造工艺变换成连续制造工艺：产品的生命周期的立场、经济收益、现有产品设计以及产品稳健性和工艺知识理解。

15.2.1　产品生命周期的立场

在项目的初始阶段，备选产品应当处于其生命周期的增长阶段。

15.2.2　经济收益

项目收益是基于内部收益（%IRR）和净现值（NPV）的计算结果。所有的经济指标都应在项目初始阶段处于正值。

15.2.3 现有产品设计

产品配方由五种众所周知的特性良好的成分混合而成。该配方的简单性及其物料组成有利于加工性能以及实时放行检测技术（RTRT）的实施。

15.2.4 产品稳健性和工艺知识理解

地瑞那韦（Prezista）是2007-08 FDA质量源于设计（QbD）注册工艺中的一个。在QbD阶段，我们获得了大量的对工艺的理解，这也构成了将其转换成带实时放行检测的连续制造工艺过程中的基础。提交的QbD文件中包括了一系列的实验设计（DoE），以此为基础形成了对物料性质，包括原料药粒度分布优化对溶出度影响的理解和下游连续制造工艺信息。同时也包括了利用风险分析要素。另外，针对连续制造工艺和PAT技术整合方面的风险分析，提供了对地瑞那韦改进到集成了PAT的连续制造工艺时的工艺稳健性的保障。

15.3 工艺开发、PAT开发以及与研究院校合作的方法综述

在工艺开发过程中，与研究院校合作，关注于针对产品关键质量属性（CQA）的相关的关键工艺参数（CPP）的评估。这也使得能够对可能影响产品质量的变量进行确认。物料特性关注于混合后的物理和光谱特征以及后续操作单元、压片和包衣。这对理解这些属性如何影响下游工艺的性能提供了重要信息。

连续制造工艺要求对关键中间体和最终产品质量的特性以及工艺条件进行详细的描述。这些物料特性是产品对物料/设备之间反应敏感性的指标，并且是在压力条件下物料在整个生产单元中经历的表现。连续制造工艺中考虑的物料信息是从工艺开发研究中收集到的，并将其与CPP联系在一起。这些CPP与CQA的联系成为了连续工艺的设计空间（以及后续的控制空间）的基础，并且保证了在使用连续制造和批次生产的质量一致。这种设计空间允许最大化的产品质量预测性和更小的波动。

连续制造中，操作单元的参数化设计空间的开发，例如进料（物料加入和转移）、混合、压片以及片剂包衣，要求关注设备中物料流动和压力区域，并且要评估可能导致物料质量变化的因素。在连续制造工艺条件开发中的大量可行性研究，以及操作参数和中间体质量属性的研究需要一个多变量、多维度的实验设计方法。

我们的学术合作伙伴的实验室作为初始工艺开发和可行性研究以及PAT开发活动的设施。

本章定义了 CM 生产线开发和可行性研究所采用的方法，以及为开发必要的 PAT 方法而开展的工作。

15.3.1　与研究院校合作开发连续制造工艺

接下来这一节提供了工艺开发的一种方法。

15.3.1.1　原材料特性和进料器性质

对物料性质的评估，例如流变学或者电特性，保证了在可行性研究中物料经过双螺杆进料时不会对物料功能造成影响。图15.1显示了所进行的一些相关流变学试验结果的汇总。原材料的流变数据提供了评估物料进料性能的优秀的数据基础，这使得可以选择为达到适当的物料分散性质而优化进料设置。图15.2显示了物料在双螺杆进料前后的流变特性，所有原材料均实现了最佳进料条件，当物料通过进料器时，对材料流变特性的影响可忽略不计。

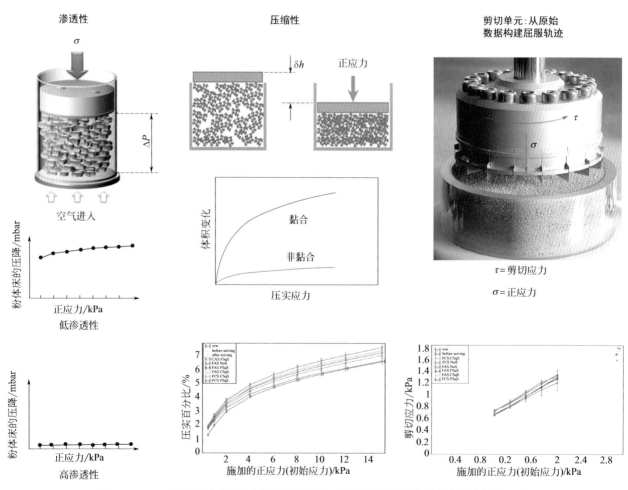

图15.1　FT4 流变仪试验用于表征材料流变性，并分析单位操作对粉末流变性的影响

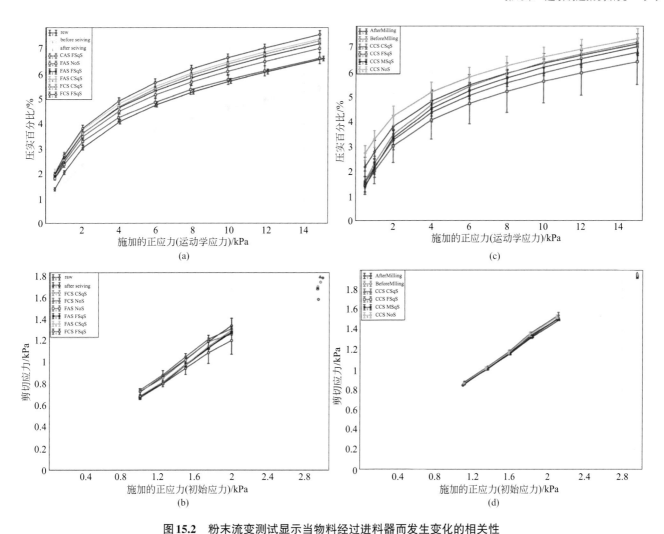

图 15.2 粉末流变测试显示当物料经过进料器而发生变化的相关性

对于主要辅料而言，（a）和（b）显示了螺杆进料器设置条件对可压性（a）和剪切屈服位点（b）的影响。
对原料药［（c）和（d）］也进行了同样的试验，相同的测试显示了降低的影响

15.3.1.2 原料失重式进料器的性质

DoE方法确定了最佳进料器设置、使每种材料的进料性能最佳。进料器分配速率测定使用了一个独立的、自动的进料器进料速率（捕获量表）。进料设备条件包含：螺杆种类（螺旋与凹面）、螺杆腔容积（粗与细）、进料器出口筛网配置以及进料速率设定。图15.3显示了进料器各个参数间的组成表，DoE的实验设计方法适合于确定每种原材料的双螺杆进料参数。螺杆设计组合的选择标准为进料速率试验范围的最小RSD［图15.3（d）］。

15.3.1.3 混合系统性能特性

另一项DoE提供了定义混合机桨叶配置、几何形状和方向。管式混合机的混合桨轴可以进一步进行优化配置。针对混合机的研究包括了混合桨叶的几何性质、桨叶组合形式、物料流动方向（正向或反向），以及桨叶在轴上的分布。另外，研究也包括了对混合机转速的评估。对乙酰氨基酚（APAP）替代物料，提供了一种性能与产品配方相似的测试物料。对乙

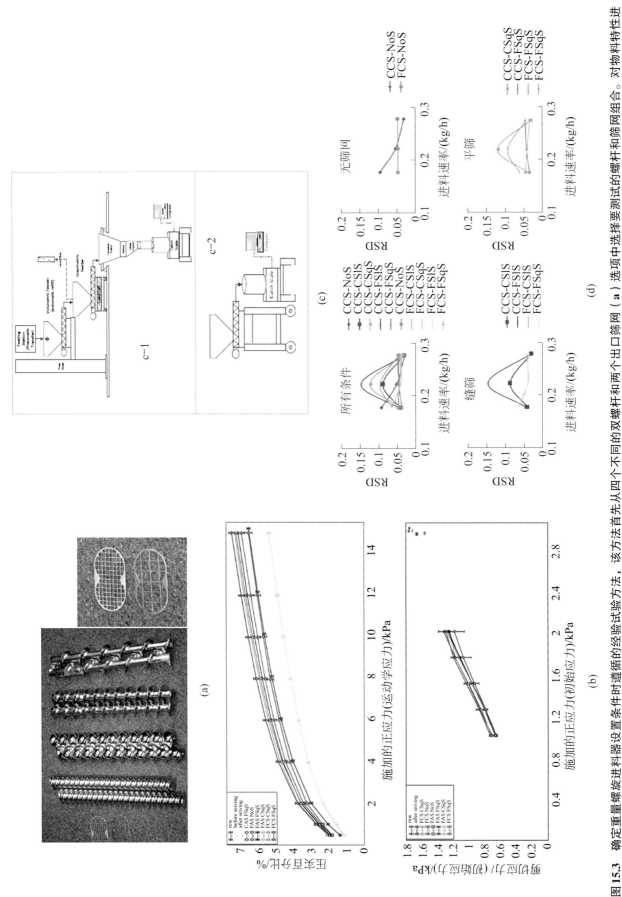

图15.3 确定重量螺旋进料器设置条件时遵循的经验试验方法，该方法首先从四个不同的双螺杆和两个出口筛网组合。对物料特性进行分析，以确定条件对材料料流变性的影响（b）。使用校准过的称量系统对重量进料过程中的物料流量变化进行了评估，显示了在自动进料器布局（c-1）或手动进料器布局上独立于重量进料量控制回路分配的相关信息。所有设置条件均对物料分配分散的 **RSD** 值进行了评估（d）

酰氨基酚（APAP）的不同配方含量为评估混合机的设置条件提供了测试范围。图15.4显示了混合机研究元件汇总图。实验设计［图15.4（c）］充分评估了桨叶配置对混合性能的影响，并能够确定有效的桨叶配置。研究表明，在两种测试浓度水平下，如果在所有桨叶位置安装了大的、有角度的桨叶几何结构，排列顺序为三分之一前向桨叶，三分之一反向桨叶，三分之一前向桨叶，可以提供最佳的API分布。图15.4（d）显示了混合研究的结果，图15.4（a）显示了试验设计，而图15.4（b）显示了不同叶片形状的评估研究。

(a)

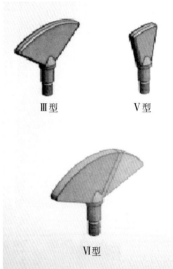

(b)

桨叶	桨叶配置
有角的	正向
有角的+平整的	正向
有角的+平整的	1/2正向+1/2反向
有角的+平整的	1/3正向+1/3+1/3正向
有角的+小型的	正向
有角的+小型的	1/2正向+1/2反向
使用Avicel PH200MgSt和APAP对上表所述桨叶和桨叶配置进行了下述实验	
转速/(r/min)	进料速率/(kg/h)
112	15
112	45
286	30
495	15
495	45

(c)

高API含量混合机配置实验				
混合类型	桨叶样式	平均值(n=5)	SD(n=5)	RSD/%
有角的	全向前	28.92	0.59	2.03
有角的+平整的	全向前	30.48	0.46	1.51
有角的+小型的	全向前	30.02	0.63	2.08
有角的+平整的	1/3配置	29.76	0.56	1.88
有角的+小型的全向前	1/2配置	30.12	0.65	2.15
低API含量混合机配置实验				
混合类型	桨叶样式	平均值(n=5)	SD(n=5)	RSD/%
有角的+平整的	全向前	5.20	0.45	8.60
有角的+平整的	1/3配置	4.71	0.39	8.28

(d)

图15.4 采用实验方法对混合机进行优化（a），包含对多种桨叶配置的分析（b），结构化设计的实验方法（c）。研究结果显示，当桨叶按照1/3正向、1/3反向以及1/3正向的轴向布置配置时，有最小的含量变化

15.3.1.4 混合物料转移以及PAT集成

混合过程监测采用NIR光谱是研究院校实验室中进行的部分。在合作的研究院校实验室中首先进行的是监测接触面设计和连续制造整合评估。评估包括监测频率间隔、混合过程光谱仪采样，以及传感接触面的几何结构与传感准确度和控制策略的相关性。光谱模型评估包括过程/传感关键变量对其可预测性的影响。图15.5是本研究评估使用的传感元件的组合图。

研究显示，最佳的呈现方式是光谱仪，包括在目标质量流量下通过1英寸的管状通道垂直转移混合物。图15.5显示已研究的不同采样面几何形状。

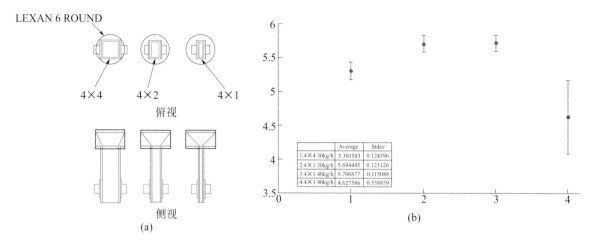

图15.5　监测接触面研究包括了两种主要几何形状结构。长方形结构中，物料流动被限制在一个方形管内（a）；菱形结构中，粉末以在内壁上滑过的形式来通过，混合机监测接触面（b）。对于采样窗（a）中心所示的1英寸间隙矩形结构，混合预测的准确度得到优化。由于侧面存在材料流动问题，菱形结构无法进行研究

15.3.1.5　实验压实设计、片芯工艺分析技术开发和集成生产线运行

这是在研究院校实验室所做的连续制造可行性研究的最后阶段。这项研究为整合所有CM工艺知识提供了手段，这些知识建立在之前的评估中，并进入最终的工艺设计和可行性研究。DoE方法为混合单元操作（混合机速率和处理量）的评估提供了基础，包括可压性研究和最终产品质量属性。图15.6提供了研究中包括的DoE变量的摘要。从实验设计和综合生产线测试中获得的结果证实了连续制造工艺与传统批次生产工艺的等效性。两种工艺之间产品理化性能的比较为设计空间的确认提供了基础。图15.7提供了所得结果的摘要。比较的基础包括片剂可压性分析以及在调节和生理介质中的溶出曲线可比性评估。可压性分析结果如图15.7（a）所示，溶出结果如图15.7（b）和（c）所示。获得的结果证实了研究院校连续制造生产线生产的产品与工厂批次生产工艺产品的等效性〔图15.7（d）〕。

		30kg/h					40kg/h		
		片剂硬度/kp					片剂硬度/kp		
		24	22	18			24	22	18
	200	2	1	3		200	2	1	2
混合机速率/(r/min)	150	1	2	1	混合机速率/(r/min)	150	1	2	1
	100	1	1	2		100	2	1	2

图15.6　设计空间研究为评估已建立的CPP提供了基础，以实现证明连续制造产品与传统批处理产品等效性的目标。评估的参数为线速度（2级）、混合机速率和药片硬度（3级）

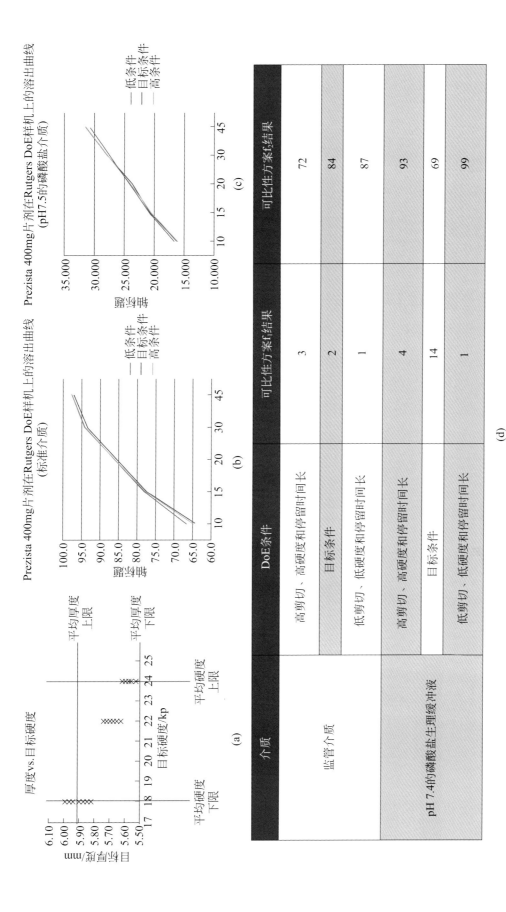

图15.7 设计空间研究结果表明，连续制造生产线获得的片剂的物理特性与当前批次生产工艺规范（a）定义的波动范围相关。片剂在标准介质或生理相关介质中的溶出度在设计空间CPP的评估范围内[（b）和（c）]显示出很小的波动。还将溶出曲线与批次的参考生产工艺的参考批次独立可比性结果满足可比性要求

15.3.2 PAT和近红外光谱可行性研究

本节讨论来自我们学术合作伙伴实验室的PAT方法开发和转移策略。研究院校团队提供了光谱技术评估所需的资源和知识，用于分析过程中材料和工艺开发过程中制造的成品。

尽管该项目基于先前的工作[3-11]，但PAT技术转移需要额外的研究活动，以使方法适应商业化生产。

此外，随着项目的发展，重要的工艺知识和理解致使分光光度化学计量模型的优化。该优化使这些模型能够在完整的RTRT实现中替代湿化学分析测试方法。

研究院校的分析团队开展的活动如下：

15.3.2.1 预开发活动（可行性研究）

团队使用不同的光谱系统（不同分辨率和波长的PAT分析仪、拉曼光谱）对原材料和中间材料进行光谱分析。在这一阶段，分析团队评估了原材料、中间体和片芯产品的光谱特性，以提出开发预测模型的最佳光谱选项。图15.8显示了在此阶段收集的信息的汇总。总之，原材料的光谱特性，特别是API和配方特性，表明近红外光谱是中间体（混合物）和成品（片芯）化学计量学评估的来源，以确定其特性和API含量预测。

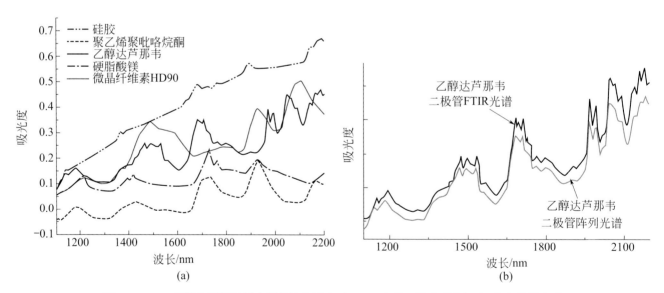

图15.8　PAT开发包括原材料光谱特性分析（a）、NIR光谱不同选项分析（b）和拉曼光谱

15.3.2.2 熟悉近红外过程分析技术分析仪（近红外PAT工具）

在可行性阶段，研究院校的分析团队实验室拥有与连续制造生产线实施过程中使用的光谱仪相同的仪器，并帮助确定Janssen工厂的光谱收集参数和程序。对于混合工艺监测，我们使用了布鲁克矩阵漫反射光谱仪，对于片剂检测，我们使用布鲁克MPA透

射光谱仪。图15.9提供了有关NIR光谱仪及其在我们的控制策略设计中应用的附加信息。图15.9（a）和（b）显示了仪器和监测参数。图15.9（c）显示了用于确定片剂API的透射近红外仪器，该仪器与片剂自动测试仪［图15.9（d）］一起使用，构成了控制策略的基础。

(a)　　　　　(b)

(c)　　　　　(d)

图15.9　研究院校分析实验室团队对近红外光谱仪设备进行了评估，包括带有传感/发射头和光纤系统的光谱仪［（a）和（b）］和台式平板光谱仪（c），该光谱仪提供了片剂API含量预测，该预测与自动片剂测试系统相结合，为生产线（d）提供了过程控制策略

15.3.2.3　实验配方设计中基于重量分析的化学计量学模型的建立

实验室使用漫反射近红外模式评估混合物，并使用透过率评估片剂。通过混合辅料、原料药和润滑剂来制备校准样品组（CSS）。在制备这些校准样品之前，共制备了五组空白样品。统计DoE软件"Modde软件"提供了一种D-Optionmal DoE方法，用于开发分析使用的多元分析偏最小二乘（PLS）模型API含量预测。模型验证采用了留一交叉验证方法。方法转移到连续制造生产线需要对模型和光谱收集参数进行细化，详细信息将在本章后面讨论。

15.3.2.4　动态采样下校准模型的评估

研究院校PAT实验室团队使用传送带模拟连续制造混合机的混合运动。由研究院校团队开发的NIR校准模型的分析包括在若干生产流速下的预测挑战。传送带允许在移动时采集单个代表性单位剂量的光谱。试验条件如下：

测试使用了一个11.25英寸长、3英寸宽、2英寸深的盒子来放置粉末。

装满混合材料的盒子在与Bruker FT-NIR Matrix Instrument Q412发光头对齐的传送带上移动。光谱采集模拟了混合物在连续线上的运动。

传送带以约9mm/s的线速度移动，该速度类似于连续制造线处的粉末移动。

图15.10显示了本研究的实验装置。图15.10（a）显示了粉末在不同线速度下可获得的扫描次数。图15.10（b）是仪器光谱信号的图片，而图15.10（c）是传送带的解析。表15.1和图15.11显示了PLS模型预测静态［图15.11（d）］与动态样本［图15.11（a）～（c）］的得分图。与静态采样相比，当粉末移动时，PLS模型低估了活性成分的含量。后者预测的API含量值更接近实际含量。得分图显示，从大多数动态样本获得的得分超出主成分分析（PCA）模型马氏距离95%置信椭圆。另外，静态样本在得分图置信椭圆内。这是本实验的一个非常重要的贡献，因为它首次洞察了动态环境中化学计量学模型开发的重要性。

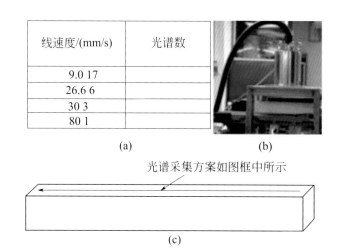

线速度/(mm/s)	光谱数
9.0 17	
26.6 6	
30 3	
80 1	

(a)　　　　　　　(b)

光谱采集方案如图框中所示

(c)

图15.10 用于评估基于活性药物成分含量预测模型动态传感性能的实验装置证明了样品移动对含量可预测性的影响，以及在模型校准样品集中包含该样品呈现方面的必要性

实验包括不同线速度下的光谱收集（a）。光谱仪发射头（b）放置在传送带的顶部，那里有一个盒子（c）通过发射头束的路径，允许以不同的线速度收集光谱

表15.1 基于静态样本的偏最小二乘模型定量分析证实了与静态样本呈现

（下表部分）相比，移动采样方案（上表部分）施加的偏差。尽管所有这些测量都是在重复和独立事件中对同一样本进行的，但与理论浓度相比，移动样本预测的浓度低于预测。另外，在静态条件下测试的样品显示预测更接近理论浓度

动态样本预测（2个参数）

批次编号	样本量	浓度	均值预测值	均值残值	标准偏差
A	153	52%	48.02	3.98	1.70

静态样本预测（2个参数）

批次编号	样本量	浓度	均值预测值	均值残值	标准偏差
A	33	52%	52.32	−0.32	1.15
A	42		50.25	1.75	2.27

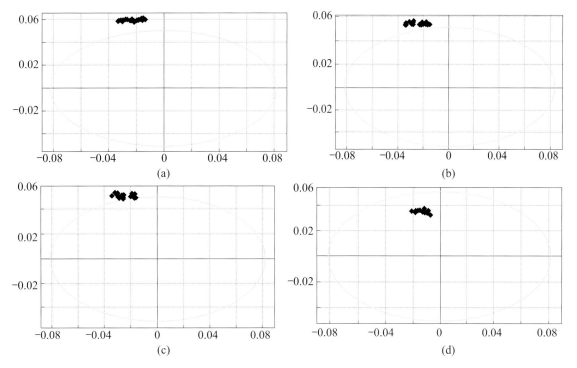

图 15.11　此处显示的结果为主变量的两个分量的主成分分析（PCA）得分图

使用静态样本构建的PCA模型预测了移动传送带的不同样本浓度水平，呈现了模型马氏距离椭圆［（a）～（c）］之外的混合样本。
另外，当静态采集相同混合的样本时，样本分数落在模型椭圆（d）内

15.3.2.5　用Bruker MPA预测片芯中API含量的校准模型的开发

作为可行性阶段目标的一部分，研究院校的PAT实验室团队提供了预测核心片剂中API含量的初步模型。对于CSS样品制备、模型开发和交叉验证，团队采用了类似的方法进行混合（采用留一交叉验证的D-最优设计）。就片剂而言，基于透射或漫反射的模型比较提供了有关模型预测准确度和精密度的信息。使用高效液相色谱法作为NIR的主要参考方法，建立了NIR的PLS回归的校准模型，液相色谱法作为PLS模型回归的主要参考方法。结论是，由于使用光谱采集的透射模式获得的片剂光谱信息丰富，透射模型优于漫反射模型。

上述一系列活动构成了研究院校实验室对产品的连续制造工艺和PAT开发的可行性和早期开发阶段的综合贡献。研究院校的实验室实现了Janssen设定的所有目标，该阶段积累的经验为设计位于Gurabo的Janssen工厂所需的流程开发活动提供了良好的基础。

以下部分讨论了所选产品转化为具有PAT和RTRT功能的CM技术的最终开发阶段。

15.3.3　Janssen的最终工艺和PAT开发活动

我们的研究院校实验室在粉末直压连续制造技术方面开展的工艺开发活动的经验教训是设施设计的基础。Janssen工厂的生产线与我们研究院校实验室的原型生产线非常相似。由我们研究院校合作伙伴建造的连续制造生产线的设计是其多年研究的成果[12]。作为制造合作伙

伴的Janssen代表也对设计做出了贡献，特别是在减少爆炸风险和线路安全的工程控制方面。它还确保了设备和设施能够为研究院校实验室环境提供相应的支持。

15.4 基于研究院校合作伙伴的连续制造线的Janssen 连续制造线设计

在CM可行性计划完成后，我们为安装在位于PR Gurabo的Janssen工厂的商业生产线的设计奠定了坚实的基础。图15.12比较了两条线，图15.12（a）显示了研究院校实验室线的实景照片，而图15.12（b）显示了Gurabo线的设计建筑图。

这两条线有3处主要区别。第一个区别在于给料操作：Janssen的生产线布局更为复杂，具有多个物料进料器、额外的物料输送能力，以及学术实验室设计中未包括的补充站❶。第二个区别在于研究院校实验室生产线设计中缺少转移和包衣操作。Janssen生产线的连续制造工艺包括片剂转移和包衣操作，以增加将这些操作整合到连续工艺中的效益。第三个不同之处是使用最先进的自动化技术整合生产线。当进行可行性研究时，研究院校的实验室内的设备被整合起来。商业制造环境的需求要求在Janssen生产线的设计中引入分布式控制系统（DCS）。西门子PCS7的DCS集成PAT解决方案为我们的商用连续制造生产线的全自动化提供了基础。

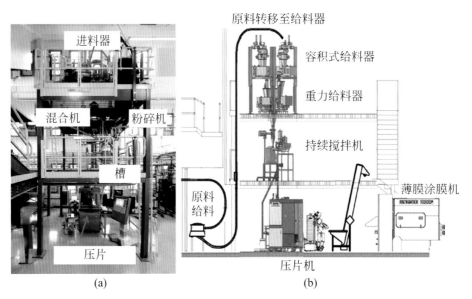

图15.12 在学术合作者实验室构建的直压工艺模式下的药物固体制剂连续制造线设计（a）为Janssen建造的连续制造线（b）提供了设计原型
一般而言，进料、粉碎、混合、混合料传送槽和压片机在两条生产线中均采用重力进料设计垂直安装。Janssen的生产线 ［（b）中的非彩色内容］中还包括其他功能，包括上游材料转移真空系统及下游片剂转移和薄膜包衣单元操作

❶ 在加料和混合操作部分进一步讨论。

原型工艺设备和商用设备之间的差异虽然很小，但需要从设计测试角度进行额外评估，并进行结构化鉴定。该活动还需要严格的项目管理，以及一支致力于实现项目目标的专业团队的大量时间和精力。

15.5 美国FDA批准的第一批向连续制造工艺转型的项目

Janssen第一个产品从批量制造转换为连续制造生产的设计、安装、调试和技术转让项目需要完善的项目管理工具来实现目标。该项目的实时放行模块消除了样品产品耗时的实验室测试，并允许在生产过程中同时对产品进行分析。

连续制造工艺固有的与运营效率相关的好处，加上实时放行的优势，引领了业务案例。这导致了财务指标（净现值和内部收益率）的有利预测，包括现已证明的商品成本降低。表15.2总结了如何构建项目的商业案例。

使用完美的项目执行（FPX）方法是该项目成功的关键。FPX是一套促进良好项目管理实践的工具，通常由Janssen项目经理使用。FPX方法为复杂项目的执行提供了指南，并在一定程度上保证了成功（图15.13）。FPX基于四项良好的项目管理原则（图15.13A～D），其应用如下。

表15.2 连续制造生产与批次生产的优势对比

工艺元素	批次与连续制造净收益
分析检测时间	降低33%
生产区域占地面积	降低50%
产品累积性浪费	降低50%
资金投入	降低40%
生产周期	降低75%
产品放行时间	降低30%
产品成本	降低50%
工艺采样评估	增加93%
工艺理解和中控点位	增加50%

注：项目商业案例包括影响成本和质量要素的几个要素。确定的效益中，包括运营效率（减少分析和制造周期）、资本优化（最小化制造足迹和减少资本投资）、减少浪费（销售商品的产量和成本）和质量改进（过程评估和过程知识改进）。

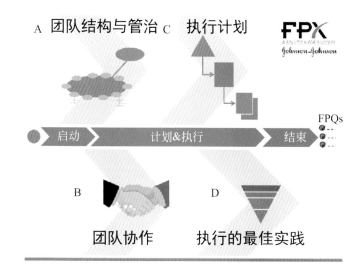

图15.13 连续制造线项目采用Janssen无缺陷项目执行计划进行管理，为项目提供了良好的项目管理基础
项目原则包括形成支持各级项目执行的治理结构（A），它促进了一个协作环境，该环境从项目执行的一致性和共识原则（B）开始，围绕计划（C），在健全的项目管理工具和实践（D）下执行

15.5.1 团队结构和管理

连续制造项目团队是一个多学科团队，采用矩阵方法组建，团队成员可能有子团队，也可能没有子团队。团队领导能力定义明确，确保团队保持在实现最终项目目标（FPO）的要求中。该团队还有一位发起人，负责促进业务部门之间的团队互动。发起人通常是组织中的高级领导（图15.14）。

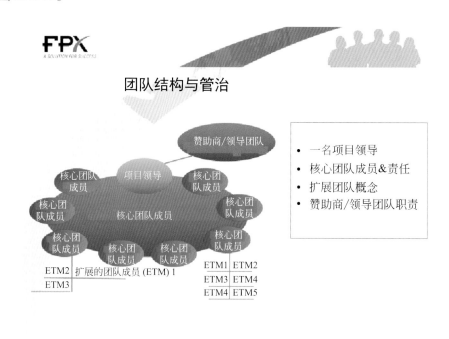

图15.14 项目团队管理结构是在项目启动的早期定义的
项目团队是由多功能成员组成，这些成员单独行动或作为执行子团队的代表。在工艺开发活动中，关键的可交付成果由工程师和科学家组成的小组完成

15.5.2 团队协作

项目启动后，团队根据项目需求创建了一系列FPO。团队经过讨论后同意这些目标，并将其用作项目执行和完成的指导（图15.15）。

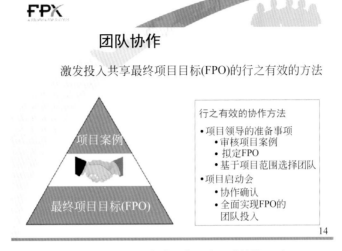

图15.15 团队组建过程中团队一致性的原则

启动会议结束后，调整过程以一组商定的最终项目目标结束。这是完成项目目标的关键一步

15.5.3 执行计划

在就项目FPO达成一致后，每个团队成员分析了其子团队或职能部门需要完成的项目活动。这些活动构成了关键的可交付成果（图15.16）。

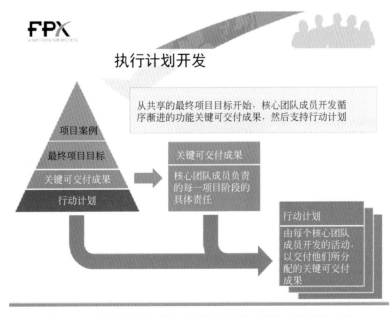

图15.16 项目执行计划定义了每个团队功能的关键交付成果

这些交付成果构成了完成最终项目目标所需执行的一系列可操作要素。然后创建行动计划，以支持每个团队成员或子团队完成项目

15.5.4　执行最佳实践

每个团队成员都接受了一系列项目管理最佳实践的培训，以指导他们成功执行项目。

本节描述了关键的过程开发可交付成果，以及它们如何促进地瑞那韦连续制造流程的整体成功批准（图15.17）。

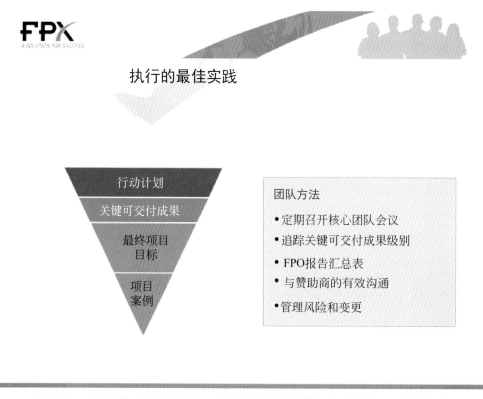

图15.17　每个团队成员都接受了一系列旨在促进项目执行的项目管理工具的培训

15.6 项目开发团队计划和关键交付成果

开发子团队通过准备流程和PAT开发计划开始了其在项目中的工作。这是一份起始文件，随着项目需求的发展而不断修订，其中描述了与该过程和分析程序的开发活动相关的关键可交付成果。图15.18显示了连续制造工艺开发和实施所遵循的阶段图。该方法始于学术合作者实验室开展的前期开发活动，为Janssen连续制造线开展的早期开发活动奠定了基础。在完成后续开发活动之前，这两项活动的整合确保注册批次可制造性所需的知识库。注册批次是一个重要的项目FPO，也是该项目的一个重要里程碑。该批次为与批次工艺的可比性提供了基础；也是向监管提交的关键内容和确保项目成功的关键因素。这也是一个时间敏感因素，因为注册批次片剂为提交目的提供了加速和长期稳定性研究所需的材料。

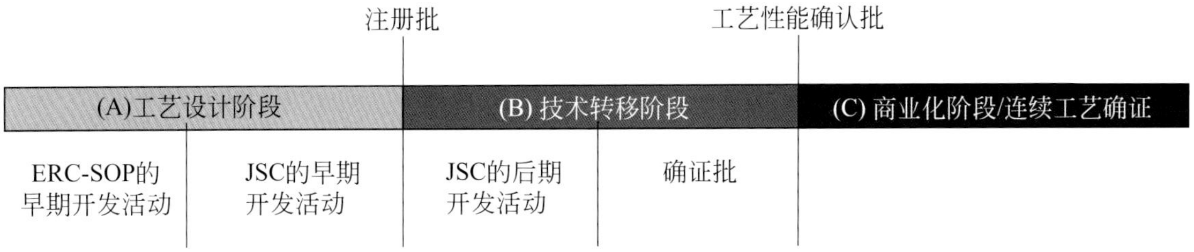

	注册批		工艺性能确认批	

(A)工艺设计阶段		(B) 技术转移阶段	(C) 商业化阶段/连续工艺确证
ERC-SOP的 早期开发活动	JSC的早期 开发活动	JSC的后期 开发活动　　确证批	

图15.18　工艺开发计划提供了项目总体的详细说明

它包括到产品商业化的每个重要技术项目阶段的关键交付物的定义。这些阶段是（A）工艺开发，由两个独立的子阶段组成，即研究院校合作阶段和在Janssen工厂进行的早期开发活动，该阶段以注册批次完成而结束。（B）技术转移阶段，包括后期开发活动和将工艺知识库整合到最终工艺设计中的确认批次，该阶段以向监管机构提交补充档案结束，并为工艺性能确认（PPQ）阶段奠定基础。最后，（C）工艺商业阶段包括持续的工艺验证要求，一组预期的产品/工艺评估活动，进一步评估连续制造工艺设计的一致性

注册批次完成后，进行了技术转移阶段的深入过程评估。该阶段包括后期开发活动，如确定停留时间分布（RTD）和设计空间研究。结果确定了目标制造条件，包括自动化元件，为确认批次做准备。确认批次证明了过程控制策略元素在DoE空间内的充分集成。工艺性能确认（PPQ）阶段是工艺设计和验证的最后阶段，然后过渡到连续工艺确证。

开发计划中描述的主要交付成果如下。

15.6.1　关键性分析

关键性分析文件基于ICH Q9指南，定义了工艺的风险要素。本文件评估过程中的每个阶段，以定义其失效模式。这是一份活动的文件，需要在流程的生命周期内不断修订。关键性分析为DoE的论证和执行提供了基础，并要求在主要阶段（如DoE完成和PPQ）进行更新。这也是药监部门备案过程的基础。关键性分析的主要目标是在矩阵中提供全面的失效模式分析，该矩阵说明了过程风险以及用于缓解这些风险和评估控制要素有效性的控制要素。

15.6.2　连续工艺开发

该项目组成部分包括在连续制造生产线上开发地瑞那韦600mg片剂的直压工艺所需的行动项目。相关的活动包含以下部分：

- 物料特性和进料机性能研究。
- 工程运行，第一次评估机械集成生产线。
- 停留时间分布研究。
- 设计空间研究。
- 全自动化和设计空间中心批次生产研究。

15.6.3 PAT方法开发

可行性阶段（在研究院校合作阶段进行并已经在之前提到）：

- 连续制造工艺PAT工具集成。
- 混合校准模型开发：ID和原料药含量确认。
- 片剂校准模型开发：ID和原料药含量确认。

15.7 控制策略和失效模式评估是过程开发活动的组成部分

在ICH Q8（R2）之后，项目开发子团队讨论了从批生产到连续制造工艺过渡相关的变量的关键性和风险基础分析。这是因为将连续制造引入工厂的方法是对地瑞那韦600mg片剂进行改造，这是一种已有批次生产工艺产品，最初是2007—2008 FDA QbD计划的一部分。这使得评估关键性和风险分析变得更容易，使我们能够根据连续制造工艺考虑因素，通过相关变更更新批生产工艺控制策略。

关键性分析推动了开发计划，并为理解和确认过程风险提供了极好的场景。连续制造生产线的高度自动化性质，加上从该过程中获得的大量在线分析数据，为风险分析提供了新的考虑因素。这使得可检测性和对可能导致失控条件的工艺情况的控制得以改善。图15.19显示了连续制造工艺的鱼骨图分析，表明了在关键性分析中考虑的过程元素之间的关系。

在接下来的章节中，将描述项目计划的每个关键交付成果，以及它们如何支持我们的FPO获得FDA批准的第一批产品转化为连续制造工艺。

15.8 进料器性能和物料转移研究

进料器性能研究提供了数据，以确定进料器分配流量的准确度。进料器准确度基于进料器以所需吞吐量持续地分配每种材料的能力，且在既定公差范围外的变化最小或没有变化。偏离这一预期的情况需要经过工程评估和修改，以提高系统的准确度和精密度。进料器环境稳定性评估包括以下测试。

15.8.1 进料器性能波动源

安装在位于PR Gurabo的Janssen工厂的连续制造线是项目团队的第一次设计经验。因

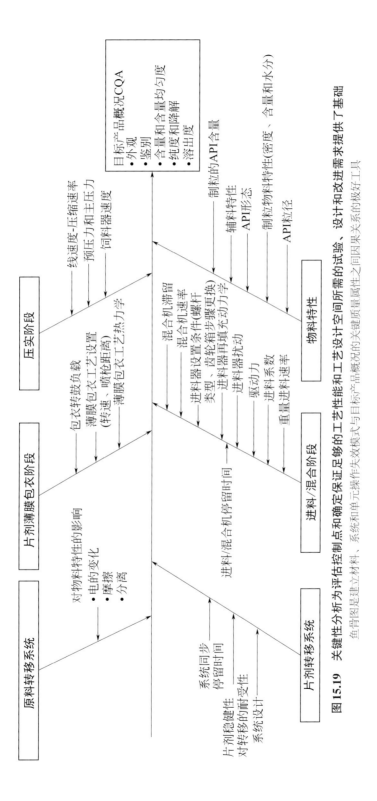

图15.19 关键性分析为评估控制点和确定足够的工艺性能以保证工艺设计空间所需的试验、设计和改进需求提供了基础
鱼骨图是建立材料、系统和单元操作失效模式与目标产品概况的关键质量属性之间因果关系的极好工具

此，需要仔细检查设计要素，以确保操作干扰最小，特别是重量进料机的性能。重量进料和混合操作是直压连续制造工艺的核心，因此，进料系统设计值得高度关注。调试活动评估了线路设计的几个要素。进料机设计评估阶段为细化在此阶段之前未出现的设计特定元素提供了基础。图15.20显示了为最小化进料器扰动源而评估的6个设计方面。评估的性能参数如下：

- 材料真空转移的影响（图15.20A）。
- 重新填充操作期间的材料转移（图15.20B）。
- 进料器控制程序选择（图15.20C）。
- 将粉末从重量进料器转移至物料收集料斗（图15.20D）。
- 将所有原材料（RM）从进料器通过输送料斗输送至混合机（图15.20E）。
- 在实际生产条件下，对混合机旁边的第五进料器进行评估（图15.20F）。

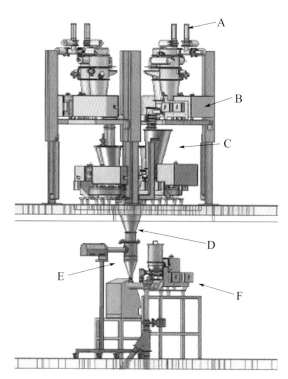

图 15.20　作为生产线调试评估的一部分，项目团队对进料器/混合机系统设计特征进行了一系列分析，以确定正常工艺操作下重量进料器的扰动源

评估了以下扰动源：粉末从真空输送系统的输送（A）、粉末从体积进料器到重量进料器的输送（B）、K-tron控制系统对每种材料使用的控制方案（C）、粉末从重量进料器到材料收集料斗的输送（D）、所有原材料从进料器联合输送的评估，通过输送料斗进入混合机，以确保完全物料输送的准确度（E），并评估在实际加工条件下混合机旁边的第五个进料器（F）

15.8.2　重量进料最大料斗容量

我们进行了一项研究，以确定连续制造线中每种材料的指定给料器的重量进料器最大料斗容量。本研究确定了最大填充水平。表15.3总结了本研究部分的研究结果。

表15.3　根据基于设备几何结构和材料密度信息的经验试验计算了进料机的最大使用水平

物料描述	进料器编号	料斗体积/dm³	物料密度/（kg/dm³）	计算料斗容量/kg	确认的料斗容量/kg
原材料1（填充剂）	F1	25	0.49	11.0	11.0
原材料2（崩解剂）	F2	25	0.33	7.4	7.4
原材料3（API）	F3	25	0.61	13.7	13.7
原材料4（润滑剂）	F5	15	0.14	1.9	1.9

15.8.3　每种原料的重量进料和充填准确度

进料器供应商提供了用于确定给料机准确度的称量系统。称量系统向相关软件提供重力测量信号，该软件组织并提供收集和分析数据的方法。在优化物料输送设置后，进料器准确度测试性能提供了对重力进料器物料分配准确度的充分估计。此外，该测试评估了两种不同水平的再填充操作（60%和80%）如何影响材料分配准确度。图15.21显示了在不同试验条件下进料机的波动性。图15.21（a）（以60%的速率重新填充）和图15.21（b）（以80%的速率重新填充）显示了在40kg/h时获得的结果，而图15.21（c）（以60%的速率重新填充）和图15.21（d）（以80%的速率重新填充）显示的是在60kg/h的生产线处理量下获得的结果。

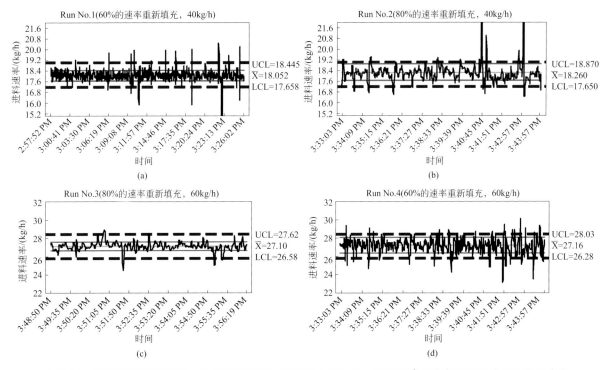

图15.21　在进料器研究期间，确定了在不同分配速率（吞吐量）和重新填充动态设置下的进料器准确度

在该图中，显示了对一种地瑞那韦辅料（填充剂）进行的进料器研究，该试验以两种处理量进行，即40kg/h［（a）和（b）］和60kg/h［（c）和（d）］。在每个处理量上重复该测试，以测试补充量对进料波动性的影响，在60%［（a）和（c）］与80%水平补充［（b）和（d）］下，观察到的波动性对于每个测试条件都是可接受的，然而，当在高处理量上使用更频繁的再填充时，使用进料波动性降低的趋势，而当在较低的处理量上使用较不频繁的重新填充时，则观察到更频繁的波动性

15.8.4　重新填充状态下的重量进料器的计量准确度

该研究包括评估每个原材料的再填充动态。试验详细评估了料斗料位对重新填充开始时进料准确度的影响。该研究的终点为料斗提供了最佳填充水平，最大限度地减少了进料速率的变化。图15.22显示了基于重量进料器料斗中不同填充水平的进料器准确度改进进展的汇总图[13]。

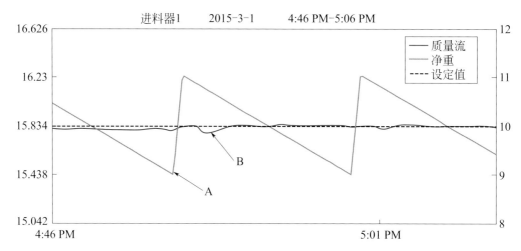

图15.22　根据混合机波动衰减的进料器变化，仔细观察了再填充事件

傅里叶变换方程用于变换进料数据，以清楚地确定进料器在已建立的最优补料水平下，进料器的补料事件如何扰动进料速率。
该图中显示的数据表明，在重新填充事件（A）后，在相当于混合机中停留时间的延迟内，存在一个小但明显的扰动（B），
该扰动远小于该材料的允许变化范围

15.9　集成生产线的工程运行和首次评估

完成进料器的评估研究后，下一步是对生产线进行综合测试，以验证其与实际产品的性能以及过程控制的性能。

工程研究的目标如下：

• 评估进料、混合和压片工艺集成因素，这些因素有助于在预期目标加工条件下的正常操作条件下充分执行这些加工步骤。

• 为生产线建立初始停留时间分布（RTD）模型。RTD模型研究包括基于分布含量变化的RTD模型参数回归，进料、混合和压缩操作，作为建立控制策略的准备步骤。图15.23显示了RTD图和特征时间确定。RTD模型回归使用表15.4所示的泰勒扩散方程。为混合和片剂的PAT方法开发收集校准样品。

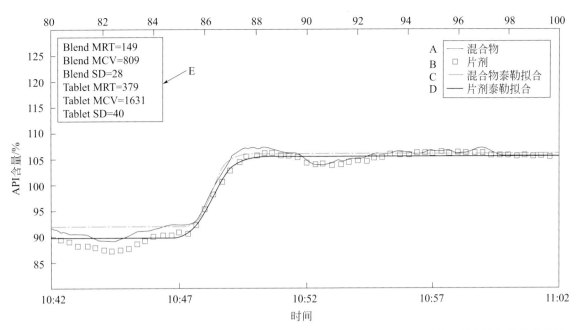

图15.23 停留时间分布数据（A和C）和泰勒扩散模型拟合（B和D），显示了混合物和片剂数据的拟合曲线
以4s间隔收集混合物数据，以5s间隔收集片剂数据。混合物和片剂数据（E）显示了模型分布统计

表15.4 使用泰勒扩散模型（A）确定停留时间分布所用的方程。方程A中的拟合数据用于确定平均停留时间（B）、均值中心方差（C）和标准偏差（D）

项目	描述	方程
A	泰勒扩散模型	$C(\varepsilon, \theta) = \dfrac{C_0 P_e^{1/2}}{(4\pi\theta)^{1/2}} e^{-P_e(\varepsilon-\theta)^2/4\theta}$ 其中 C_0是脉冲的初始浓度； P_e是佩克莱数（对流速率与扩散速率之比）； ε为距离混合机末端的相对位置； $\theta = \dfrac{t-t_0}{\tau}$，其中，$t$为时间； τ为平均停留时间
B	平均停留时间（MRT）分布	$\tau = \int_0^\infty t E(t)\,\mathrm{d}t$
C	均值中心方差（MCV）	$\sigma_\tau^2 = \int_0^\infty (t-\tau)^2 \cdot E(t)\,\mathrm{d}t$
D	标准偏差（SD）	$\sigma_\tau = \sqrt{\int_0^\infty (t-\tau)^2 \cdot E(t)\,\mathrm{d}t}$

15.10 停留时间分布研究和工艺因素对停留时间分布模型影响的评价

连续制造线RTD的确定取决于生产线设计和施工要素，并取决于制造过程中使用的工

艺参数和物料特性。本节描述了确定Janssen工厂连续制造线RTD所采用的方法。

15.10.1　生产线停留时间分布的方法

我们在对控制策略至关重要的三个关注点评估了生产线的RTD。图15.24说明了这些评估点。确定停留时间的方法基于含量阶跃变化法。通过执行API和主要辅料填充材料的含量协同变化形成的含量梯度提供了在NIR传感界面中建立含量梯度形成的方法。在旋转阀处采集的样品和在压片机出口处采集的药片提供了确定以下RTD的信息：

- 进料器物料收集料斗和混合机出口NIR传感接口之间的停留时间。
- NIR传感接口和旋转阀出口之间的停留时间。
- 旋转阀出口和压片机出口之间的停留时间。

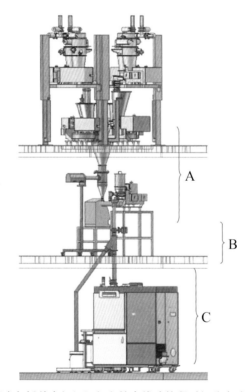

图15.24　停留时间分布研究包括单个机组运行和综合线路停留时间分布（RTD）建模的以下线路要素
确定了从重力进料器到混合采样面（A）的RTD模型，混合传感接口到旋转阀出口（B）之间的RTD模式，
以及旋转阀出口到压片机出口之间的RTD模式

15.10.2　确定工艺变量如何影响停留时间分布的实验设计

因子实验设计描述了三个主要变量对停留时间的影响。因素的选择基于在研究院校实验室进行的可行性研究。评估因素包括生产线处理量、混合机速率和进料速率，作为与片剂RTD相关的处理量混淆的因素。

RTD研究提供了基于过程变量定义的操作间隔的特征时间极值。最大化时间分布起始值、1个百分位数和最大分布最终时间（第99个百分位）的实验变量组合，定义了自动控制系统中启动产品拒收的定时器（最小时间为0.01个百分位差——T0R），以及在干扰消散后用于产品验收的定时器（第99个百分位处的最大时间——T99R）。

15.10.3　设计空间研究：目标、方法和结果

设计空间研究的目标是使用经验数据收集方法确定选定工艺参数的临界性。基于统计的DoE提供了推定CPP和CQA之间的特定因子效应关系。DoE提供了确保控制策略风险假设和工艺参数关键性所需的信息。DoE数据分析的最终目标是建立CQA和工艺参数之间的统计显著性和相关性，并验证其设计和控制空间。

DoE策略采用了两阶段方法。

15.10.3.1　阶段A

该阶段通过最小化所考虑的变量数量，促进了最终DoE的执行。这是一种筛选设计，旨在确定重要的压缩变量。图15.25显示了阶段A DoE的图解表示。

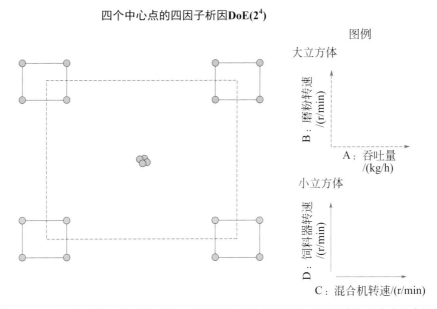

图15.25　实验的阶段A设计包括两水平四因子部分析因四级实验设计和四个中心点重复

该实验旨在确定与混合物可压性相关的重要因素，作为压片阶段相关因素的初步评估。本研究的结果包含在设计空间研究中

本DoE阶段中检查的潜在CPP包括以下内容：

（1）压片研究实验的预设计

本研究确定了压片压力的水平。这为实现片剂所需物理性能所需的阶段A DoE操作条件提供了基础。

（2）粉碎速率

这是混合操作前 Quadro 锥磨转子的速率。该因素是一个潜在的 CPP，因为其对通过粉碎进入混合机的材料产生剪切效应。即使通过粉碎机的材料不会溢出粉碎机，而是以充气状态（饥饿状态）通过，粉碎机的剪切作用也可能会改变粉末混合物的性质。

（3）处理量

这是生产线的总质量流量，它可能会潜在地影响不同处理量下经历的总材料剪切的可变性。

（4）混合机转速

这是混合机中桨叶/叶轮的转速。将该因素纳入研究，确认其对片剂物理性质的工艺/材料相互作用影响的潜在贡献。

（5）进料速率

这是压片机进料器的转速。与生产线速度相结合，饲料器的转速设置可能会对片重的一致性产生影响，并对材料经历的剪切产生显著影响。

图15.26显示了压片参数的统计分析，表明为阶段 B DoE 选择的统计相关参数。研究结果表明，压片机速率和进料速率之间的比率与片剂物理特性具有统计学相关性。完成第一阶段研究后，了解到进料速率和处理量对片重控制有显著影响。因此，在阶段 B DoE 中包含这两个参数并优化了参数对片剂物理性能的影响。

阶段A第2部分过滤权重(编码单位)的预估效果和系数					
项目	Effect	Coef	SE Coef	T	P
常数项		1230.25	3.203	384.11	0.000
处理量	−27.08	−13.54	3.581	−3.78	0.019
磨粉机转速	5.83	2.92	3.581	0.81	0.461
混合机转速	2.30	1.15	3.581	0.32	0.765
进料器转速	47.66	23.83	3.581	6.66	0.003
处理量×磨粉机转速	1.97	0.98	3.581	0.27	0.797
处理量×混合机转速	−3.08	−1.54	3.581	−0.43	0.690
处理量×进料器转速	20.73	10.37	3.581	2.90	0.044
粉碎速率×混合速率	5.30	2.65	3.581	0.74	0.500
粉碎速率×饲料器速率	−0.69	−0.35	3.581	−0.10	0.928
混合速率×饲料器速率	6.80	3.40	3.581	0.95	0.396
处理量×粉碎速率×混合速率	−0.35	−0.17	3.581	−0.05	0.964
处理量×粉碎速率×饲料器速率	−4.08	−2.04	3.581	−0.57	0.599
处理量×混合速率×饲料器速率	3.00	1.50	3.581	0.42	0.697
粉碎速率×混合速率×饲料器速率	3.23	1.61	3.581	0.45	0.675
处理量×粉碎速率×混合速率×饲料器速率	0.32	0.16	3.581	0.04	0.967

S=14.3235　　　　PRESS=907793
R−Sq=94.61%　　　　R−Sq(pred)=0.00%　　　　R−Sq(adj)=74.38%

图15.26 阶段 A 实验结果设计表明，对于压片过程中测试（片重控制），具有统计学意义的因素是处理量和进料速率及其相互作用

该研究包括四个中心点重复的两水平四因子部分分析因Ⅳ型设计。该实验旨在确定与混合物可压性相关的重要因素，作为压片阶段相关因素的初步评估

15.10.3.2 阶段B实验的设计

确定地瑞那韦600mg片剂连续制造工艺的总体设计空间：

随着在阶段A DoE中收集的信息，对于部分因子设计DoE，整个线路设计空间的因素数量变得更易于管理。我们的阶段B研究将生产线处理量和进料速率作为混杂因子（两个因子的最小和最大比率）。阶段B DoE中包括的因子如下。

- 第一阶段比率：阶段A研究中使用的水平的最大和最小水平的比率。
- 片重：过程中测试相当于目标片重变化的3%范围。
- 片剂硬度：基于API含量的每种配方可达到的最大硬度❶。
- 原料药含量：配方设定为原料药含量组合在90%～110%之间。
- 硬脂酸镁含量：研究先前配方DoE中确定的含量范围，产生81%～122%目标范围的变化。

这五个变量的析因设计得到了32个实验条件。然而，总共进行了38次试验，加上两个中心点和四个代表极端条件的试验，所有变量分为低水平和高水平重复。

图15.27显示了DoE的示意。表15.5和表15.6分别显示了硬度试验和溶出试验数据的统计分析。图15.28显示了原始溶出度试验结果，而图15.29显示了片重标准化溶出度测试结果。

设计空间研究中获得的结果表明，在实验变量范围内，所有假定的CQA均满足设计要求。DoE中包含的所有因子对硬度试验结果显示出边缘或完全的统计显著性。使用B阶段DoE数据的回归分析提供了设计空间充分性的证据，支持硬度规范范围。溶出度CQA在两个CPP因素、片重和原料药含量上显示出统计学意义。从控制策略的角度来看，原料药含量取决于原料药和主要辅料进料器的控制。压片控制包括控制力设定点的重量反馈系统，以确保压片重量控制。此压片功能解决了片重CPP问题。

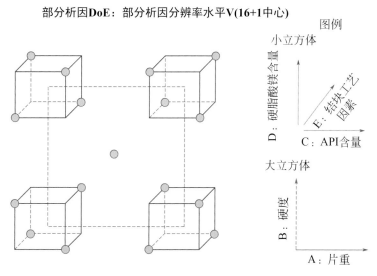

部分析因DoE：部分析因分辨率水平V(16+1中心)

图15.27 实验的阶段B设计旨在定义连续制造工艺的设计空间，包括配方变量和工艺参数

该设计是五个因子在两个水平（分辨率水平V）中的部分析因设计。共进行了16次析因运行和中心点。所有实验条件的中心点重复四次

---

❶ 实验中所用的API浓度范围产生了显著不同的压缩性，使得硬度最大值随API浓度的不同而不同。

表15.5 阶段**B**实验设计硬度因子效应表明，大多数因子具有统计学意义，只有硬脂酸镁含量无显著影响。从实验因子角度来看，活性药物成分含量水平和硬度水平以及片重实验水平是最重要的因素

固定效应的3类测试				
效果	Num DF	Den DF	F值	$Pr > F$
API	1	29	85.19	<0.0001
硬脂酸镁	1	29	3.55	0.070
硬度级别	1	29	652.72	<0.0001
片重	1	29	10.91	0.003
API*硬度级别	1	29	52.45	<0.0001
PhRatioA*硬度级别	1	29	6.65	0.015
曲率	1	29	1.41	0.245

表15.6 阶段**B**实验设计（**DoE**）溶出关键质量属性因子效应表明，活性药物成分含量和片重对于**30min**溶出结果具有统计学意义。获得的溶出曲线结果还表明，在**DoE**中获得的**30min**溶出最小值支持溶出结果在整个设计空间内始终满足试验要求

原数据：固定效应的3类测试				
效果	Num DF	Den DF	F值	$Pr > F$
Api	1	30	937.30	<0.0001
Twt	1	30	59.18	<0.0001
api2	1	30	0.43	0.5147

标准化值：固定效应的3类测试				
效果	Num DF	Den DF	F值	$Pr > F$
Api	1	30	4.33	0.0461
Twt	1	30	0.89	0.3541
api2	1	30	0.30	0.5879

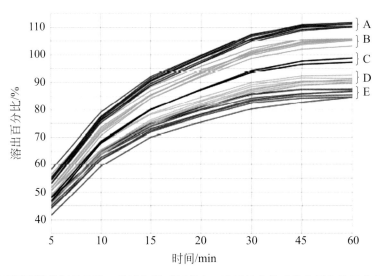

图15.28 溶出试验临界质量属性分析的阶段**B**设计包括以下观察：除活性药物成分含量和片重水平外，没有其他变量对溶出结果产生统计学显著影响。溶出曲线满足**30min**试验**Q**时间的最低溶出要求（溶出度高于**80%**）。同时，观察到溶出度响应作为含量均匀度、片重和片剂含量的函数，足以预测该产品溶出度。以下样品含量和片重组合受溶出度试验影响，测试（n=**6**）、**110% API/1280mg**片剂（**A**）、**110% API/1220mg**片剂（**B**）、**100% API/1250mg**片剂（**C**）、**90% API/1280mg**片剂（**D**）和**90% API/1220mg**片剂（**E**）

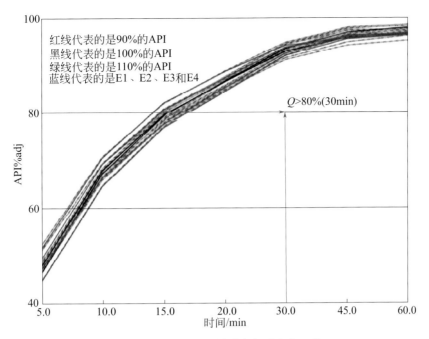

图15.29　根据片重对溶出数据进行归一化

这些数据转换清楚地表明，溶出曲线不受阶段B实验设计中包含的任何其他变量的影响。该信息进一步支持片重和活性药物成分
含量的临界性，这是在评估的设计空间内影响本产品溶出度的唯一主要因素

　　DoE数据分析提供了评估推定CPP对IPC和CQA影响的框架。从IPC的角度来看，DoE
数据为参数化建模提供了基础，允许评估设计空间对片剂硬度、片剂厚度、压缩力和其他片
剂特性（如崩解性和易碎性）的影响❶。

　　为了确定回归模型以定义片剂硬度、厚度和压力极限，我们采用了基于回归模型最佳子
集的方法。最佳子集模型是具有最高 R^2 和具有统计学意义的自变量最小数量的模型。

　　所评估的已确定的压片过程因素包括以下变量：

- API含量；
- 硬脂酸镁浓度；
- 进料速率；
- 片重；
- 主压力边缘到边缘厚度。

　　基于原料药含量、片重和主压力边缘到边缘厚度的回归模型显示，片剂硬度、厚度和压
力同时具有最大的可预测性。表15.7显示了回归模型的最佳子集分析结果。

　　回归分析的结果表明，在实验变量范围内，设计空间研究的假定CQA满足CQA的设计
要求。两个因素对溶出度CQA有统计学显著影响；片重和API含量取决于进料操作控制。
从实践角度来看，原料药含量转化为原料药和主要辅料进料操作控制的临界值。片重控制是
另一种CPP，压片机控制策略为其提供重量反馈控制和基于力的控制。

---

　　❶ 虽然片重是本研究的官方IPC，但它被视作DoE的自变量。在评价DoE数据时，硬度被视为因变量，压缩力也被视
为因变量，因为压缩性深受API浓度的影响。

表 15.7　硬度因子效应的阶段 B 实验设计表明，大多数因子在统计学上具有显著性，只有硬脂酸镁含量无显著性影响。从实验因素角度来看，活性药物成分含量水平、硬度水平以及片重实验水平是最重要的因素

回归	变量	R^2	S	API含量	MG-ST含量	进料速率	片重	主压力
硬度	1							×
	1	16.1	5.3	×				
	2	91.9	1.6				×	×
	2	82.0	2.5	×				×
	3	96.5	1.1	×			×	—
	3	92.8	16			×	×	×
	4	97.1	1.0	×	×		×	×
	4	96.8	1.0	×		×	×	×
	5	97.4	0.9	×	×	×	×	×
厚度	1	95.8	0.06					×
	1	23.8	0.26				×	
	2	98.4	0.04				×	×
	2	95.9	0.06			×		×
	3	98.5	0.04			×	×	×
	3	98.4	0.04	×			×	×
	4	98.5	0.04	×		×	×	×
	4	98.5	0.04		×	×	×	×
	5	98.5	0.04	×	×	×	×	×
主压力	1	86.6	2.2					×
	1	2.2	6.0	×				
	2	95.0	1.4				×	×
	2	86.7	2.2			×		
	3	95.2	1.3	×			×	×
	3	95.0	1.4			×	×	×
	4	95.3	13	×			×	—压力
	4	95.3	1.3	×	×		×	×
	5	95.4	1.3	×	×	×	×	×

15.11 全自动确认批次的观察结果

　　DoE 的结果能够确认 CPP 的建立及其目标值和范围。下一步是确认连续制造线能够可靠地制造可接受的产品，并能够长时间稳定运行。此外，确认批次为验证自动化控制系统集成提供了基础。

　　自动控制系统是基于西门子PCS 7和SCADA系统（LC&S），采用IEEE-S88配方操作。它提供了生产线的完全集成，包括单元操作和PAT工具。LC&S控制配方、重量进料器控制、单元操作配方、粉碎操作、混合机、用于近红外光谱测量的混合PAT采样、压片机、用于片剂测量的过程中控制、片剂隔离料斗、片剂输送系统和薄膜包衣操作。

　　确认批次包括总共14个包衣工艺的连续制造线操作，相当于在40kg/h的目标处理量下14h的运行时间，它还包括计划中断，以证明生产线保持时间，并测试生产线在中断后恢复时是否始终恢复到控制状态。

　　该确认批次的工艺性能进一步证明了生产线在长期生产运行中的稳定性和一致性，满足了与CPP、过程中控制和CQA限制有关的所有控制期望。图15.30～图15.32显示了原料药和主要辅料进料器（CPP）、过程中近红外测试、片剂物理特性和片剂分析、混合均一性和溶出结果的一致性。

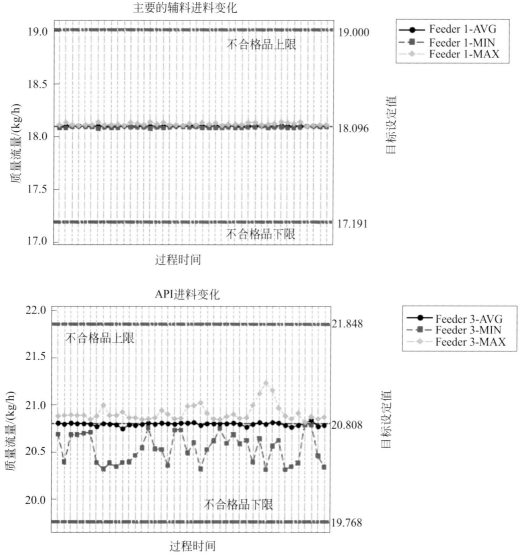

图15.30 对每种主要成分、进料器和活性药物成分的申报关键工艺参数、进料器质量流量（kg/h）进行了监测，观察到的变化证实了实验设计中确定的允许变化限值

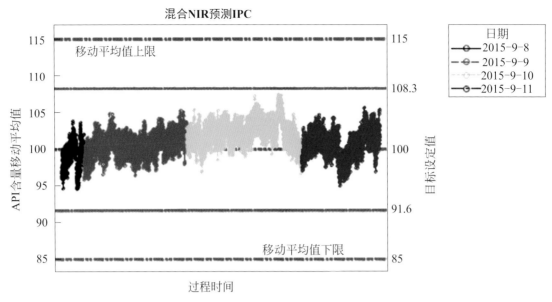

图15.31 过程控制中的混合近红外活性药物成分含量在整个确认批次运行期间显示了充分的控制和性能，观察到的预测结果在我们对开发数据的初步统计评估中定义的控制限值范围内

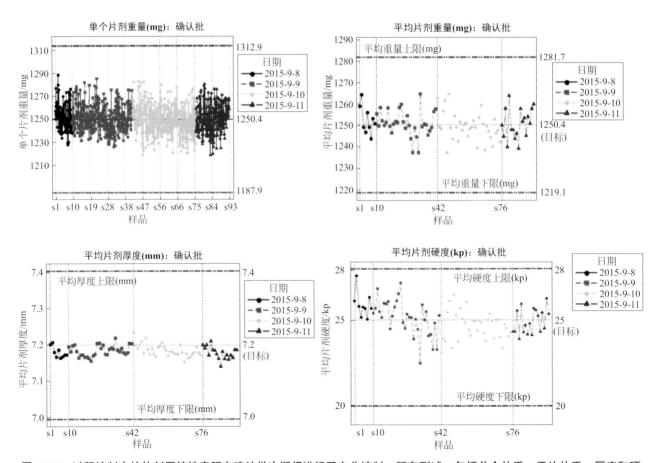

图15.32 过程控制中的片剂压缩性表明在确认批次期间进行了充分控制，所有测试，包括单个片重、平均片重、厚度和硬度，均符合产品规范要求

15.12　验证和连续工艺确证阶段

我们的验证方法基于2011年1月发布的当前FDA行业工艺验证指南：一般原则和实践[14]。图15.33显示了基于阶段的指导原则的图表的总结。如本章前几节所示，该线路的设计方面完全涉及了指南内容。①指南中介绍了调试和确认活动。② 工艺确认阶段策略在全自动化操作模式下提供了一系列处理挑战。表15.8显示了工艺确认阶段的批次汇总。

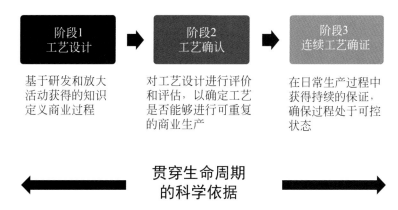

图15.33　验证所采用的方法符合当前美国食品药品管理局《工艺验证行业指南：原则和实践》。之前已经讨论了第一阶段的要素，第二阶段和第三阶段的讨论是本章的主题

所选的PPQ方法提供了在此阶段生产的四批产品的一系列增量运行时间。PPQ阶段从一批8h运行时间开始，然后是一批16h运行时间，最后是两批32h运行时间。最后两个批次根据产品需求和每月需求定义了地瑞那韦片的最大运行时间。在PPQ运行之间进行完整全线清洁是清洁验证的挑战。此外，本研究还包括对工艺中断的影响进行评估。这些中断要么是故意发生的，因为制造区域在两班制下工作；要么是无意的，由CPP波动而导致的工艺中断。

PPQ事件还包括清洁验证活动，其中包括生产线的完全清洁验证和脏设备保留时间评估，该评估定义了在清洁活动发生之前生产线可能"脏"或与剩余产品一起的时间量。这对操作和设备清洁程序的难度增加的情况下的清洁程序提出了挑战。

还评估了生产线效率或产量。第一批出现了一系列与自动化系统性能相关的物料损失，需要进一步的行动和修改。第一批在运行期间效率❶损失高达50%。所有损失都与产品质量无关，而是与逻辑缺陷和自动化执行失败有关，这些缺陷和失败导致了良好产品的不合格。

---

❶ 效率指生产线上生产的好产品占生产原料进料量的百分比。

对不合格品的分析确定需要对控制系统逻辑进行若干修改。在开始第二批之前实施的短期解决方案在接近最后一批时实现了工艺效率的提高，与第一批相比，产量绝对提高37%，总效率为87%（表15.8是关于PPQ批次性能的更多信息）。在后期实施的其他几种解决方案将生产线效率提高了约98%。

表15.8　硬度因子效应的阶段B实验设计表明，大多数因子在统计学上具有显著性，只有硬脂酸镁含量无显著影响。从实验因素角度来看，活性药物成分含量水平和硬度水平以及片重实验水平是最重要的因素

工艺性能确认批次	日期	理论运行时间/h	实际运行时间/h	可控状态时间/h	生产线启动	最长终端/h	片剂实际产量	工艺效率
1	2016-2-25到2016-2-26	8	6.5	5.65	4（进料）5（混合）	9.0	130597	50%
2	2016-4-7到2016-4-9	16	15.9	13.8	14（进料）11（混合）	13.0	355035	67%
3	2016-4-25到2016-4-28	32	32.0	28.3	14（进料）26（混合）	9.7	858782	82%
4	2016-5-9到2016-5-11	32	31.9	29.7	11（进料）15（混合）	11.4	910788	87%

　　PPQ阶段在所有工艺和清洁要求方面取得了充分的结果。图15.34A和图15.34B显示了原料药和主要辅料进料器（CPP）的一致结果。表15.9显示了过程中NIR测试结果。表15.10A和表15.10B总结了片剂物理测试结果。图15.35显示了用于测定的片剂过程中释放NIR测试结果，而图15.36显示了片剂含量均匀性结果。表15.11显示了单点溶出Q30min结果。

　　四个PPQ批次为地瑞那韦连续制造工艺的长期分析奠定了基础，使其能够从PPQ阶段过渡到连续工艺确证（CPV）指南的第3阶段。在编写本章之前，2017年已经发布了三份CPV报告，涉及2017年第一季度和第三季度生产的六批产品。连续制造商业批次抽样和测试水平与PPQ批次相同。与批量制造相比，这是连续制造工艺的一大优势，因为与验证PPQ批次相比，后者在商业批次上的测试程度有所减少。

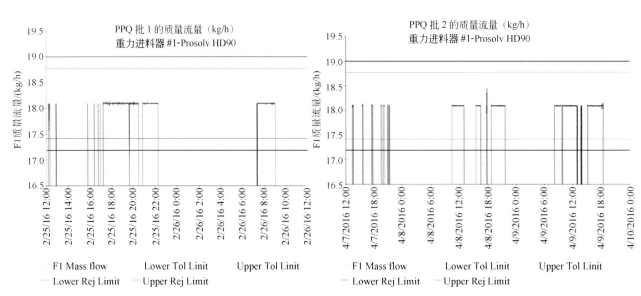

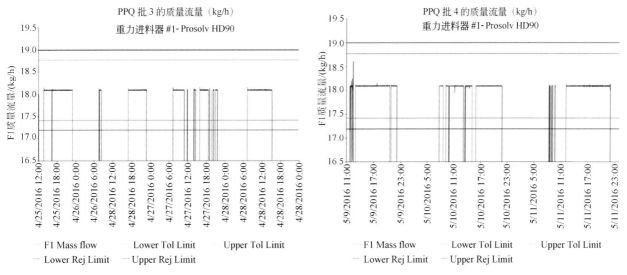

图15.34A 每个工艺性能确认批次的主要辅料进料器控制演示

[主要辅料进料速率被宣布为所选产品连续制造工艺的关键工艺参数，在每批生产过程中，该进料速率显示出一致的控制]

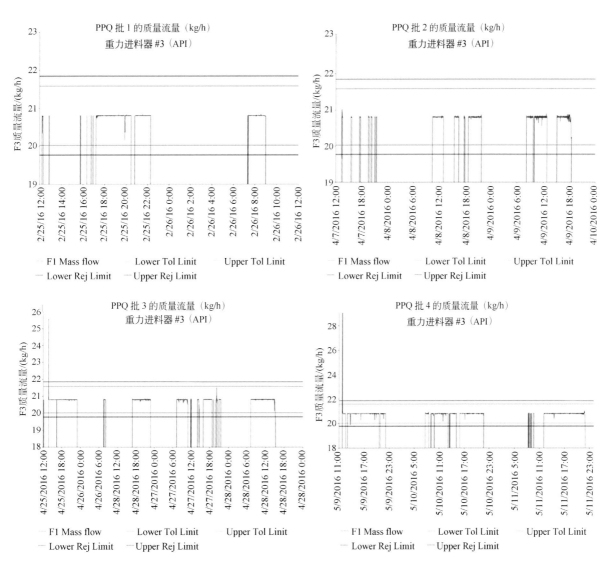

图15.34B 每个工艺性能确认批次的活性药物成分进料器控制演示

API进料速率被宣布为所选产品连续制造工艺的关键工艺参数；在每个批次的制造过程中，该进料速率显示出一致的控制

表15.9 每批工艺分析技术结果汇总，观察到的结果高于限值（＊、＊＊、+、++）的情况很少发生，并通过分流阀触发混合物拒收，正如控制策略的预期

工艺性能确认批号	统计参数	平均值	最小值	最大值
1	主成分分析（PCA）DModX	0.0007	0.0003	0.0014
	偏最小二乘法（PLS）T^2范围	0.4	0.0	3.5
	混合活性药物成分（API）移动块平均值（%LC）（样本量n=3）	99.9	94.6	104.5
	混合API移动块范围（%LC）（样本量n=3）	N/A	0.0	9.6
	PCA DModX	0.0007	0.0002	0.0014
	PLS T^2范围	0.5	0.0	3.2
2	混合API移动块平均（%LC）（样本量n=3）	101.6	96.2	106.5
	混合API移动块范围（%LC）（样本量n=3）	N/A	0.0	9.5
	PCA DModX	0.0007	0.0002	0.0019
	PLS T^2范围	0.3	0.0	3.2
3	混合API移动块平均（%LC）（样本量n=3）	101.2	94.3	108.4*
	混合API移动块范围（%LC）（样本量n=3）	N/A	0.0	12.1**
	PCA DModX	0.0007	0.0002	0.0018
	PLS T^2范围	0.3	0.0	3.4
4	混合API移动块平均（%LC）（样本量n=3）	102.0	96.5	110.8+
	混合API移动块范围（%LC）（样本量n=3）	N/A	0.0	14.4++

接受标准：

混合PCA DModX ≤ 0.0026（NIR03A-CML101）

混合PLS T2范围 ≤ 6.2（NIR03A-CML101）

混合API浓度移动块平均：91.6% ～ 108.3%LC

混合API浓度移动块范围：≤ 11.82%LC

表15.10A　片剂物理性能、片重、厚度和硬度汇总，结果显示了压片机操作的一致性

PPQ批号	统计参数	单个片重/mg	平均片重/mg	平均厚度/mm	平均硬度/kp
1	平均值	1252.0	1252.0	7.2	24
	最小值	1226.9	1233.4	7.2	23
	最大值	1280.8	1277.5	7.3	25
2	平均值	1251.4	1251.4	7.2	25
	最小值	1200.7	1220.9	7.1	22
	最大值	1295.0	1273.2	7.3	27
3	平均值	1249.6	1249.6	7.2	25
	最小值	1230.2	1241.3	7.1	21
	最大值	1276.0	1260.6	7.2	27

PPQ批号	统计参数	单个片重/mg	平均片重/mg	平均厚度/mm	平均硬度/kp
4	平均值	1250.9	1250.9	7.2	25
	最小值	1230.8	1239.2	7.1	24
	最大值	1237.7	1262.8	7.2	26

接受标准：

单个片重/mg：1250.4（1187.9 ～ 1312.9）　平均值厚度/mm（$n=10$）:7.2（7.0 ～ 7.4）

平均片重/mg（$n=10$）:1250.4（1219.1 ～ 1281.7）　平均值硬度/kp（$n=10$）:25（20 ～ 28）

表15.10B　片剂物理性质、崩解时限和脆碎度汇总表，测试结果表明压片机操作的一致性

PPQ批号	采样点	崩解时限（min：s）	脆碎度/%
1	起始	00:19	0.1
	中间	00:17	0.2
	结束	00:18	0.2
2	起始	00:27	0.2
	中间	00:27	0.3
	结束	00:49	0.1
3	起始	00:22	0.1
	中间	00:25	0.1
	结束	00:26	0.1
4	起始	00:26	0.1
	中间	00:25	0.3
	结束	00:27	0.1

接受标准

崩解时限（$n=10$）：不超过5min

脆碎度（$n=6$）：不超过0.5%

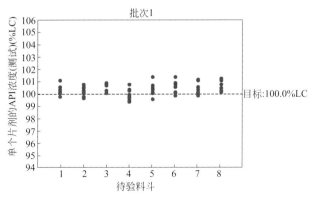
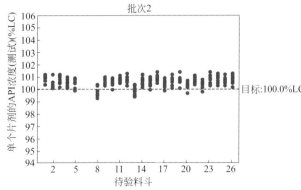

图15.35

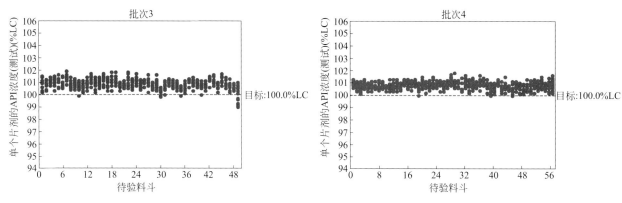

图15.35 近红外（NIR）分析测试结果表明，在四个工艺性能确认批次中具有高度一致性
显示的结果对应于每个待验料斗的单个片剂NIR含量测试

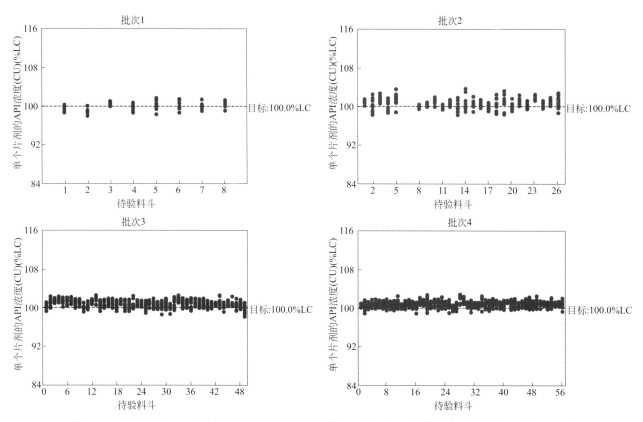

图15.36 近红外（NIR）片剂含量均匀性测试结果显示，在四个工艺性能确认批次中具有高一致性
结果表明，这与每个待验料斗的单个片剂NIR含量测试相对应

表15.11 工艺性能确认（PPQ）阶段片剂溶出单点结果汇总。每个PPQ批次（开始、中间和结束）采集三个样品。所有批次均严格符合溶出试验标准

PPQ批次	起始	溶出药物量/%	中间	溶出药物量/%	结束	溶出药物量/%
1	片剂1	93.523	片剂1	94.654	片剂1	93.618
	片剂2	94.795	片剂2	92.340	片剂2	87.530
	片剂3	94.159	片剂3	93.394	片剂3	95.941
	片剂4	93.996	片剂4	91.936	片剂4	93.256
	片剂5	92.581	片剂5	93.824	片剂5	91.018

PPQ批次	起始	溶出药物量/%	中间	溶出药物量/%	结束	溶出药物量/%
1	片剂6	93.087	片剂6	92.705	片剂6	94.233
	平均值	94	平均值	93	平均值	93
	最小值	93	最小值	92	最小值	88
	最大值	95	最大值	95	最大值	96
2	片剂1	96.941	片剂1	96.297	片剂1	96.251
	片剂2	94.641	片剂2	94.568	片剂2	96.378
	片剂3	94.557	片剂3	93.189	片剂3	94.445
	片剂4	94.445	片剂4	94.753	片剂4	97.476
	片剂5	95.875	片剂5	93.741	片剂5	95.440
	片剂6	95.262	片剂6	92.942	片剂6	93.468
	平均值	95	平均值	94	平均值	96
	最小值	94	最小值	93	最小值	94
	最大值	97	最大值	96	最大值	98
3	片剂1	96.481	片剂1	96.694	片剂1	90.264
	片剂2	95.656	片剂2	95.899	片剂2	97.151
	片剂3	97.109	片剂3	96.907	片剂3	97.033
	片剂4	96.005	片剂4	96.468	片剂4	96.804
	片剂5	95.900	片剂5	94.966	片剂5	98.972
	片剂6	96.982	片剂6	95.667	片剂6	96.864
	平均值	96	平均值	96	平均值	96
	最小值	96	最小值	95	最小值	90
	最大值	97	最大值	97	最大值	99
4	片剂1	95.471	片剂1	95.203	片剂1	94.465
	片剂2	96.102	片剂2	94.738	片剂2	93.883
	片剂3	94.63	片剂3	98.044	片剂3	96.442
	片剂4	95.818	片剂4	94.735	片剂4	96.158
	片剂5	98.305	片剂5	98.276	片剂5	91.913
	片剂6	95.359	片剂6	99.019	片剂6	94.015
	平均值	95	平均值	97	平均值	95
	最小值	98	最小值	95	最小值	92
	最大值	96	最大值	99	最大值	96

　　一般而言，在CPV报告期内生产的批次与PPQ批次相比显示出一致的结果，如之前比较的三个信息水平所示，即CPP可变性、过程中控制和CQA可变性。表15.12显示了原料药和主要辅料进料速率的CPP一致性。表15.13和表15.14显示了混合近红外含量和片剂物理性

质的一致性，这两种都是过程控制。图15.37显示了平均近红外含量的曲线图，以及CPV批次的NIR含量均匀度结果。表15.15A和表15-15B显示了每批CPV开始、中间和结束时的溶出单点结果。

表15.12　控制策略声明的关键工艺参数、主要辅料（A）和活性药物成分（B）的进料速率的连续工艺确证（CPV）阶段总结。连续工艺确证报告中包含的六个批次的进料速率显示，批次之间和批次内的进料速率变化的**RSD**极低，在**0 ～ 1.3%**的**RSD**范围内

	连续工艺确证3a周期	批次	平均质量流量 / （kg/h）	质量流量 RSD/%	平均总质量流量 / （kg/h）	总质量流量 RSD/%
A	Q1	5	18.095	0.3		
		6	18.096	0.1		
		7	18.095	0.0		
	Q3	8	18.095	0.0	18.095	0.1
		9	18.091	0.1		
		10	18.095	0.0		
B	Q1	5	20.803	0.3		
		6	20.814	1.3		
		7	20.808	0.0		
	Q3	8	20.805	0.1	20.804	0.3
		9	20.801	0.3		
		10	20.807	0.1		

表15.13　过程控制移动混合活性药物成分含量移动块平均值和范围控制策略的连续工艺确证阶段汇总。获得的结果显示，与工艺性能确认中观察到的值具有可比性和一致性，平均值范围在**100.3% ～ 101.7%** 之间，而观察到的范围值最大范围在**8.2% ～ 12.4%**之间。移动块平均极限为**91.5和108.3**，而范围极限为**11.82**。在批次**8**、批次**9**和批次**10**的制造过程中，共观察到四个实例的移动块范围值高于极限。在启动过程中观察到这些值，且如控制系统中设计的那样，材料在这一稳定期间被拒收

	连续工艺确证3a周期	批次	统计参数	平均（%LC）	最小值（%LC）	最大值（%LC）
A	Q1	5	混合API移动块平均值（$n=3$）	101.1	96.3	106.6
			混合API移动块范围（$n=3$）	N/A	0.0	9.5
		6	混合API移动块平均值（$n=3$）	100.3	92.7	107.0
			混合API移动块范围（$n=3$）	N/A	0.0	9.0
		7	混合API移动块平均值（$n=3$）	100.6	95.8	105.0
			混合API移动块范围（$n=3$）	N/A	0.0	8.2

连续工艺确证3a周期		批次	统计参数	平均（%LC）	最小值（%LC）	最大值（%LC）
B	Q3	8	混合API移动块平均值（*n*=3）	101.3	92.2	108.2
			混合API移动块范围（*n*=3）	N/A	0.0	12.2
		9	混合API移动块平均值（*n*=3）	101.7	93.5	107.4
			混合API移动块范围（*n*=3）	N/A	0.0	11.8
		10	混合API移动块平均值（*n*=3）	101.5	95.5	107.8
			混合API移动块范围（*n*=3）	N/A	0.0	12.4

表15.14 过程控制片剂物理特性控制策略的连续过程验证阶段总结。获得的结果与工艺性能确认中观察到的值具有可比性和一致性，所有结果均满足单独和平均试验要求

CPV 3a周期	批次	统计参数	平均片重/mg	平均厚度/mm	平均硬度/kp
Q1	5	平均值	1250.2	7.2	25
		最小值	1229.4	7.1	22
		最大值	1268.0	7.3	28
	6	平均值	1252.1	7.2	25
		最小值	1238.1	7.2	23
		最大值	1266.9	7.3	26
	7	平均值	1250.4	7.2	25
		最小值	1238.9	7.2	23
		最大值	1261.6	7.3	26
	8	平均值	1249.7	7.1	25
		最小值	1229.3	7.1	23
		最大值	1268.1	7.2	27
Q3	9	平均值	1251.4	7.2	25
		最小值	1237.5	7.1	23
		最大值	1261.9	7.2	27
	10	平均值	1250.7	7.2	25
		最小值	1237.4	7.1	22
		最大值	1265.8	7.2	27

接受标准：

单个片重（mg）：1250.4（11879～1312.9）－平均厚度（mm）（*n*=10）：7.2（7.0～7.4）平均片重（mg）（*n*=10）：12504（12191～12817）－平均硬度（kp）（*n*=10）：25（20～28）

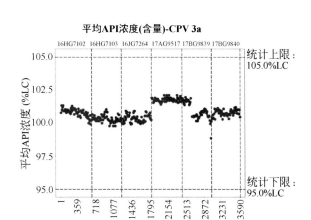

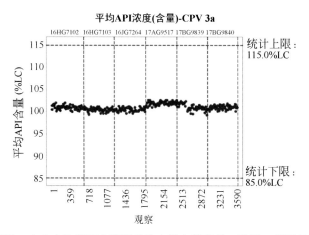

图15.37　近红外（NIR）片剂浓度和含量均匀性测试结果显示，在六个连续工艺确证批次中具有较高的一致性。显示的结果对应于每个待验料斗的平均片剂NIR浓度和含量均匀性

表15.15A　溶出临界质量属性的前四分之一CPV阶段批次汇总。溶出结果显示了与工艺性能确认批次溶出性能的相似性，并证明了溶出试验性能的一致性，因为2017年生产的每个连续制造批次均满足单独和平均试验要求

CPV 3a周期	批次	起始	溶出药物量	中间	溶出药物量	结束	溶出药物量
Q1	5	片剂1	92%	片剂1	91%	片剂1	97%
		片剂2	90%	片剂2	91%	片剂2	97%
		片剂3	93%	片剂3	94%	片剂3	98%
		片剂4	93%	片剂4	91%	片剂4	97%
		片剂5	94%	片剂5	91%	片剂5	94%
		片剂6	92%	片剂6	92%	片剂0	98%
		平均值	92%	平均值	92%	平均值	97%
		最小值	90%	最小值	91%	最小值	94%
		最大值	94%	最大值	94%	最大值	98%
		RSD	1.2%	RSD	1.0%	RSD	1.5%
	6	片剂1	95%	片剂1	94%	片剂1	96%
		片剂2	94%	片剂2	94%	片剂2	96%
		片剂3	95%	片剂3	95%	片剂3	96%
		片剂4	94%	片剂4	95%	片剂4	96%
		片剂5	93%	片剂5	96%	片剂5	98%
		片剂6	95%	片剂6	95%	片剂6	92%
		平均值	94%	平均值	95%	平均值	95%
		最小值	93%	最小值	94%	最小值	92%
		最大值	95%	最大值	96%	最大值	98%
		RSD	0.8%	RSD	0.6%	RSD	2.0%

CPV 3a周期	批次	起始	溶出药物量	中间	溶出药物量	结束	溶出药物量
	7	片剂1	95%	片剂1	96%	片剂1	97%
		片剂2	94%	片剂2	95%	片剂2	96%
		片剂3	94%	片剂3	96%	片剂3	97%
		片剂4	96%	片剂4	95%	片剂4	97%
		片剂5	96%	片剂5	97%	片剂5	97%
		片剂6	93%	片剂6	95%	片剂6	96%
		平均值	95%	平均值	96%	平均值	97%
		最小值	93%	最小值	95%	最小值	96%
		最大值	96%	最大值	97%	最大值	97%
		RSD	12%	RSD	0.7%	RSD	0.5%

表15.15B 溶出关键质量属性的第三个四分之一连续工艺大确证阶段批次汇总。溶出结果显示与工艺性能确认批次的溶出性能相似，并通过2017年制造的每个连续制造批次证明溶出试验性能的一致性，满足单独和平均试验要求

CPV 3a周期	批次	起始	溶出药物量	中间	溶出药物量	结束	溶出药物量
Q3	8	片剂1	92%	片剂1	93%	片剂1	94%
		片剂2	92%	片剂2	90%	片剂2	90%
		片剂3	92%	片剂3	94%	片剂3	91%
		片剂4	93%	片剂4	92%	片剂4	92%
		片剂5	92%	片剂5	92%	片剂5	92%
		片剂6	92%	片剂6	92%	片剂6	91%
		平均值	92%	平均值	92%	平均值	92%
		最小值	92%	最小值	90%	最小值	90%
		最大值	93%	最大值	94%	最大值	94%
		RSD	0.6%	RSD	1.4%	RSD	1.2%
	9	片剂1	92%	片剂1	95%	片剂1	96%
		片剂2	97%	片剂2	94%	片剂2	97%
		片剂3	97%	片剂3	95%	片剂3	98%
		片剂4	96%	片剂4	95%	片剂4	99%
		片剂5	96%	片剂5	94%	片剂5	99%
		片剂6	95%	片剂6	95%	片剂6	95%
		平均值	96%	平均值	95%	平均值	97%
		最小值	95%	最小值	94%	最小值	95%

续表

CPV 3a周期	批次	起始	溶出药物量	中间	溶出药物量	结束	溶出药物量
	10	最大值	97%	最大值	95%	最大值	99%
		RSD	0.9%	RSD	0.7%	RSD	1.5%
		片剂1	95%	片剂1	96%	片剂1	96%
		片剂2	94%	片剂2	96%	片剂2	96%
		片剂3	94%	片剂3	96%	片剂3	96%
		片剂4	97%	片剂4	95%	片剂4	96%
		片剂5	95%	片剂5	96%	片剂5	96%
		片剂6	98%	片剂6	92%	片剂6	96%
		平均值	96%	平均值	95%	平均值	96%
		最小值	94%	最小值	92%	最小值	96%
		最大值	96%	最大值	96%	最大值	98%
		RSD	1.7%	RSD	1.5%	RSD	1.0%

15.13 地瑞那韦600mg连续制造补充新药申请获得批准：这只是一个开始

2016年4月，在美国成功完成地瑞那韦600mg连续制造工艺申报和批准后，我们确认了其他国家或地区（包括美国、欧盟、瑞士、加拿大、新西兰、中国台湾地区、塞尔维亚、以色列、墨西哥、乌克兰、阿尔及利亚、新加坡和巴西）成功监管审批流程的预期监管团队目前正在哥伦比亚、土耳其、巴拉圭、中国香港地区、日本、乌拉圭和阿根廷寻求批准。

在比利时的Janssen制药工艺开发基地和意大利拉蒂纳的运营设施建立了额外的连续制造工艺。Janssen一直致力于继续开发CM产品，将其作为固体制剂制药工艺开发的主要手段。

参考文献

[1] FDA approves tablet production on Janssen continuous manufacturing line.
[2] Van Arnum P. A FDA perspective on quality by design. Pharm Tech 2007;3(12). https://www.pharmtech.com/view/fda-perspective-quality-design.
[3] Vanarase AU, Alcalà M, Jerez Rozo JI, Muzzio FJ, Romañach RJ. Real-time monitoring of drug concentration in a continuous powder mixing process using NIR spectroscopy. Chem Eng Sci Nov. 2010;65(21):5728−33. https://doi.org/10.1016/j.ces.2010.01.036.

[4] Barajas MJ, et al. Near-Infrared spectroscopic method for real-time monitoring of pharmaceutical powders during voiding. Appl Spectrosc May 2007;61(5):490−6. https://doi.org/10.1366/000370207780807713.

[5] Beach LB, Ropero J, Mujumdar A, Alcalà M, Romañach RJ, Davé RN. Near-Infrared spectroscopy for the in-line characterization of powder voiding part II: quantification of enhanced flow properties of surface modified active pharmaceutical ingredients. J Pharm Innov 2010. https://doi.org/10.1007/s12247-010-9075-1.

[6] Alcalà M, Ropero J, Vázquez R, Romañach RJ. Deconvolution of chemical and physical information from intact tablets NIR spectra: two- and three-way multivariate calibration strategies for drug quantitation. J Pharmacol Sci Aug. 2009;98(8):2747−58. https://doi.org/10.1002/jps.21634.

[7] Alcalà M, León J, Ropero J, Blanco M, Romañach RJ. Analysis of low content drug tablets by transmission near infrared spectroscopy: selection of calibration ranges according to multivariate detection and quantitation limits of PLS models. J Pharmacol Sci Dec. 2008;97(12):5318−27. https://doi.org/10.1002/jps.21373.

[8] Ropero J, Beach L, Alcalà M, Rentas R, Davé RN, Romañach RJ. Near-infrared spectroscopy for the in-line characterization of powder voiding Part I: development of the methodology. J Pharm Innov Dec. 2009;4(4):187−97. https://doi.org/10.1007/s12247-009-9069-z.

[9] Meza CP, Santos MA, Romañach RJ. Quantitation of drug content in a low dosage formulation by transmission near infrared spectroscopy. AAPS PharmSciTech Mar. 2006;7(1):E206−14. https://doi.org/10.1208/pt.070129.

[10] Boukouvala F, Muzzio FJ, Ierapetritou MG. Design space of pharmaceutical processes using data-driven-based methods. J Pharm Innov Oct. 2010;5(3):119−37. https://doi.org/10.1007/s12247-010-9086-y.

[11] Næs T, Isaksson T. Selection of samples for calibration in near-infrared spectroscopy. Part I: general principles illustrated by example. Appl Spectrosc Feb. 1989;43(2):328−35. https://doi.org/10.1366/0003702894203129.

[12] Ierapetritou M, Muzzio F, Reklaitis G. Perspectives on the continuous manufacturing of powder-based pharmaceutical processes. AIChE J 2016;62(6):1846−62. https://doi.org/10.1002/aic.15210.

[13] Engisch WE, Muzzio FJ. Loss-in-weight feeding trials case study: pharmaceutical formulation. J Pharm Innov Mar. 2015;10(1):56−75. https://doi.org/10.1007/s12247-014-9206-1.

[14] Process validation: general principles and practices. p. 22.

第 16 章

Orkambi:
Vertex 工艺开发的连续制造方法

Stephanie Krogmeier,Justin Pritchard,Eleni Dokou,Sue
Miles, Gregory Connelly,Joseph Medendorp,Michael
Bourland, Kelly Swinney

16.1 引言

囊性纤维化（CF）是一种罕见的影响寿命的遗传性疾病，目前在北美、欧洲和澳大利亚大约有75000人受到此病的影响。CF是由编码CFTR氯离子通道的囊性纤维化跨膜转导调节因子（CFTR）基因突变引起的。这些缺陷导致CF患者产生异常黏稠的黏液，阻塞气管、肠道和胰腺导管。

在Vertex，治疗CF的方法成为精准医疗和制造的创新模式。具体而言，美国食品药品管理局（FDA）前两项突破性治疗方案被授予艾伐卡托（ivacaftor）单药治疗和芦马卡托（lumacaftor）与艾伐卡托联合治疗CF。此后，能够跟上临床开发步伐的高质量、强大的制造能力的重要性变得显而易见，并启动了Vertex连续制造（CM）计划。因此，在连续制造（CM）和质量源于设计（QbD）模式下开发了Orkambi，即芦马卡托原料药（DS）和艾伐卡托喷雾干燥分散体的固定剂量组合。虽然同时开发CM和Orkambi具有挑战性，但它最终是成功的关键组成部分，提供了将这一创新和重要技术引入制药行业所需的动力和清晰度。总体而言，CM的使用导致早期完成商业规模的配方和工艺以及数据丰富的QbD商业设计空间。

16.2 连续制造设备和工艺开发

Vertex使用两个CM系统来制造Orkambi。连续压片线（CTL-25）是一个从颗粒内（IG）混合物到压素片的连续系统，而Vertex的开发和上市平台（DLR）是一个从单个成分到薄膜包衣片剂的连续系统。制造过程如图16.1所示，方框表示两个现场使用的连续工艺设备的边界。

两个系统上的制粒、干燥、粉碎、压片和打印操作均相同，而物料处理和进料、IG混合、颗粒外（EG）混合、薄膜包衣过程以及过程分析技术（PAT）能力是不同的。具体来说，在CTL-25上，使用传统的料斗混合机进行IG混合，使用带式混合机进行EG混合，而Vertex DLR使用连续IG和EG混合。在批配方中定义了成分和线速度，设置了单个组分的质量流速。IG进料仓中四个进料器的设定点质量流速之比保持恒定，以保持各成分稳定。按所需数量，将每种组分送入在线混合机，用于IG和EG成分。如图16.2所示，LIW进料器通过中央集管将各组分同时添加到混合机中。实验表明，实现的混合均匀性与混合机的桨叶转速和生产线速度无关。最后，对于薄膜包衣，CTL-25使用传统的多孔锅薄膜包衣工艺，而

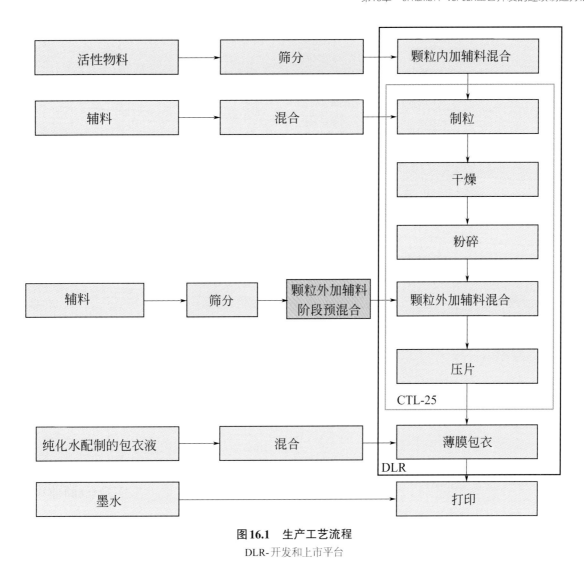

图16.1　生产工艺流程
DLR-开发和上市平台

Vertex DLR使用半连续薄膜包衣系统，也带用多孔锅。

关于相似性，CTL-25和DLR设备采用了全连续单元操作和半连续处理步骤的组合。双螺杆湿法制粒是一个真正连续过程的示例，其中IG混合物和黏合剂溶液连续加入制粒机，而制粒机连续输出颗粒。两个地点使用的流化床干燥器由并联运行的干燥单元组成。湿颗粒在规定的时间内装入干燥单元。干燥每个填充干燥单元中的颗粒，直到达到所需的含水量。此时，该干燥单元的内容物被排空，使干燥单元为下一个填充周期做好准备。

最终混合物通过重力转移至旋转压片机进行压片，所得片剂通过机械方式转移至除尘器/金属检测器，然后转移至片剂弛豫单元（TRU）。两条生产线使用相同的压片设备。在DLR上，TRU将片剂输送至片剂包衣机（多孔锅包衣系统）用以薄膜包衣。DLR中的连续包衣机允许在比传统转鼓薄膜包衣更短的时间内进行薄膜包衣。为了适应所需的DLR线速度范围，系统中集成了两个相同的连续薄膜包衣机，并行运行。作为连续系统的一部分，连续片剂包衣机设计用于连续进料、包衣、抛光和出料，小转鼓连续装载药片。湿法制粒配置中DLR的详细示意图见16.4节图16.4。

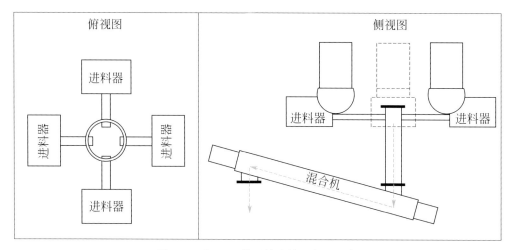

图16.2 在DLR使用的连续混合机示意

Vertex的连续制造的工艺开发和QbD方法包括单元操作层面的工艺理解，以及利用整条生产线的综合运行。关键设备可以作为独立设备（如类似于DLR上的二次压片）使用，也可以在独立模式下运行（如包衣机），以便评估和优化该单元操作的流程。对于Orkambi，在单元操作层面上进行QbD研究，并建立了连接工艺参数、物料特性与产品关键质量属性的模型。然后再全线执行确认批次，以确认设计空间并测试控制策略。

16.3 连续制造和cGMP

在建立GMP设施以实施CM时，Vertex的方法是评估其所有现有的制造和质量系统。该评估是必需的，因为《美国联邦法规》、欧盟委员会指令和各种监管指导文件没有直接涉及CM的GMP操作。此外，Vertex希望确保CM的GMP操作在人用药品注册技术要求国际协调会（ICH）指南预期的控制状态下进行。Vertex评估了每个制造和质量系统，以确定是否需要修改或补充程序。

DLR和自动控制系统允许有效监测及控制工艺性能和产品质量。该控制系统允许对Orkambi过程控制策略进行完全自动监测和控制，并在过程控制（IPC）限制和关键工艺参数的正常工作范围（NOR）内发出系统警告。警告使操作员能够了解制造情况，以便根据需要在预先确定的范围内进行调整。此外，针对超出设计空间限值（DSL）的关键工艺参数和超出标准的IPC设置系统警报。一旦超出关键DSL或IPC标准，物料即被认定为不合格。16.4节对Orkambi控制策略的实施进行了深入讨论。贯穿连续制造设备平台的物料可追溯性对于确保继续处理合格物料以及将不合格物料从工艺中剥离出来至关重要。DLR设计用于在推流基础上移动材料，产品标识（PK）是工艺控制系统跟踪的最小单位质量的材料ID，可以从工艺中分离。批加工中的PK可以跨单元操作进行追溯，并很好地表征。如果加工过程中存在PK混合的可能性，则使用停留时间分布（RTD）研究来评估混合的程度。这些研究的结果被纳入了Orkambi工艺的不合格材料隔离策略。PK不符合IPC标准或未能在关键DSL内制造，可被视为不合格。一旦PK被视为不合格，则应用RTD研究中的隔离策略；不合格的PK和任何可能受影响的相邻PK在下一个分离点从批次中分离。由于这些生产和材料控制是必要的，连续制造控制系统提供经验证的PK追溯和生产线提取报告，以补充执行的批记录。

DLR和控制系统与PAT IPC分析相结合，允许在PK水平上有效监测和控制过程性能和产品质量；当然，需要解决批定义和批大小的问题。Vertex与监管部门的批定义保持一致，批指的是物料的数量和质量，而与制造模式无关。Orkambi工艺设计空间是使用一系列生产线速度建立的。因此，批量范围已提交至监管上市申请。采用现场批范围内的批量对Orkambi生产工艺进行验证。

如上所述，除了评估制造系统外，Vertex还评估了现有的质量系统。大多数质量系统（变更控制、偏差、CAPA、风险管理等）不需要补充程序或修改，OOS调查程序除外。FDA行业指南——药品生产的不合格（OOS）测试结果调查，特别指出其无意解决PAT问题。Vertex的OOS程序确保符合FDA指南要求，并涵盖指南中规定的第一阶段实验室调查的要求。Vertex为该程序补充了一个内部流程，用于PAT IPC和实时放行检测（RTRT）OOS结果的第一阶段实验室调查。

RTRT的实施和批准还需要Vertex补充质量受权人（QP）放行流程。根据欧洲药品管理局（EMA）关于RTRT的指南，当批次由RTRT放行时，Vertex不对Orkambi进行进口产品测试（鉴别除外）。

将连续制造实施到GMP实践中，导致对生产系统内产品和物料控制的要素进行修改，以及对质量体系程序进行调整。尽管《美国联邦法规》、欧盟委员会指令和各种监管指南文件没有专门针对连续制造的指导，但可以成功地应用GMP的一般原则。

16.4 Vertex控制策略的实施

连续制造过程自动控制策略有四个控制级别。这四个控制策略构建块如图16.3所示。①最低层级的控制依赖于驱动每个操作单元围绕其目标设定点运行的自动反馈回路。② 在整个制造过程中对设计空间参数进行监控，以确保产品在设计空间内生产。③IPC分布于整个制造过程中的各个点。在设计空间内制造并符合IPC验收标准的物料包含在批次中，以供放行考虑。④最后，对制造批次进行评估，以评估其是否符合成品标准。

自动反馈回路用于驱动每个单元围绕目标设定点运行。例如，通过自动反馈回路控制进料器的物料变化，该回路不断趋向设定点（目标100%），积极确保每个进料器的物料达成目标。实时监控关键工艺参数以及确定的DSL的工艺参数。系统会记录NOR和/或DSL的偏移，并警示操作人员。超出DSL限值的物料被分离出来，并进行调查。

对于IPC，DLR配备了光谱和非光谱的PAT元件，如图16.4所示。为每个IPC定义了可接受标准，对其进行实时监控。不符合IPC可接受标准将导致控制系统报警，自动将相关物料从工艺中分离出来，并进行调查。

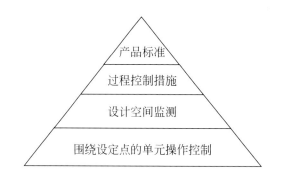

图16.3　工艺控制策略构建块

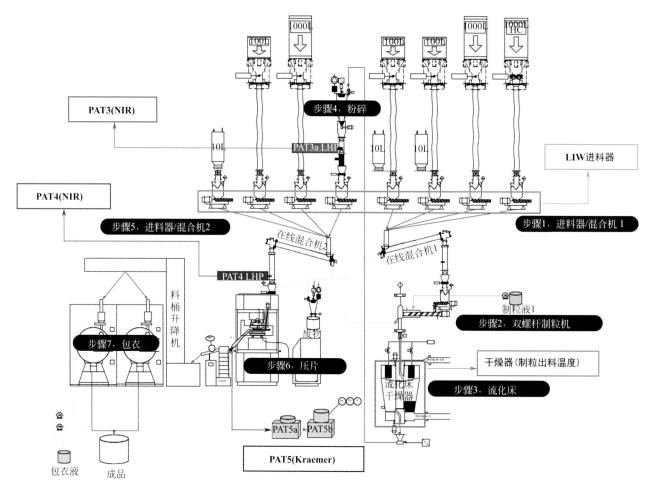

图16.4　用于过程控制的开发和启动装置过程分析技术（PAT）位置

在适当情况下，在IPC可接受标准内设置操作员行动限，以主动将批内可变性限制在IPC限内。IPC结果超过操作员行动限，触发控制系统警报；随后，操作人员采取批记录中预先定义的行动，将纠正偏移的工艺过程。为每个IPC定义了合理的采样计划。

对于RTRT，应用了光谱和非光谱PAT测量，如图16.5所示。

批放行测试结果的报告基于整个加工过程中的反复测量。在DSL中，批报告中包含加工并符合IPC标准的物料信息，并用于放行考量。

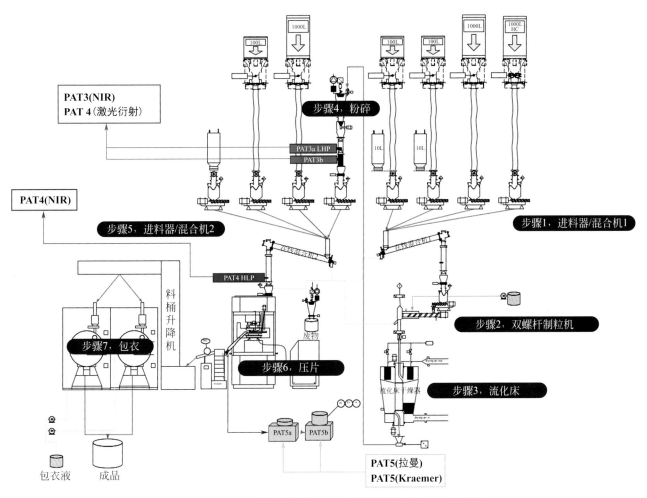

图16.5　用于实时放行检测的DLR过程分析技术（PAT）位置

16.4.1　含量

最终混合物中的平均芦马卡托含量和平均艾伐卡托含量由近红外光谱法（PAT4）确定，并结合批平均素片重量（由PAT5确定），计算芦马卡托和艾伐卡托的批含量。在整个设计空间中，评估了RTRT方法恰当表征批含量的能力。监管方法和RTRT方法之间观察到的较大差异可以通过样本量的差异来解释，因为RTRT方法在生产过程中对批次进行了大量采样。通过这三种方法获得了具有可比性的结果。

16.4.2　含量均匀度

芦马卡托和艾伐卡托批含量的均匀性，使用最终混合物（PAT 4）和素片重量（PAT 5）的近红外光谱确定。实施放行检测的含量均匀性方法基于USP＜905＞，描述了用于计算接受值（AV）的测量输入。首先，计算最终混合物中DS含量（PAT 4，NIR）和片重（PAT 5，Kraemer片剂测试仪）的合并方差，然后将该值转换为标准偏差（%LC）。

如表16.1所示，RTRT方法通过计算AV恰当表征批内含量均匀性的能力，在DLR设计空间确认运行批中进行了评估。图16.6显示了RTRT分析方法获得的结果，使用监管（HPLC）方法测试的复合样品的结果，与素片分层采样获得的平均结果的直接比较，用于设计空间确认运行。通过这三种方法获得了具有可比性的结果。

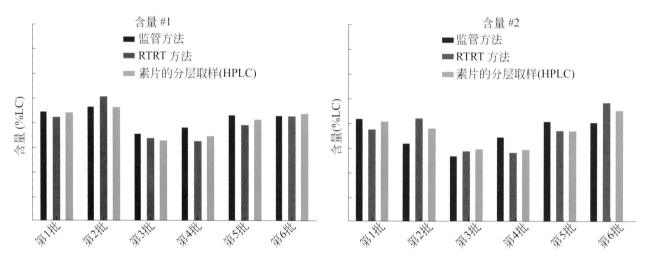

图16.6　DLR设计空间确认运行的监管和实时放行检测（RTRT）分析方法结果与分层采样结果的比较

表16.1　RTRT法、分层抽样和监管方法确定的DLR设计空间确认运行可接受值的比较

批	原料药 I			原料药 II		
	RTRT方法	分层取样	法规监管方法	RTRT方法	分层取样	法规监管方法
1	3.3	4.9	5.8	3.2	4.5	4.8
2	7.5	6.9	6.1	2.8	5.2	6.2
3	5.5	5.4	5.3	8.1	8.6	8.0
4	7.8	5.5	7.3	8.0	7.7	8.3
5	3.6	4.6	4.1	4.8	3.7	2.7
6	4.1	6.2	4.4	7.2	7.0	4.4

16.4.3　溶出度

最终混合物的近红外光谱（PAT 4），颗粒的激光衍射（PAT 3），以及素片的重量、厚度和硬度（PAT 5）用于评估芦马卡托和艾伐卡托的溶出度。采用化学计量偏最小二乘模型，以最

终混合物中的批次平均芦马卡托含量,艾伐卡托含量和含水量为模型输入，以及平均批次颗粒体积加权粒度分布和批次平均素片重量、厚度和硬度，计算了芦马卡托和艾伐卡托的平均批次溶出速率。使用修正的Noyes-Whitney方程和计算的溶出速率计算每个DS的批次溶出曲线。

基于对工艺和影响批量放行时溶出性能的因素的了解，选择测量中物料特性作为模型输入。测量中物料特性、工艺参数、原材料特性和溶出性能之间的关系在方法开发过程中进行了研究，并展示在图16.7的石川图中。

在DLR上进行设计空间确认运行的结果证明了RTRT溶出模型正确表征批次溶出性能的能力。溶出模型是在工艺设计空间中开发的，其中溶出度是可接受的。RTRT溶出结果与HPLC溶出度在整个工艺设计空间中的溶出性能范围内相关（图16.8和图16.9）。

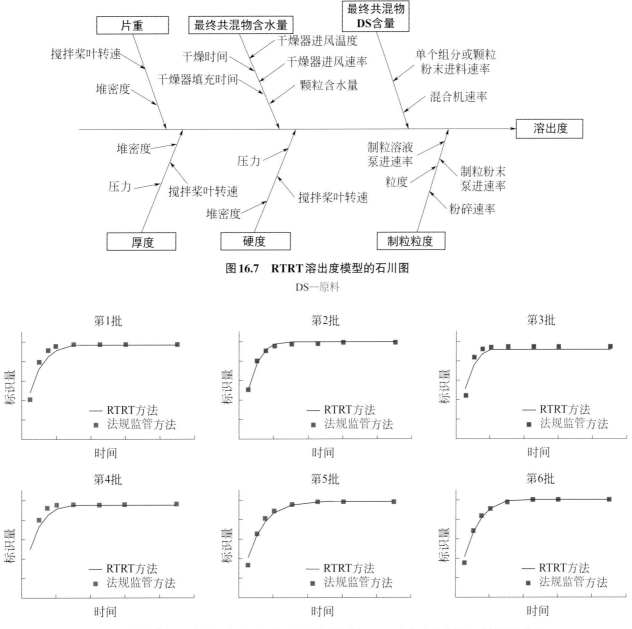

图16.7 RTRT溶出度模型的石川图
DS—原料

图16.8 艾伐卡托设计空间确认运行的实时放行检测（RTRT）方法和监管方法结果的比较

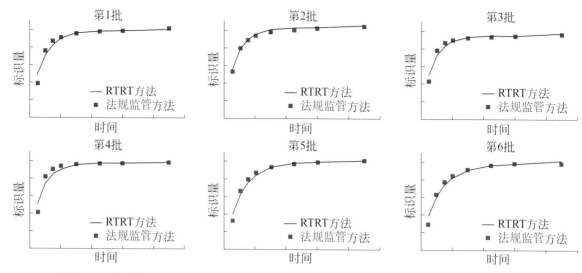

图16.9　芦马卡托设计空间确认运行的实时放行检测（RTRT）方法和监管方法结果的比较

16.5　生命周期管理和PAT模型维护

Orkambi最初于2015年在美国和欧盟获得批准，随后获得多次批准。Vertex采用QbD方法进行工艺开发，并得到当前监管框架和指导文件的支持，包括QbD　ICH　Q8（R2）、质量风险管理（Q9）、制药质量体系（Q10）以及FDA和EMA的PAT指导文件。Vertex利用各种与健康监管机构的互动，包括面对面会议、运营前访问（现场管理指令135）和咨询意见作为机会，分享进展并寻求指导。提交文件使用通用技术文件（CTD）格式编写，创建了多个附加页面，以便于审查CM和RTRT章节，如3.2.P.2.3CM简介和3.2.P.5.2分析方法简介。

初始申请获得批准后，使用每个国家批准后变更的现有监管框架对产品进行维护。例如，Vertex之前向多个地区提交了关于CTL-25测试策略的批准后变更。最初的控制策略包括在压片阶段现场使用NIR技术进行中控测试，以测量最终混合物中的活性药物成分（API）含量（目标百分比）。控制策略更新后，采用两个全自动重量分析IPC取代近红外IPC方法，新的测量方法提供了更好的片剂原料药含量控制，并大大降低了操作复杂性。这一变化有效地将控制点从压片步骤向上游移动到混合步骤，物料分离完全自动化，无须手动干预。其次，重量分析IPC比近红外IPC提供了更严格的控制，减少了批间的变异。该变更是在首次申请后在上述国家作为批准后变更提交和获批的。

在将PAT用于IPC或RTRT控制策略的CM系统中，另一个Vertex管理的典型的批准后提交示例是PAT方法的持续模型维护。许多最常见的变更可以在质量体系下进行管理。然而，其中的一些变更可能需要监管备案和事先批准，这些变更根据各区域的指南进行管理，并有不同的审查和批准时间表。当需要批准后提交时，这可能具有挑战性，尤其是在有一系列变更需要在实施前获得事先批准的情况下。在全球制药运营中，辅料和原料药第二来源的确认、物料特性的变化、生产工艺的变更、设备的改变，甚至光谱仪预防性维护计划都有能力影响光谱学模型，可能需要更新PAT模型。除了技术挑战外，为了从监管角度使该过程尽可能可扩展和可管理，Vertex正在探索批准后变更管理协议等机制，以促进Orkambi的生命周期管理；然而，潜在的挑战仍然存在，因为并非所有国家都有诸如变更管理协议的机制。由于这些批准后的挑战，再加上能够破坏PAT模型功能的因素的复杂性，在考虑生命周期管理要求的情况下设计模型维护和归档策略是有利的。通过CM和基于PAT的控制策略，Orkambi提交确实为PAT方法提交的设计提供了一些示例，并增加了长期运营的灵活性。例如，可以使用用于计算模型诊断标准的置信界限，以代替固定的模型诊断标准的数值限制，该置信限不会因模型更新而随时间变化。

Orkambi PAT模型在其整个生命周期内进行例行评估（如年度平行测试）。PAT模型评估包括PAT方法及其各自参考方法之间的正式和直接比较。并行测试包括评估每种IPC方法和采用化学计量学模型的每种RTRT方法。对于每种方法，用于评估的样本数量和验收标准在采样和并行测试方案中预先定义。未能满足这些验收标准需要更新模型。

除了执行年度平行测试的承诺外，模型评估的其他一些驱动因素还包括长期商业趋势活动的结果、已知的运行变更（如工艺变更、物料变更、非常规PAT仪器改变等），以及短期或长期模型诊断评估的结果。通过商业化之前的广泛开发工作和由预期工艺参数和物料特性范围组成的样本集，最初的PAT模型仍然能够准确预测，并且在整个商业生产过程中对预期的分析特性保持灵敏。

16.6 结语

随着对Orkambi实施连续制造，实现了连续制造的预期效益。Orkambi工艺是在开发早期的商业规模设备上开发和最终确定的，商业设备和CM工艺用于提供关键的临床试验。通过利用CM设备的小规模性质和数据丰富的环境，QbD药物产品工艺开发在短时间内进行，DS需求有限，并与DS工艺放大同时进行。能够消除制药工艺开发对DS工艺放大的依赖性，使开发时间缩短了一年多。

此外，多次互动，包括与监管部门的各种面对面会议和信息透明度，促进了成功的检查和批准。通过使用工艺模型和QbD数据丰富的实验结果和结论，展示对商业设备的高水平的工艺理解，实现了机构对提出的工艺和先进控制策略的信心。

随着Vertex持续地对Orkambi进行生命周期管理，其他资产的开发正在进行中。因此，多产品平台的机会已经实现，CM的益处正在开发和商业中得到利用。

第 17 章

展望
——连续制造（和先进药物制造）的未来

Fernando J. Muzzio

在对 Yogi Berra 和 Niels Bohrs 进行了一些解释之后（在这一点上，我们会站在 Niels Bohrs 一边）我们最喜欢的一句话是这样的：

预测非常困难，尤其是对未来的预测。

尽管如此，我们仍将分享一些想法，以帮助大家了解先进制药方法实施实践的发展方向。

本书花了 3 年的时间编写，近来，新型冠状病毒肺炎几乎改变了关于药物制造对美国人口健康安全作用的所有想法。复杂的国际供应链的脆弱性显而易见，不可否认的是，不仅药品供应中断，口罩和洗手液等日常用品供应中断也会给人们带来风险。鉴于这种流行病，更快地开发和批准药物的必要性已成为常识。此外，医药行业能在短短几个月内开发多种疫苗（以任何标准衡量都是巨大的成就）与未能在许多个月内生产足够数量的疫苗、未能防止数十万可避免的死亡之间形成了鲜明对比，这推动了对工艺开发和产品制造进行再创新的需求，成为我们共同关注的焦点。

因此，考虑到过去几个月的经历，我们预计连续制造方法的实施将加速，直到它占所有工艺流程的很大一部分。制药行业向使用知识密集型连续技术制造其大部分产出的转变不仅将在美国和欧洲发生，而且将在所有发达经济体和许多人口众多、需要获得低成本药物的新兴经济体中发生。设计和实施技术平台以实现这一转变可能会创造数百亿美元的经济活动。重要的是，制药连续制造业的增长将引发供应链上下游许多其他行业的重大活动，包括：①原料供应商，这些供应商已经表示有兴趣开发针对连续加工优化等级的原料；②设备和仪器公司，其中许多公司正在积极将专业制造设备、传感器和过程分析仪商业化；③将封闭控制系统商业化的公司等。此外，有效实施药品连续制造也将为加强依赖粉末加工的其他行业提供机会，包括化妆品、食品、膳食补充剂等。这些行业使用的制造工艺与制药行业使用的工艺非常相似，在许多情况下，该技术是直接可移植的。

我们预计，对于固体制剂产品，CM 应用将迅速转移到非处方药和非专利产品，在这些产品中，降低的制造成本将对盈利能力产生最大影响。我们进一步预计，其他使用非常类似制造工艺的行业，如膳食补充剂和化妆品行业，将采用与目前为医药产品开发的相同或类似的方法。我们的预测是，在未来 10～15 年内，连续制造方法将变得非常普遍，通过连续方法制造的产品将在年销售额和产品单位数量上与批次制造的产品相媲美。应用将首先由对更低成本、更快开发时间和更高质量的期望驱动。然而，最终，随着连续制造的优势越来越明显，使用连续制造方法和其他先进制造技术将成为监管机构的一种隐含的（或可能是明确的）期望。

届时，固体制剂产品的实施将迅速达到完全成熟，并将为制药其他领域的类似发展提供新的动力。目前正在努力开发用于活性药物成分（API）合成和分离的连续工艺，包括有机合成和生物合成。对于合成 API，连续系统的实现正迅速走向成熟。目前主要的努力领域是连续结晶，这仍然需要一些努力才能成为一个成熟的过程，但进展很快。连续生物加工的实施程度稍稍落后，但这一领域正吸引着人们巨大的关注，这也得益于人们普遍认为生物产品在未来几年可能会经历更快的增长。我们认为，阻碍在这两个领域全面实施集成连续制造的技术问题是可以克服的，特别是因为它们还将受益于固体制剂产品已经开辟的道路。

固体制剂产品的技术将如何发展？现在人们普遍认为，直接压片是固体制剂连续制造中最便宜、最简单，因此也是首选的方法。我们的团队早在2006年就采纳了这一观点，这仅仅是基于第一手知识，即集成制造过程的复杂程度随着集成单元操作数量的增加而快速增加。在间歇过程中实施直接压片的主要障碍之一是担心混合料分离层。然而，我们[1]和其他研究人员[2,3]的工作表明，与批次生产线相比，设计合理的连续制造线不容易分层。目前，实施连续直接压片的主要限制是：①对于高活性的化合物，原料药通常是微粉化的，黏性非常高，具有很高的聚集倾向，并且很难通过精确进料和PAT监测；② 对于高剂量的产品，却恰恰相反，若API的压缩性差，那么API则是剂型的主要成分。对于这两种系统，医药企业采用各种形式的辊压或湿法制粒。在这两种情况下，我们预计将开发能够生成流动良好、不聚集且可压性好的API物料的预处理方法，以扩大"直接压片"方法的适用范围，现在对该方法稍加修改，以纳入经过预处理的API物料。

简而言之，预处理是管理API的属性，这还包括需要确保API流动性足够好，以允许精准进料。然而，需要表征、理解和管理特性的物料不仅包括纯原料药，而应扩展到辅料、混合物、颗粒中间体等。目前，行业在这一领域存在技术差距——关注的物料特性尚未统一确定，测量方法尚未标准化，因此，该行业目前缺乏能够实现数字化设计、有意义的成分标准和许多其他好处的物料特性数据库。从业人员显然需要填补这一空白，因此我们预计这种情况将在未来几年迅速演变。

建模是连续系统预测实现的核心，实践组织机构积极参与创建模型库和流程图系统，以实现各种应用的集成系统的快速可靠建模。这一过程将继续下去，模型将变得更加成熟和稳健。该领域的主要增长机会是将物料性能测量纳入模型的能力。另一个机会是创建模型，其中混合物特性可以作为混合成分和剪切历史的函数加以预测。最近，FDA为开发用于质量控制的模型提供了大量资金。所有这些议题都引起了极大的兴趣，我们期待取得实质性进展。

另一个目前尚未回答的问题是闭环质量控制、实时质量保证和实时放行检测将在多大程度上成为标准。在我们看来，它们应该并且会成为标准。先进制造业的全面表现将使医药企业能够密切监控其流程，并确保投放市场的每个产品的质量。实现这一理想结果的技术已经存在于许多产品中，并且可以开发更多的产品。反对实施实时质量保证方法的经济论据将失去效力，因为越来越多的公司证明这是可行的，而且实施成本会降低（或不实施成本增加）。

重要的是，我们相信我们正处于技术发展的开端。在未来几年，我们预计连续制造系统将变得占地更小、模块化、可移动、高效和高度灵活。我们还预计，其他类型的先进制造方法将成为主要选择。已经有一种经批准的产品使用3D打印技术制造。基于这个例子，我们期待增材制造方法将会出现，由许多支持连续制造的相同概念工具箱组件支持，并辅以一系列最适合描述为"精密制造"或"个性化制造"的应用。在所有这些应用中，科学家/工程师结合物料特性、传感器、建模和过程控制的相关知识，设计出生产所需药品的最经济且最优质的制造方法。

这是几代制药科学家的梦想。现在，这是为我们的学生和年轻的同行们"布置的作业"，让它成为现实。

参考文献

[1] Oka S, Sahay A, Meng W, Muzzio FJ. Diminished segregation in continuous powder mixing. Powder Technol 2017;309:79−88.

[2] Ervasti T, Niinikoski H, Mäki-Lohiluoma E, Leppinen H, Ketolainen J, Korhonen O, Lakio S. The comparison of two challenging low dose APIs in continuous direct compression process. Pharmaceutics 2020;12(3):279.

[3] Van Snick B, Holman J, Vanhoorne V, Kumar A, De Beer T, Remon JP, Vervaet C. Development of a continuous direct compression platform for low-dose drug products. Int J Pharm 2017;529:329−46.